油田企业模块化、实战型技能培训系列教材

U0809296

# 继电保护岗
## 技能操作标准化培训教程

丛书主编　陈东升
本书主编　耿宪福

中国石化出版社
·北京·

**图书在版编目(CIP)数据**

继电保护岗技能操作标准化培训教程/陈东升，耿宪福主编．—北京：中国石化出版社，2023.9
油田企业模块化、实战型技能培训系列教材
ISBN 978－7－5114－7226－7

Ⅰ.①继… Ⅱ.①陈… ②耿… Ⅲ.①继电保护－技术操作规程－技术培训－教材 Ⅳ.①TM77－65

中国国家版本馆CIP数据核字(2023)第151937号



**中国石化出版社出版发行**
地址:北京市东城区安定门外大街58号
邮编:100011 电话:(010)57512500
发行部电话:(010)57512575
http://www.sinopec-press.com
E-mail:press@sinopec.com
北京科信印刷有限公司印刷
全国各地新华书店经销
*
787毫米×1092毫米16开本13印张320千字
2023年10月第1版 2023年10月第1次印刷
定价:88.00元

# 《继电保护岗技能操作标准化培训教程》编委会

主　　任　耿宪福

委　　员　刘　伟　罗　金　韩少宏

## 编写组

主　　编　耿宪福

副 主 编　刘　伟　罗　金　孙　刚　王教波

编写人员　韩少宏　赵中远　窦　欣　苏　阳　兰先军

　　　　　赵永军　彭瑞敏　梁莉莉　李海洋　纪婷婷

## 审核组

主　　审　杨彩梅　韩少宏　马　鹏

审核人员　赵东生　司开利　房守敏　赵魏军

# 序　　言

为贯彻落实中原石油勘探局有限公司、中原油田分公司（以下简称中原油田）人才强企战略，通过开展专项技能培训和考核，全面提升技能操作人员工作水平，促进一线生产提质增效，由中原油田人力资源部牵头，按照相关岗位学习地图，分工种编写了系列教材——《油田企业模块化、实战型技能培训系列教材》，本书是其中一本。

本书具有鲜明的实战化特点，所有内容模块都围绕生产实际业务或操作项目设置，既能成为提升实际工作能力的培训教材，也可以作为指导岗位操作的工具书。其内容具备系统性，既包括施工前准备、执行操作流程、操作要点与质量标准，也包括安全注意事项及事故应急处理等内容，体现了“以操作技能为核心”的特点。所有编写人员均来自基层单位，有基层技能操作专家，也有技术骨干等，真正体现出“写我所干，干我所写”的理念。

本书可供相关工种员工的日常学习，以及基层单位组织集中培训、岗位练兵等使用，每本教材后都附有本工种学习地图，使本工种各技能等级员工都能找到自己的努力方向和学习内容，为广大员工开展个性化岗位学习、提高学习效率点亮一盏指路明灯。

同时，本书也向广大读者传达一种“学、做翻转”的人才培训思路：打破参加培训就是到课堂学习知识的传统思维方式，把“学习知识、了解流程、掌握标准”的活动放在工作岗位，通过对教材内容的学与练，提升职业技能水平；只有遇到岗位学习或工作中难以解决的问题时，才考虑参加集中培训，通过对具体问题解决过程的体验、学习与感悟，提升学习者解决实际问题的能力。

当然，本书的编写也是实战型培训教材开发的初步实践，尽管广大编者尽其所能投入编写，也难免存在不妥之处。期望广大读者、培训教师、技术专家及培训工作者多提宝贵意见，以促进教材质量不断提高。

《油田企业模块化、实战型技能培训系列教材》编写委员会

# 前　言

本教程是在总结多年来继电保护工检修作业现场实际情况后进行编写的，基本涵盖目前中原油田继电保护工现场的日常工作内容。教材以突出“实战型”思路为指导，以岗位工作内容、相关知识为主线，以岗位规范、作业规程及技术标准为依据，将检修现场涉及的人员、设备、材料、作业方法、环保知识等融入各项目内容之中，并力求详尽体现检修作业现场的工作准备、操作步骤、技术要求、注意事项等实际操作内容。编写过程中，突出教材的实战性，以解决生产业务实际问题为重点，努力与生产一线贴近，与现场实际贴近。本教程可作为继电保护岗技能操作标准化培训教材使用，适用于员工实际操作和事故解决能力培训，亦适用于新员工入厂教育和在较短时间内实现上手操作能力培训。

全书共分六个单元：第一单元常用工器具及仪器仪表的使用主要由赵中远、兰先军编写；第二单元继电保护二次回路识图主要由兰先军、苏阳编写；第三单元后台与继电保护装置主要由赵中远、兰先军、赵永军编写；第四单元仪器操作与保护调试主要由苏阳、兰先军编写；第五单元设备常见故障分析及处理方法主要由赵中远、兰先军、赵永军编写；第六单元消防器材维护使用主要由赵中远编写。

由于编写时间仓促，加之编者水平有限，本教程难免存在疏漏、错误之处，恳请各位专家和读者提出宝贵意见，使之不断完善。

# 目　　录

# 单元一　常用工器具及仪器仪表的使用

## 模块一　电工常用工具的使用

### 项目一　电工钳的使用

**1　项目简介**

钢丝钳、尖嘴钳、剥线钳是电工作业时常用的工具，主要用来剪切线径较细的单股与多股线，以及给单股导线接头弯圈、剥塑料绝缘层等。

**2　操作前准备**

2.1　劳保用品穿戴整齐，戴防护手套。

2.2　准备钢丝钳1把、尖嘴钳1把、剥线钳1把、绝缘导线若干、金属丝若干。

2.3　检查工器具完好，机构灵活好用。

**3　操作步骤**

3.1　钢丝钳。

(1)钢丝钳的构造如图1－1－1－1(a)所示。

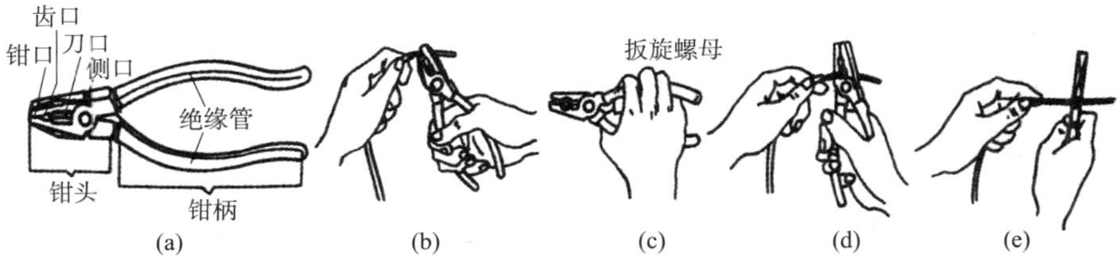


图1－1－1－1　钢丝钳

(2)如图1－1－1－1(b)所示，使用时一手拿金属丝，一手拿钢丝钳。

(3)将钳口朝向线芯、钢丝或铅丝等金属丝，如图1－1－1－1(d)、(e)所示。

3.2　尖嘴钳。

(1)尖嘴钳由尖头、刀口和钳柄组成，如图1－1－1－2所示。

(2)带有刀口的尖嘴钳能剪断细小的金属丝。

(3)尖嘴钳适用于在狭小的工作空间操作，能夹持较小螺钉、垫圈、导线及电器元件。

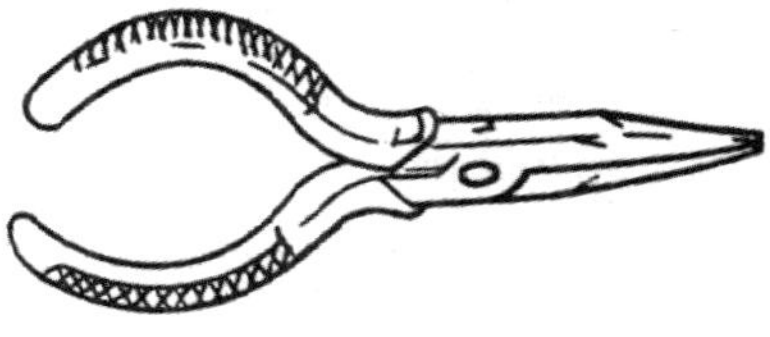

图1－1－1－2　尖嘴钳

(4)在装接控制线路时，尖嘴钳能将单股导线弯成接线端子(线鼻子)，有刀口的尖嘴钳还可以剪断导线、剥塑料绝缘层。

3.3 剥线钳。

(1)剥线钳由刀口、压线口、钳柄组成，如图1－1－1－3所示。

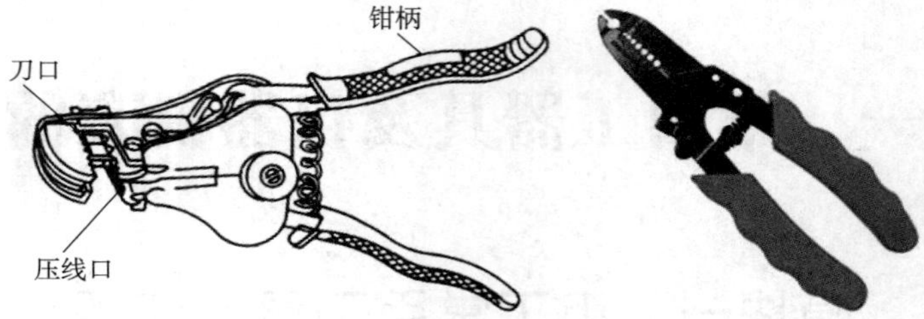


图1－1－1－3 剥线钳

(2)根据导线的粗细型号，选择相应的剥线刀口。

(3)把导线放入相应的刀口中(比导线直径稍大)，选择好剥线的长度。

(4)手握住钳柄，将导线夹住，缓缓用力使导线绝缘层被割破，且自动弹出。

(5)松开钳柄，取出导线，导线的金属部分整齐地露出外面，其余绝缘层完好无损。

**4 常用规格**

4.1 钢丝钳常用规格：150mm、175mm、200mm。

4.2 尖嘴钳常用规格：130mm、160mm、180mm、200mm。

4.3 剥线钳常用规格：140mm、180mm。

**5 注意事项**

5.1 手柄绝缘如损坏，进行带电作业时会发生触电事故。

5.2 剪切带电导线时，不得用刀口同时剪切相线和零线，或同时剪切两根相线，以免发生短路事故。

5.3 钳头的轴销应经常加机油润滑。

5.4 尖嘴钳适用于在狭小的工作空间操作。

5.5 用剥线钳剥线时戴上护目镜，确认断线绝缘层飞溅的方向不会伤到周围的人。

5.6 用完后将钳具放回电工工具套内。

## 项目二 螺钉旋具(螺丝刀)的使用

**1 项目简介**

螺丝刀是一种用来拧转螺丝以使其就位的常用工具，在设备的检修维护中，主要用于端子排上接线的紧固和拆卸工作。

**2 操作前准备**

2.1 劳保用品穿戴整齐，戴防护手套。

2.2 准备一字形螺钉旋具和十字形螺钉旋具。

**3 操作步骤**

3.1 螺钉旋具按头部形状不同可分为一字形和十字形两种，如图1－1－2－1所示。

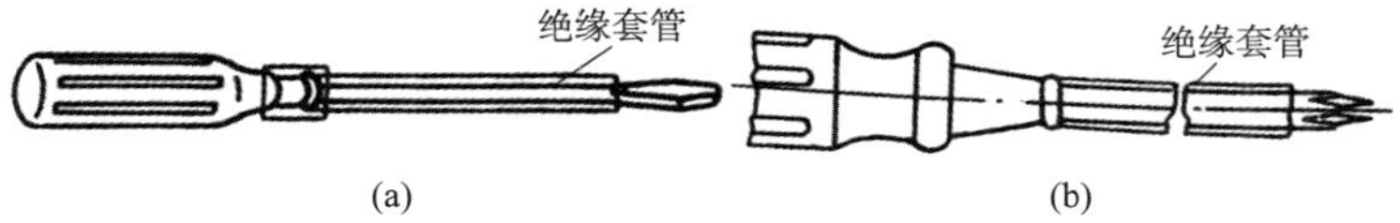


图 1－1－2－1　螺钉旋具

3.2　检查选择合适的螺钉旋具，具备完好无损无油污。

3.3　以右手握持螺丝刀，手心抵住柄端，让螺丝刀口端与螺栓或螺钉槽口处于垂直吻合状态。

3.4　当开始拧松或最后拧紧时，应用力将螺丝刀压紧后再用手腕力扭转螺丝刀。

3.5　当螺栓松动后，即可使手心轻压螺丝刀柄，用拇指、中指和食指快速转动螺丝刀。

3.6　使用大螺钉旋具时，手掌顶住柄的末端，大拇指、食指和中指夹住握柄，转动旋具手柄如图 1－1－2－2(a)所示。

3.7　使用小螺钉旋具时，手指顶住木柄末端，大拇指、中指和无名指捻旋手柄如图 1－1－2－2(b)所示。如果旋具较长，可用右手压紧并转动手柄，左手握住螺钉旋具中间，以防螺丝刀滑落。

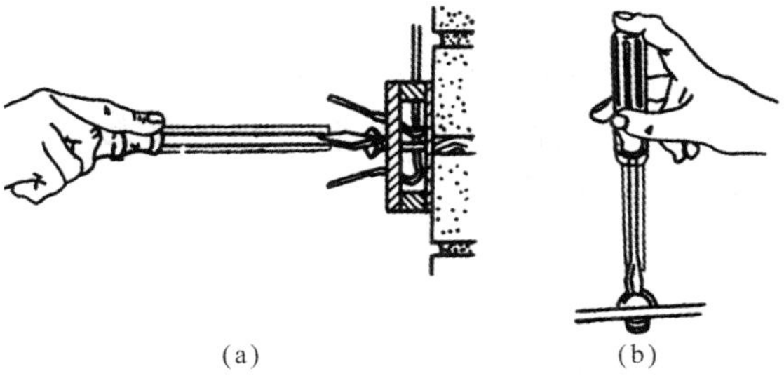


图 1－1－2－2　螺钉旋具使用方法

4　常用规格

4.1　一字形螺丝刀的常用规格：50mm、100mm、150mm、200mm。

4.2　十字形螺丝刀的常用规格：Ⅰ号 2～2.5mm、Ⅱ号 3～3.5mm、Ⅲ号 6～8mm、Ⅳ号 10～12mm。

5　注意事项

5.1　使用时，手握部位不能超过绝缘部分。

5.2　为了避免螺钉旋具的金属杆触及皮肤及临近带电体，应在金属杆上套绝缘管。

## 项目三　电工刀的使用

1　项目简介

电工刀是电工常用的切削工具，主要用于电线的绝缘层剥除。

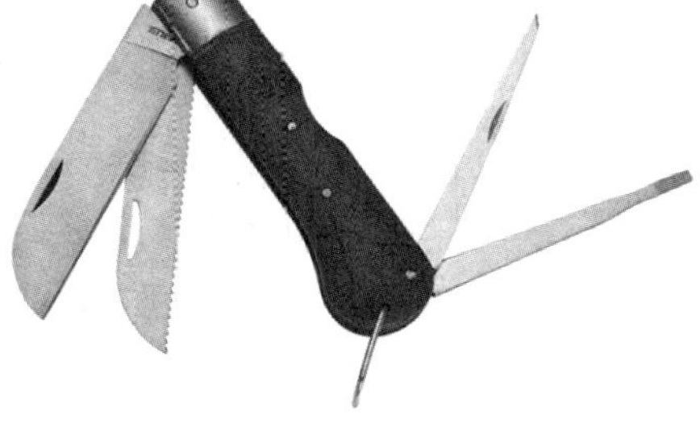

图 1－1－3－1　电工刀

2　操作前准备

劳保用品穿戴整齐，准备电工刀 1 把、绝缘导线若干。

3　操作步骤

3.1　电工刀由刀片、刀刃、刀把、刀挂等组成，如图 1－1－3－1 所示。

3.2　用电工刀剖削电线绝缘层时，将刀口朝外，以 45°角切入塑料绝缘层，如图 1－1－3－2(a)所示。

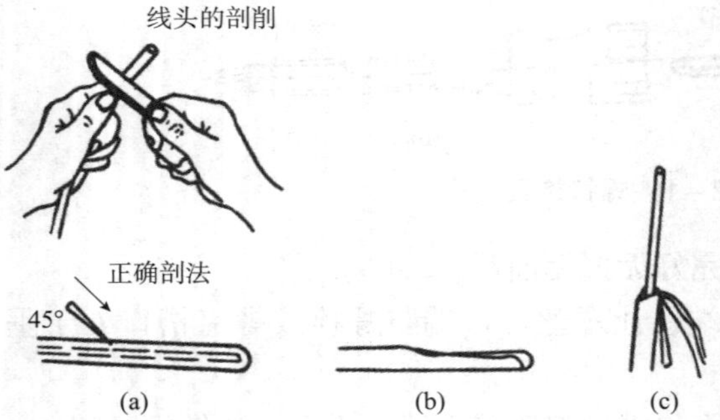

图1－1－3－2　电工刀使用方法

接着刀面与线芯保持25°左右的角度，用力向线端推削，不可切入芯线，削去上面一层塑料绝缘，如图1－1－3－2(b)所示。将下面塑料绝缘层向后扳翻，如图1－1－3－2(c)所示，最后用电工刀齐根剪去。

3.3　用电工刀切削圆木与木槽板或塑料槽板的吻接凹槽时，用左手托住圆木，右手持刀切削。

3.4　多功能电工刀还可用锯片锯木条、竹条、塑料槽板。

3.5　在硬杂木上拧螺丝时，可用锥子锥个洞再拧螺丝；在圆木上钻穿线孔时，也可先用锥子钻出小孔然后用扩孔锥将小孔扩大，以利较粗的电线穿过。

3.6　使用完毕，随即将刀身折进刀柄。

**4　操作要点**

4.1　电工刀是用来剖削电线线头、切割木台缺口、削制木榫的专用工具。

4.2　电工刀规格有普通式、两用式及多用式。

**5　注意事项**

5.1　电工刀刀柄无绝缘保护不能用于带电作业，以免触电。

5.2　电工刀剖削电线绝缘层时，应将刀口朝外。

5.3　电工刀使用时用力不宜太猛，以免削破左手，不得随意传递未折进刀柄的电工刀。

## 项目四　活动扳手的使用

**1　项目简介**

活动扳手其开口宽度可在一定范围内调节，是用来紧固和拧松不同规格的螺母和螺栓的一种工具。其开口可以在一定的范围内进行调节，不但可用于标准的公制螺栓和英制螺栓，而且还可用于某些自制的非标准螺栓。

**2　操作前准备**

劳保用品穿戴整齐，准备活动扳手1把。

**3　操作步骤**

3.1　活动扳手是由头部和柄部组成，头部由扳口、呆扳唇、活络扳唇、蜗轮、轴销、手柄等组成，如图1－1－4－1(a)所示。

3.2　根据螺栓和紧固件大小选用适当扳手。

3.3　使用时，将扳口调到比螺母稍大一些，用右手握手柄，用右手指旋转蜗轮使扳口压紧螺母。扳动大螺母时，因需要力矩较大，手应握在手柄的尾部，如图1－1－4－1(b)所示；扳动小螺母时，因需要力矩不大，手应握在靠近扳手头部的地方，如图1－1－4－1(c)所示。

3.4　使用扳手时，应随时调节扳口，把工件两侧面夹紧。

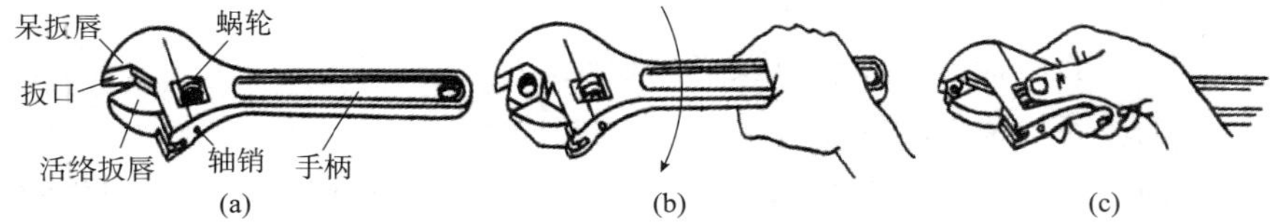


图 1－1－4－1　活动扳手使用方法

### 4　规格参数

4.1　电工常用活动扳手型号：6in（150mm × 19mm）、8in（200mm × 24mm）、10in（250mm × 30mm）、12in（300mm × 36mm）。

4.2　常用活动扳手技术参数如表 1－1－4－1 所示。

表 1－1－4－1　常用活动扳手技术参数

| 扳手长度/mm | 100 | 150 | 200 | 250 | 300 | 375 | 450 |
|---|---|---|---|---|---|---|---|
| 最大开口宽度/mm | 14 | 19 | 24 | 30 | 36 | 46 | 55 |
| 适用最大螺栓直径/mm | M6 | M10 | M12 | M16 | M22 | M27 | M30 |

### 5　注意事项

5.1　使用扳手时严禁带电操作。

5.2　活动扳手不可反用，以免损坏活络扳唇，也不可用钢管接长手柄来施加较大的力矩。

5.3　活动扳手不可当作撬棒或手锤使用。

5.4　使用扳手时，防止打滑以免损坏螺栓或管件并造成人员受伤。

## 项目五　10kV(6kV)高压验电器的使用

### 1　项目简介

高压验电器主要用来检测高压架空线路、电缆线路、高压用电设备是否带电。

### 2　操作前准备

劳保用品穿戴整齐，戴绝缘手套，穿绝缘鞋，准备电工常用工具 1 套、10kV(6kV)高压验电器 2 只。

### 3　10kV(6kV)高压验电器结构组成

10kV(6kV)高压验电器一般由把柄、护环、固紧螺钉、氖管窗、氖管、金属钩等组成，如图 1－1－5－1 所示。

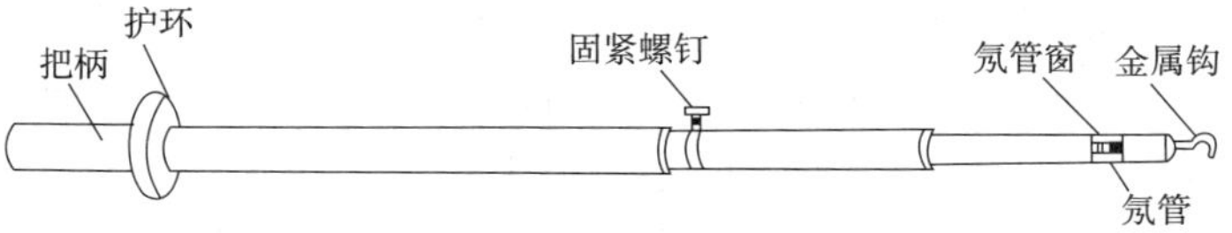


图 1－1－5－1　高压验电器

### 4　操作步骤

4.1　使用前，确定高压验电器额定电压与被测电气设备的电压等级相适应。

4.2　检查高压验电器应在有效期内。

4.3　检查高压验电器外观，应保持清洁。

4.4　检查高压验电器外观无裂纹及受潮现象。

4.5　穿好绝缘鞋，戴好绝缘手套。

4.6　验电前应对验电器进行自检试验：按下验电器的自检按钮，验电器发出间歇振荡声光信号。

4.7　使用前先在有电源导体上试验验电器，应保持良好。

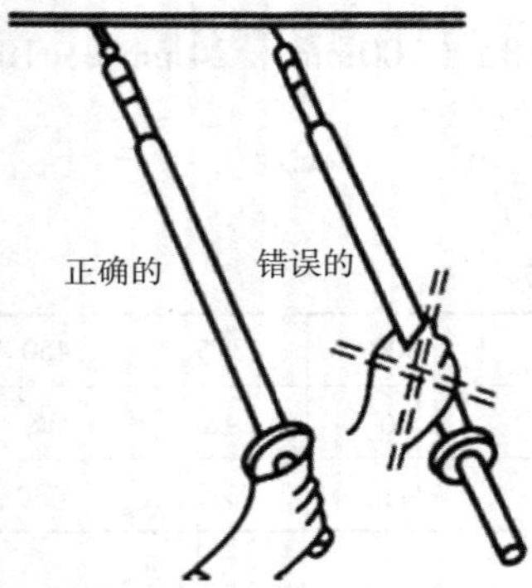


图1－1－5－2　高压验电器的使用

4.8　使用时手握部位不得超过隔离护环；应逐渐靠近被测物体，直到氖灯亮，才可与被测物体直接接触，如图1－1－5－2所示。

4.9　验电时应在被测设备进出线两侧逐相验电。

4.10　根据验电器指示情况，判断停电被测设备有无电压。

4.11　验电完毕后应将验电器放在盒内，存放在通风、干燥处。

**5　技术要求**

5.1　使用时应特别注意手握部位不得超过隔离环。

5.2　安全距离：10kV(6kV)为0.7m。

5.3　室外验电时必须在气候条件良好的情况下进行。

5.4　10kV(6kV)高压验电器有效绝缘长度：840mm，手柄长度：120mm，节数：5节，护环直径：55mm，接触电极长度：40mm。

5.5　使用环境温度为－25～55℃，相对湿度为12%～96%，使用场合为户内和户外。

5.6　指示器工作电源使用纽扣电池，静态电流≤10μA，测电寿命≥5000次。

**6　注意事项**

6.1　操作人员劳保用品应穿戴整齐。

6.2　验电时操作人员不得少于2人。1人操作，1人监护。

6.3　履行工作票手续。

6.4　认真核对线路名称、杆号(或设备名称、编号)。

6.5　必须使用在有效期内、电压对应等级的高压验电器。

## 项目六　低压验电器的使用

**1　项目简介**

低压验电器用来测试电线中是否带电，还可以用来进行低压核相，测量线路中导线之间是否同相或异相、判别交流电和直流电、判断直流电的正负极、判断直流是否接地。

**2　操作前准备**

劳保用品穿戴整齐，准备电工常用工具1套、低压验电器2支。

**3　低压验电器结构组成**

低压验电器(低压验电笔)一般是由笔尾金属体、弹簧、氖管窗、氖管、电阻、笔尖金属体等组成。如图1－1－6－1所示。

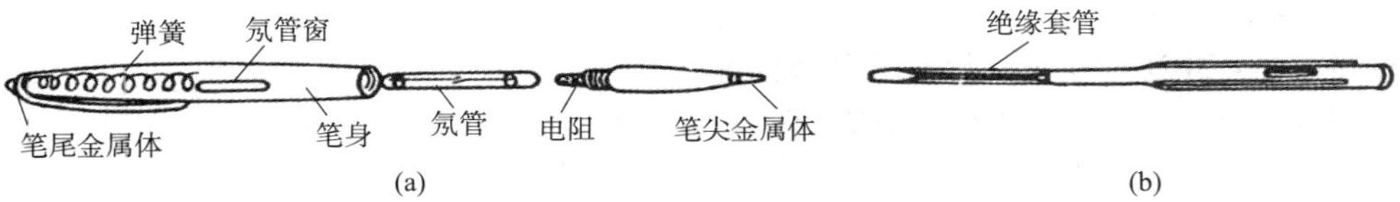


图 1－1－6－1　低压验电器

4　操作步骤

4.1　检查验电器有无安全电阻、外观是否有裂纹及受潮现象。

4.2　使用前先在有电源导体上试验验电器，应保持良好。

4.3　验电时手要触及验电器尾部金属体，验电器前端金属探头触及测试处。

4.4　识别相线(火线)与零线：氖管发亮是相线(火线)，氖管不亮是零线。

4.5　识别电压的高低：氖管越亮表明电压越高。

4.6　识别直流电与交流电：氖管两端均发亮时为交流电，一端发亮时为直流电。

4.7　识别直流电的正负极：当验电器笔尖与正极接触时，氖管靠近笔尖的电极发光；当验电器笔尖与负极接触时，氖管靠近笔尾的电极发光。

5　操作要点

5.1　电压测试范围：60～500V。

5.2　验电时手要触及验电器尾部金属体。

5.3　观察指示灯时，氖管背光朝向使用者。

6　注意事项

6.1　操作人员劳保用品应穿戴整齐。

6.2　验电时手不要触及验电器前端金属体，以防触电。

6.3　验电器严禁作为螺丝刀使用，以防损坏。

6.4　必须使用相应等级、合格的低压验电器。

## 项目七　感应数显测电笔的使用

1　项目简介

数显测电笔是试电笔的一种，属于电工电子类工具，用来测试电线中是否带电。数显测电笔笔体带 LCD 显示屏，可以直观读取测试电压数字。

2　操作前准备

劳保用品穿戴整齐，准备电工常用工具 1 套、感应数显测电笔 2 支。

3　操作步骤

3.1　感应数显测电笔一般由笔尖金属体、塑料壳、发光二极管、显示屏、感应断点测试键、直接测量键等组成，如图 1－1－7－1 所示。

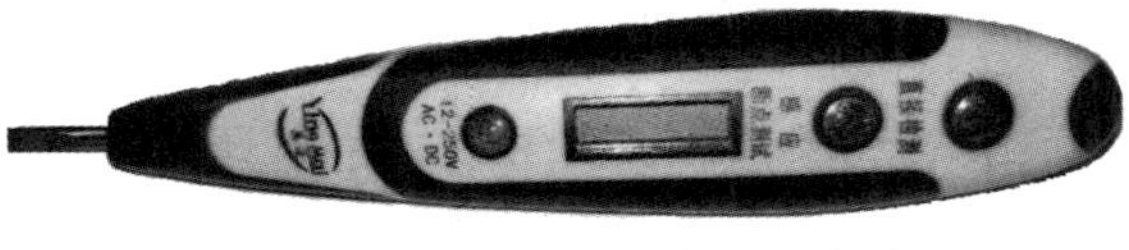

图 1－1－7－1　感应数显测电笔

3.2 按钮说明。

直接测量(DIRECT)键：测电笔金属前端直接接触线路时，按此按钮。

感应断点测量(INDUCTANCE)键：测电笔金属前端感应(注意是感应，而不是直接接触)线路时，按此按钮。

3.3 直接检测操作。

(1)轻触直接测量(DIRECT)键，测电笔金属前端直接接触被检测物：

①最后数字为所测电压值(本测电笔分12V、36V、55V、110V、220V五段电压值，通常≤36V的不至于有生命危险)。

②未到被测设备额定电压70%时，降低一个挡值显示。

③测量非对地的直流电时，应手碰另一极(如正极或负极)。

(2)测电笔直接接触到相线时，无论手有没有碰到任一测量键，指示灯都会立刻亮起：

①手没碰到任一测量键时，指示灯亮起，并显示12V，此数值不准。

②手碰到感应断点测量(INDUCTANCE)键时，指示灯亮起，并显示110V，此数值不准。

③手碰到直接测量(DIRECT)键时，指示灯亮起，并显示220V，此数值准确。

④在手没有碰到任一测量键的情况下，一旦指示灯亮起，就表明是交流电的相线。

(3)手碰到直接测量(DIRECT)键时，测电笔直接接触人体、相线、零线、地线、金属等导电物体时，指示灯都可能会亮起，此时实际电压以读数为准，若无读数则表明无电压。

(4)手碰到感应断点测量(INDUCTANCE)键时，测电笔直接接触被检测物时，有两种情况：

①指示灯亮起，并显示110V，就表明交流电的火线电压为220V。

②指示灯不亮，但出现“ϟ”，请参见“3.4间接检测操作”。

3.4 间接检测(又称感应检测)操作。

(1)感应检测：轻触感应断点测量(INDUCTANCE)键，测电笔金属前端靠近(注意是靠近，而不是直接接触)被检测物，若显示屏出现“ϟ”，则表示被检测物内部带交流电。

(2)断点检测：测量有断点的电线时，轻触感应断点测量(INDUCTANCE)键，测电笔金属前端靠近(注意是靠近，而不是直接接触)该电线，或者直接接触该电线的绝缘外层，若“ϟ”消失，则此处即为断点处。

## 4 操作要点

电压测试范围：12～250V。

## 5 注意事项

5.1 按键勿需用力按压。

5.2 测试时不能同时接触两个测量键，否则会影响灵敏度及测试结果。

# 项目八 手电钻的使用

## 1 项目简介

手电钻是以交流电源或直流电池为动力的钻孔工具，用于物件上开孔。当装有正反转开关和电子调速装置时可用作电螺丝批。

**2　操作前准备**

劳保用品穿戴齐全，准备手电钻1个。

**3　操作步骤**

3.1　手电钻主要用于金属、塑料、木材、砖等材料的钻孔、扩孔，如果配上专用工作头，可完成打磨、抛光、拆装螺钉等，如图1－1－8－1所示。

图1－1－8－1　手电钻

3.2　手电钻由电动机、钻头、传动装置、开关、壳体、夹头、调节套筒及辅助把手等组成，直流手电钻配置电池盒。

3.3　在使用过程中要确保电路正常，连接电源的电线无破损、破皮漏电情况。

3.4　手电钻不使用时要关闭开关，防止下一次使用突然转动伤人。

3.5　手电钻在使用前，通电，打开开关后应先空转0.5～1s，检查转动部分是否灵活，有无异常杂音，螺钉等有无松动，换向器火花是否正常。

3.6　用手电钻打孔时要双手紧握，尽量不要单手操作。

3.7　手电钻的钻头不能使用有缺口的钻头，应选用合适钻头，并用专用钥匙将钻头紧固在卡头上。

3.8　手电钻在对物体钻孔操作时，进钻的力度不能太大，不能用猛力，以防钻头或丝攻飞出来伤人。

3.9　手电钻使用中若发现整流子上火花大，手电钻过热，必须停止使用，进行检查，如清除污垢、更换磨损的电刷、调整电刷架弹簧压力等。

**4　操作要点**

4.1　手电钻的性能参数一般有：10mm的转速为2400～3000r/min，13mm的转速为1500r/min，16mm的转速为800～1000r/min。

4.2　较长时间未用的手电钻在使用前应用兆欧表测量其绝缘电阻，一般不应小于0.5MΩ。

4.3　手电钻金属外壳要有接地或接零保护。

**5　注意事项**

5.1　使用手电钻时，应戴绝缘手套，穿绝缘鞋，站在绝缘垫上，操作人员禁止戴线手套。

5.2　手电钻塑料外壳应防止碰、磕、砸，不要与汽油及其他溶剂接触。

5.3　钻孔时不宜用力过大过猛，以防工具过载；转速明显降低时，应立即把稳，减少施加的压力；突然停止转动时，必须立即切断电源。

5.4　安装钻头时，不许用锤子或其他金属制品物件敲击，手拿电动工具时，必须握持工具的手柄，不要一边拉软导线，一边搬动工具，防止软导线擦破、割破和被轧坏等。

5.5　较小的工件在被钻孔前必须先固定牢固，这样才能保证钻时工件不随钻头旋转，保证作业者的安全。

5.6　外壳的通风口(孔)必须保持畅通；必须注意防止切屑等杂物进入机壳内。

# 项目九　电烙铁锡焊电子元件的方法

## 1　项目简介

电烙铁是电子制作和电器维修的必备工具，主要用途是焊接元件及导线。

## 2　操作前准备

劳保用品穿戴齐全，准备电烙铁、电子元件、焊锡丝、焊锡膏(松香)、常用电工工具、纱布等。如图1－1－9－1所示。

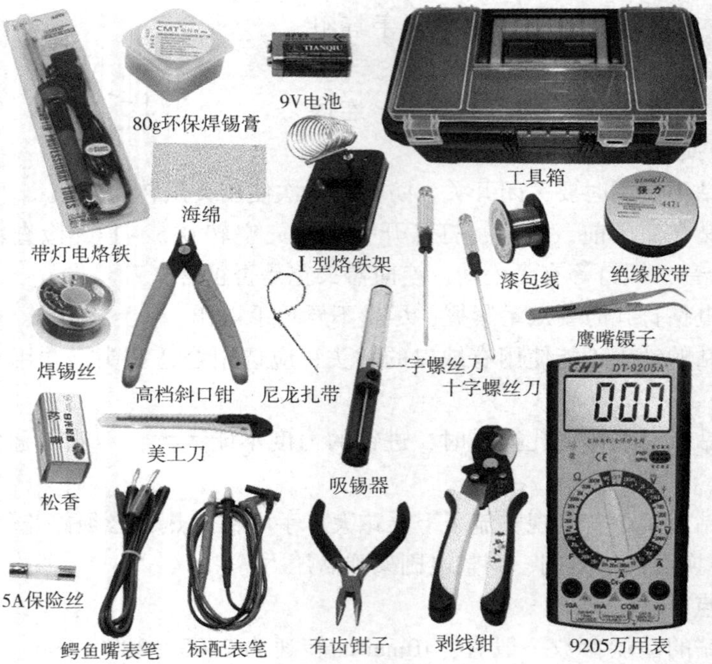


图1－1－9－1　焊接常用器具

## 3　操作步骤

3.1　认识电烙铁基本构成，如图1－1－9－2所示。

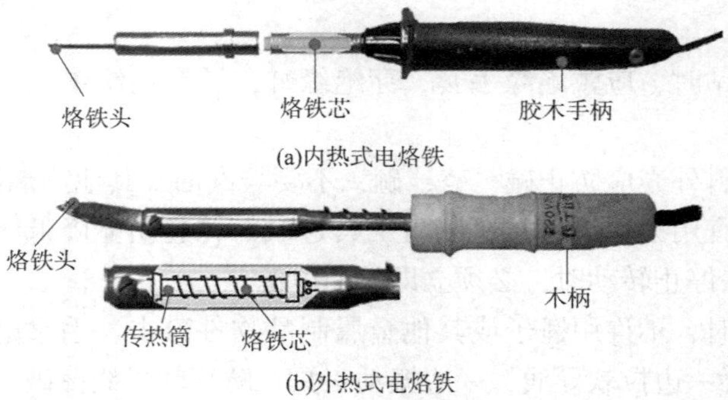


图1－1－9－2　电烙铁

3.2　用万用表测量电烙铁是否断路，用兆欧表测量其是否接地。

3.3　新烙铁使用前，应用细砂纸将烙铁头打光亮，通电烧热，蘸上焊锡膏(松香)后，用烙铁头刃面接触焊锡丝，使烙铁头上均匀地镀上一层锡。

3.4　焊接前，应对元件引脚或电路板的焊接部位进行焊前处理。

(1)用砂纸或小刀清除焊接部位的氧化层。

(2)将刮净的元件引线上蘸一下松香酒精溶液后，均匀镀上一层锡。

3.5　焊接。

(1)右手持电烙铁，左手用尖嘴钳或镊子夹持元件或导线。焊接前，电烙铁要充分预热，烙铁头刃面上要吃锡，即带上一定量焊锡。

(2)将烙铁头刃面紧贴在焊点处。电烙铁与水平面大约成60°，以便于熔化的锡从烙铁头上流到焊点上。烙铁头在焊点处停留的时间控制在2～3s。

(3)抬开烙铁头，左手仍持元件不动，待焊点处的锡冷却凝固后，才可松开左手。

(4)用镊子转动引线，确认不松动，然后可用斜口钳剪去多余的引线。

**4　操作要点**

4.1　选用合适的焊锡。应选用焊接电子元件用的低熔点焊锡丝。

4.2　助焊剂。用25%的松香溶解在75%的酒精(质量比)中作为助焊剂。

4.3　焊点应呈正弦波峰形状，表面应光亮圆滑，无锡刺，锡量适中。

4.4　焊接时间不宜过长，否则容易烫坏元件，必要时可用镊子夹住管脚帮助散热。

4.5　焊接完成后，要用酒精把线路板上残余的助焊剂清洗干净，以防炭化后的助焊剂影响电路正常工作。

4.6　集成电路应最后焊接，电烙铁要可靠接地，可在断电后利用余热焊接，或者使用集成电路专用插座，焊好插座后再把集成电路插上去。

**5　注意事项**

5.1　电烙铁通电后温度高达250℃以上，不用时应放在烙铁架上，但较长时间不用时应切断电源，防止高温“烧死”烙铁头(被氧化)。要防止电烙铁烫坏其他元器件，尤其是电源线，若其绝缘层被烙铁烧坏而未注意很容易引发安全事故。

5.2　电烙铁使用一段时间后，烙铁头部可能留有锡垢，在烙铁加热的条件下，用湿布轻擦；如出现凹坑或氧化块，应用细纹锉刀修复或者直接更换烙铁头。

5.3　不要对电烙铁猛力敲打，以免震断电烙铁内部电热丝或引线而产生故障。

# 模块二　常用表计的使用

## 项目一　数字式万用表的使用

### 1　项目简介

数字式万用表具有安培计、电压表、欧姆计等功能，能够对电压、电阻和电流进行测量。

### 2　操作前准备

劳保用品穿戴整齐，准备电工常用工具1套、数字式万用表1块、电阻、电容、二极管等若干。

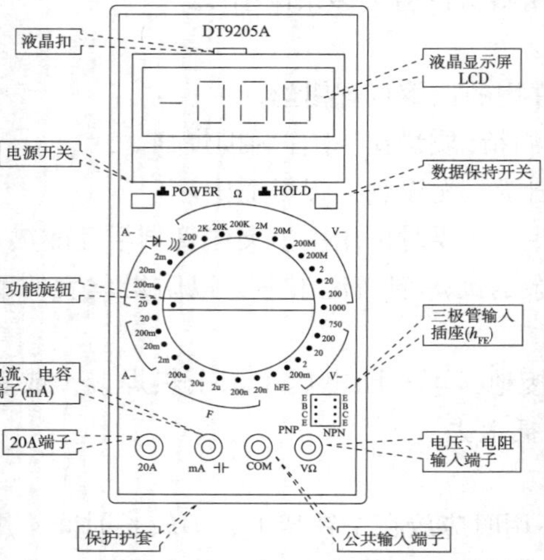


**图1－2－1－1　数字式万用表板面功能图**

### 3　操作步骤

3.1　认识数字式万用表板面功能，如图1－2－1－1所示。

3.2　外观检查完好，内部电池充足。

3.3　插入表笔，将红笔插入VΩ插孔，黑笔插入COM插孔，闭合万用表电源开关。

3.4　测量电压。

(1)将黑表笔插入COM端口，红表笔插入VΩ端口。

(2)功能旋转开关打至V～(交流)，V⎓(直流)，并选择合适的量程，当未知被测电压范围时选择最大量程挡。

(3)红、黑表笔探针并联接于被测线路。

(4)查看LCD显示屏数字，读数。

3.5　测量电阻。

(1)关掉电路电源。

(2)选择电阻挡(Ω)。

(3)将黑色测试探头插入COM插口，红色测试探头插入VΩ插口。

(4)将探头前端跨接在器件两端，或你想测电阻的那部分电路两端。

(5)查看读数，显示“000”表示无阻值，需要减小量程；显示“1”表示无穷大，需要增大量程。读数稳定，确认测量单位：欧姆(Ω)，千欧(kΩ)或兆欧(MΩ)。读取数值。

3.6　二极管好坏、极性的判断。

(1)转盘打在(—▶|—)挡，黑表笔插在COM端口，红表笔插在VΩ端口，两支表笔的前端分别接二极管的两极，然后颠倒表笔再测一次。

(2)根据测量结果进行判断。

①如果两次测量的结果是：一次显示“1”字样，另一次显示零点几的数字。那么此二极管就是一个正常的二极管。

②假如两次显示都相同的话，那么此二极管已经损坏。

③LCD 上显示的一个数字即是二极管的正向压降：硅材料为 0.6V 左右；锗材料为 0.2V 左右，根据二极管的特性，可以判断此时红表笔接的是二极管的正极，而黑表笔接的是二极管的负极。

3.7　短路检查(判断线路通断)。

将转盘打在(—▶|—)挡，表笔位置同“3.5 测量电阻”。用两表笔的另一端分别接被测两点，若此两点确实短路，则万用表中的蜂鸣器发出声响。

3.8　测量电流。

(1)断开电路。

(2)黑表笔插入 COM 端口，红表笔插入 mA 或者 20A 端口。

(3)功能旋转开关打至 A ~ (交流)，A ⎓ (直流)，并选择合适的量程。

(4)断开被测线路，将数字式万用表串联入被测线路中，被测线路中电流从一端流入红表笔，经万用表黑表笔流出，再流入被测线路中。

(5)接通电路。

(6)读出 LCD 显示屏数字。

3.9　测量电容。

(1)将电容两端短接，对电容进行放电，确保数字万用表的安全。

(2)将功能旋转开关打至电容(C)测量挡，并选择合适的量程。

(3)将电容插入万用表电容插孔。

(4)读出 LCD 显示屏上数字。

3.10　测量完毕将功能旋转开关调至交流电压最大挡，关闭电源开关。

**4　操作要点**

4.1　红表笔接内部电池的正极，黑表笔接内部电池的负极。

4.2　板面符号说明如图 1-2-1-2 所示。

| 符号 | 功能 |
|---|---|
| V~ | 交流电压测量 |
| V⎓ | 直流电压测量 |
| A~ | 交流电流测量 |
| A⎓ | 直流电流测量 |
| Ω | 电阻测量 |
| Hz | 频率测量 |
| HFE | 晶体管测量 |
| F | 电容测量 |
| ℃ | 温度测量 |
| ▶\| | 二极管测量 |
| •))) | 通断测量 |

⎓　直流
~　交流
≂　直流或交流
⚠　重要的安全信息
⚠　可能存在危险的电压
⏚　大地
□　双重绝缘保护(Ⅱ类)
保险丝
电池
CE　符合欧盟相关指令
MC　中国制造计量器具许可证

**图 1-2-1-2　数字式万用表板面符号说明**

**5　注意事项**

5.1　如果无法预先估计被测电压或电流的大小，则应先拨至最高量程挡测量一次，再视情况逐渐把量程减小到合适位置。测量完毕，应将量程开关拨到最高电压挡，并关闭电源。

5.2　满量程时，仪表仅在最高位显示数字“1”，其他位均消失，这时应选择更高的量程。

5.3　测量电压时，应将数字式万用表与被测电路并联，测电流时应与被测电路串联。

5.4　当误用交流电压挡去测量直流电压，或者误用直流电压挡去测量交流电压时，显示屏将显示“000”，或低位上的数字出现跳动。

5.5　禁止在测量高电压(220V 以上)或大电流(0.5A 以上)时换量程，以防止产生电弧，烧毁开关触点。

5.6 在超出30V交流电压均值、42V交流电压峰值或60V直流电压时，使用万用表应特别留意，该类电压会有电击的危险。

5.7 测试电阻、通断性、二极管或电容以前，必须先切断电源，将所有的高压电容放电。

5.8 使用测试表笔的探针时，手指应当保持在表笔保护盘的后面。

## 项目二 数字钳形电流表的使用

### 1 项目简介

数字钳形电流表是一种用于测量正在运行的电气线路的电流大小的仪表，可在不断电的情况下测量电流。

### 2 操作前准备

劳保用品穿戴整齐，准备HTQB－H型钳形电流表1块、绝缘手套1副、绝缘靴1双。

### 3 操作步骤

3.1 认识数字钳形电流表结构：由专用钳形电流表配高压绝缘杆组成，如图1－2－2－1所示。

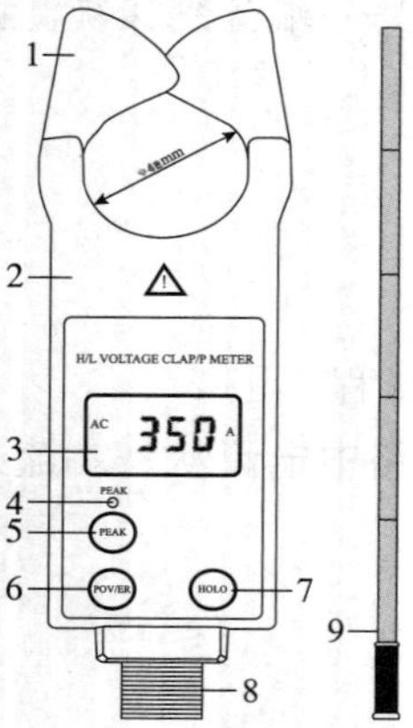


图1－2－2－1 数字钳形电流表

(1)图1－2－2－1中数字含义见表1－2－2－1。

表1－2－2－1 面板数字含义

| 数字 | 1 | 2 | 3 | 4 | 5 | 6 | 7 | 8 | 9 |
|---|---|---|---|---|---|---|---|---|---|
| 含义 | 钳头（含引导区） | HTQB－H检测仪 | LCD显示器 | PEAK测试指示 | PEAK键 | POWER键 | HOLD键 | 绝缘杆连接头 | 绝缘杆（5节） |

(2)液晶显示屏上数字含义如图1－2－2－2、表1－2－2－2所示。

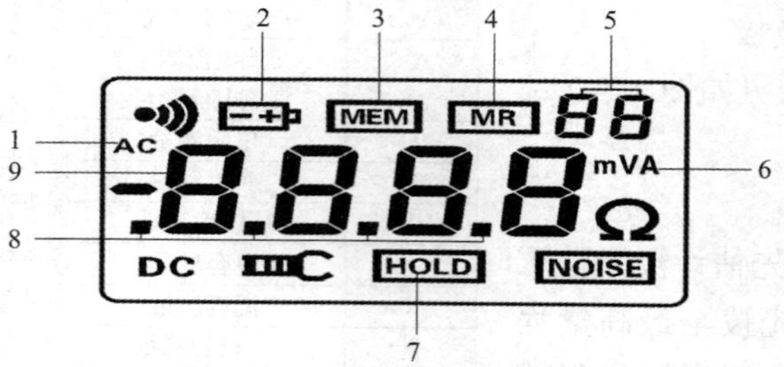


图1－2－2－2 液晶显示屏

表1－2－2－2 显示屏数字含义

| 数字 | 1 | 2 | 3 | 4 | 5 | 6 | 7 | 8 | 9 |
|---|---|---|---|---|---|---|---|---|---|
| 含义 | 交流符号 | 电池电压低符号 | 数据存储符号 | 数据查阅符号 | 2位存储数据组编号数字 | 单位符号 | 数据锁定符号 | 十进制小数点 | 4位LCD数字显示 |

3.2 测试前先连接绝缘杆，再连接测试仪。

3.3 按POWER键开机，LCD显示，进入通常测试模式。

(1)让被测导线处于钳头引导区的中部，如图1－2－2－3(a)所示。仪表引导区垂直于导线，前推仪表钳住被测导线如图1－2－2－3(b)所示。

(2)LCD 显示测量结果。若显示“OLA”，表示被测导线电流超出了该挡位的上量限，请选高挡位或更高量限的仪表。开机后 LCD 显示较暗，可能电池电压偏低，请更换电池。仪表开机 15min 后 LCD 持续闪烁，提示仪表将自动关机，LCD 持续闪烁30s 后自动关机，以降低电池消耗。若 LCD 持续闪烁时，按“POWER”键仪表可继续工作。

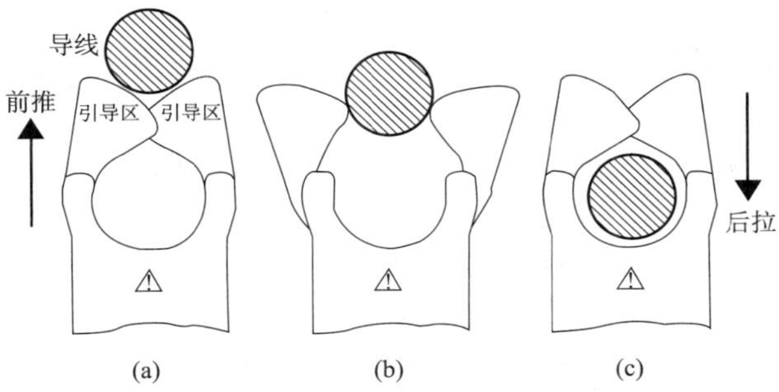

图 1 -2 -2 -3　数字钳形电流表表钳

(3)后拉即可将仪表撤离被测导线，如图 1 -2 -2 -3(c)所示，撤离时也尽量保持仪表引导区垂直于导线。

(4)数据保持。在通常测试模式下，按“HOLD”键，可以保持 LCD 显示，“HOLD”符号指示。再按“HOLD”键解除数据锁定，返回通常测试模式，“HOLD”符号消失。

(5)数据存储。在通常测试模式下，按“HOLD”键保持数据的同时，仪表自动编号并存储当前保持的数据，存储过程中“MEM”符号闪烁显示一次。本仪表能存储 99 组数据，若存储已满，“FULL”符号持续闪烁显示，必须清除内存后才能再存储。

(6)数据查阅。在通常测试模式下，按“PEAK”键 +“POWER”键进入数据查阅模式，显示“MR”符号，同时自动显示存储的第 01 组数据，再按“PEAK”键或“POWER”键可以向上或向下循环翻阅所存储的数据，当翻阅到存储的最后一组数据后，自动返回第一组数据。再按“HOLD”键退出数据查阅模式，返回通常测试模式。退出过程中显示“END”符号。

(7)数据清除。在数据查阅模式下，按“PEAK”键 +“POWER”键清除存储的所有数据，并返回通常测试模式。数据清除过程中显示“DEL”符号。

3.4　PEAK 测试。在通常测试模式下，按“PEAK”键，PEAK 指示灯亮，进入 PEAK 测试模式。即仪表显示并自动保持测试中的最大电流值。按 PEAK 键退出 PEAK 测试模式，返回通常测试模式，退出过程中显示“END”符号。

(1)最大电流测试过程中仪表自动比较被测电流的变化，保持当前时间段线路的最大电流值，当仪表撤离被测导线后，测试结果会一直保持，适合不易直接读取 LCD 数据的线路测试。

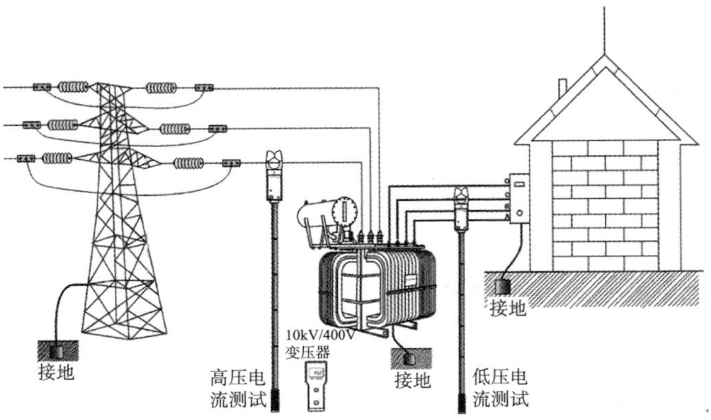

图 1 -2 -2 -4　数字钳形电流表测试现场

(2)在其他模式下，必须先返回通常测试模式下，再按上述操作进行 PEAK 测试。

3.5　按“POWER”键关机。数字钳形电流表现场测试如图 1 -2 -2 -4 所示。

**4　操作要点**

4.1　HTQB - H 数字钳形电流表连接 5 节绝缘杆，可用于 60kV 以下的高压线路电流测量、在线电流测量，还具有峰值保持、数据保持、数据存储等功能，其专用钳形电流表通过按压或退拔绝缘杆能方便钳夹或撤离被测导线，省时快捷，广泛应用于变电站、发电厂、工矿企业以及检测站、电工维修部门进行电流检测和野外电工作业等。

4.2　测量范围：1mA～1000A(50/60Hz 自动)。

4.3　测试过程中 LCD 实时显示被测电流的大小，LCD 数据随电流大小变化而变化，当检测仪撤离被测导线后，不保持测试结果，LCD 显示归零。通常测试模式适合近距离测量、方便直接读取 LCD 数据的线路测试。

### 5　注意事项

5.1　必须由经培训并取得授权资格的人员操作，操作时必须严格遵守安全规则。

5.2　严禁测试电压超过 35kV 的裸导线或汇流母线，否则有电击危险，易造成人身伤害或设备损坏。

5.3　不能用于测量电流超过 1000A 的线路，否则有电击危险，会造成人身伤害或设备损坏。

5.4　测试前，先连接绝缘杆，绝缘杆连接必须到位，最后连接检测仪，避免仪表与地面冲击。

5.5　务必使用专配的绝缘杆连接该仪表。

## 项目三　接地电阻测量仪的使用

### 1　项目简介

接地电阻测量仪是一种电阻测量装置，用于电力、邮电、铁路、通信、矿山等部门测量各种装置的接地电阻以及测量低电阻的导体电阻值，还可以测量土壤电阻率及地电压。

### 2　操作前准备

劳保用品穿戴整齐，准备 ZC－8 型接地电阻测量仪 1 套、常用电工工具 1 套。

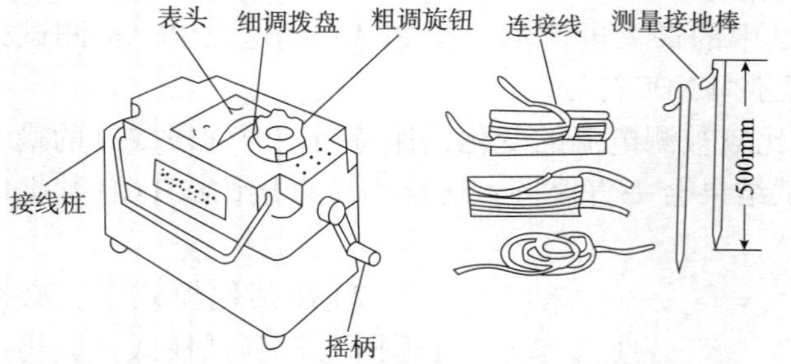


图 1－2－3－1　ZC－8 型接地电阻测量仪

### 3　操作步骤

3.1　ZC－8 型接地电阻测量仪结构组成如图 1－2－3－1 所示。

3.2　检查接地电阻测量仪外观完好，有试验合格标志，用铜线将 E、P、C 短接，缓慢摇动摇柄，表针应与基线重合，并指向“0”。

3.3　拆开被测设备接地干线与接地体连接点或拆开接地干线上所有接地支线连接点。

3.4　安装探针。将表线放开，两钢钎(P 电位探针、C 电流探针)布设按 E、P、C 直线距离相距 20m，插入地下 40cm。

3.5　调试仪表：将测量仪表水平放置，机械调零。

3.6　连接表线。将设备接地线与接地体断开，E 接被测接地体，P 和 C 分别接电位和电流端钮。

3.7　操作仪表：将“倍率挡位”置于最大倍数上，缓慢摇动摇柄，同时转动“测量度盘”直至指针停于零位。

3.8　若“测量度盘”读数小于 1，应将“倍率挡位”置于较小倍数，再重新调整“测量度盘”，以得到正确读数。

3.9　测量并读数。当检流计指针接近平衡时，加快摇柄转速(120r/min)，再调“测量度盘”，取得平衡、停转、读数。

3.10　被测接地电阻 = 倍率 × 微调读数。

3.11　为了保证所测接地电阻值的可靠，应改变方位重复测量，取平均值。

**4　操作要点**

4.1　当变压器容量不大于 100kV·A 时，接地电阻不应大于 10Ω；当变压器容量大于 100kV·A 时，接地电阻不应大于 4Ω。

4.2　独立防雷保护接地电阻不大于 10Ω。

4.3　独立交直流工作接地电阻不大于 4Ω。

4.4　防静电接地电阻一般要求不大于 100Ω。

4.5　共用接地体(联合接地)接地电阻应不大于 1Ω。

**5　注意事项**

5.1　禁止在有雷电或被测设备带电时进行测量。

5.2　仪表携带、使用时须小心轻放，避免剧烈震动。

## 项目四　数字式接地电阻测试仪的使用

**1　项目简介**

数字式接地电阻测试仪由机内 DC/AC 变换器将直流变为交流的低频恒流，经过辅助接地极 C 和被测物 E 组成回路，被测物上产生交流压降，经辅助接地极 P 送入交流放大器放大，再经过检测送入表头显示。借助倍率开关可得到三个不同的量限：0 ~ 2Ω、0 ~ 20Ω、0 ~ 200Ω。用于电力、邮电、铁路、通信、矿山等部门测量各种装置的接地电阻以及测量低电阻的导体电阻值；还可以测量土壤电阻率及地电压。

**2　操作前准备**

劳保用品穿戴整齐，准备 4105A 接地电阻测试仪 1 套、常用电工工具 1 套。

**3　操作步骤**

3.1　4105A 型接地电阻测试仪结构外观，如图 1 - 2 - 4 - 1 所示。

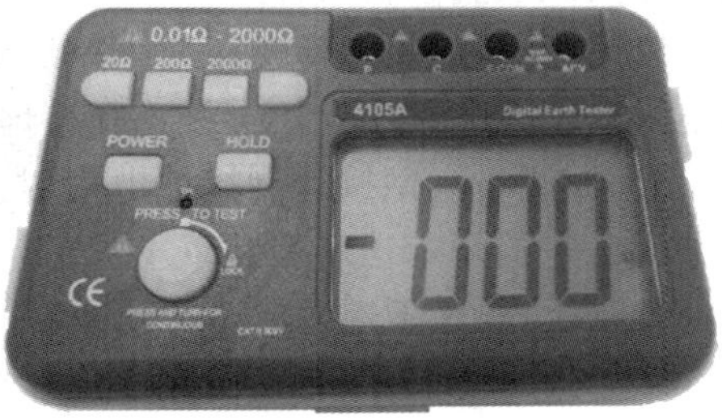

图 1 - 2 - 4 - 1　4105A 接地电阻测试仪

板面按键功能：20Ω/200Ω/2000Ω/AC750V—量程选择开关；POWER—电源开关；HOLD—数字保持开关；PRESS TO TEST—测试按钮；LCD 显示屏—显示测量数据及单位符号；P 端口—电位极；C 端口—电流极；E 端口—接地极；ACV 端口—电压极；电源适配器插孔。

3.2　电池电压检测。开机后，若显示屏没有显示电池符号，则表示目前电力充足，若显示屏闪烁或出现电池符号时，说明需要更换电池。

3.3　测试导线连接。

(1)将测试导线插头完全插入测试端。

(2)将辅助接地棒 P 及 C 在相距被测接地物间隔 5 ~ 10m 处垂直打入潮湿的土地下，

将绿色线连接至仪器端子 E，黄色导线连接至端子 P，红色导线连接至端子 C。

3.4　接地电压测量。先将量程选择开关调节至接地电压（EARTH VOLTAGE）挡。若显示屏显示电压值则表示系统中有接地电压存在，应确认接地电压值在 10V 以下；若此电压值在 10V 以上，则接地电阻测量值可能会产生误差，此时应先将使用的被测接地体设备断电，使接地电压下降后再进行测量。

3.5　接地电阻测量。首先从 2000Ω 挡开始，按下“测试”（PRESS TO TEST）键，背光将会点亮，表示在测试中。若显示值过小，再依 200Ω、20Ω 挡的顺序切换，此时的显示值即为被测接地电阻值。

注：若显示  则表示辅助接地棒 C 的辅助接地阻抗太大，此时需检查各接线是否松开，或在辅助接地棒周围增加土地湿度来减小接地阻抗。

3.6　完成测试后，将电源开关关断。

**4　操作要点**

4.1　交流工作接地，接地电阻不应大于 4Ω。

4.2　安全工作接地，接地电阻不应大于 4Ω。

4.3　直流工作接地，接地电阻应按计算机系统具体要求确定。

4.4　防雷保护地的接地电阻不应大于 10Ω。

4.5　对于屏蔽系统如果采用联合接地时，接地电阻不应大于 1Ω。

**5　注意事项**

5.1　必须将辅助接地棒插在含水量较高的土地上，如遇干地、矽地或含碎石地时，需加水以保持接地棒打入处潮湿。遇水泥地时请将接地棒平放加水，并将湿巾等覆于接地棒上再测量。

5.2　测量接地电阻时 E—C 或 E—P 端子间会产生大于 50V 的交流电压，切勿接触测试导线以免触电。

5.3　接线时确保连线各自分开，测试导线互不缠绕，各连接部分完全接触，确保辅助接地棒 P、C 打入潮湿的土地中。

5.4　存放保管时，应注意环境温度、湿度，应放在干燥通风的地方为宜，避免受潮，应防止酸碱及腐蚀性气体。

5.5　测量保护接地电阻时，一定要断开电气设备与电源连接点。在测量小于 1Ω 的接地电阻时，应分别用专用导线连在接地体上，C2 在外侧，P2 在内侧。

5.6　测量大型接地网接地电阻时，不能按一般接线方法测量，可参照电流表、电压表测量法中的规定选定埋插点。

5.7　测量接地电阻时最好反复在不同的方向测量 3～4 次，取其平均值。

5.8　测试仪为交直流两用，不接交流电时，仪表使用电池供电，接入交流电时，优先使用交流电。

5.9　仪表长期不用时，应将电池全部取出，以免锈蚀仪表。

## 项目五　QJ44 型直流双臂电桥的使用

**1　项目简介**

直流双臂电桥适用于现场乃至野外工地对各类低值电阻如金属导体导电率、直流分流器、开关接触电阻、电线电缆及各类电机、变压器的直流电阻等进行精密测量。

## 2　操作前准备

劳保用品穿戴整齐，准备常用电工工具 1 套、万用表 1 块、导线若干。

## 3　操作步骤

3.1　QJ44 型直流双臂电桥结构面板如图 1－2－5－1 所示。

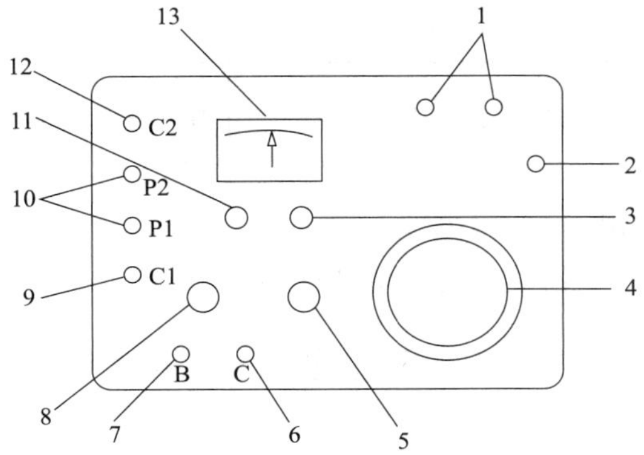


图 1－2－5－1　QJ44 型直流双臂电桥面板

1—电桥外接工作电源接线柱；2—晶体管检流计工作电源开关；3—检流计灵敏度调节旋钮；4—滑线读数盘；5—步进读数开关；6—检流计按钮开关；7—电桥工作电源按钮开关；8—倍率开关；9—被测电阻电流端接线柱；10—被测电阻电位端接线柱；11—检流计电气调零旋钮；12—被测电阻电流端接线柱；13—检流计指示表头

3.2　对被测设备断电、验电、放电、拆除外部连接线，做好安全措施。

3.3　检查 QJ44 型直流双臂电桥外观完好、电池电量充足。

3.4　将 QJ44 型直流双臂电桥放平，机械调零。

3.5　利用万用表 R×1 挡估测被测电阻值，选择倍率。

3.6　正确接线(图 1－2－5－2)，连接牢固、接触良好，灵敏度开关放至最低。

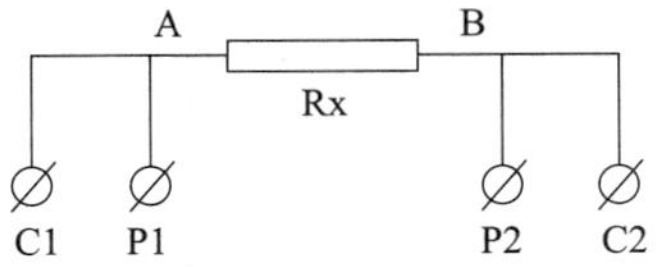


图 1－2－5－2　QJ44 型直流双臂电桥接线图

3.7　闭合晶体管检流计工作电源开关 K1，进行电气调零。

3.8　按下电桥工作电源按钮开关 B，对被测电阻充电 3～5min 后，点动按下检流计按钮 G。

3.9　根据检流计指针偏转方向，调节步进读数开关、滑线读数盘，使检流计指针指在零位上。

3.10　增大灵敏度，反复调滑线电阻使指针为零，直到灵敏度为最高，指针指零稳定后，读取数值。

3.11　先松开 G 钮，再松开 B 钮，断开 K1，结束测量。

3.12　记录被测电阻：

被测电阻值＝倍率读数×(步进读数＋滑线盘读数)

3.13　拆除测量连接线，清理现场。

## 4 操作要点

4.1 被测电阻范围与倍率位置选择见表1－2－5－1。

表1－2－5－1 被测电阻范围与倍率位置选择

| 倍率 | ×100 | ×10 | ×1 | ×0.1 | ×0.01 |
|---|---|---|---|---|---|
| 被测电阻范围/Ω | 1.1～11 | 0.11～1.1 | 0.011～0.11 | 0.0011～0.011 | 0.00001～0.0011 |

4.2 直流双臂电桥可以消除接线电阻和接触电阻，用于测量1Ω以下的小电阻。

## 5 注意事项

5.1 仪表长期不使用时应取出电池。

5.2 测量过程要迅速，以免电池无谓消耗。

# 项目六 ZC25型绝缘电阻表的使用

## 1 项目简介

ZC25型绝缘电阻表用于测量各种电机、电缆、变压器、电讯元器件、常用电器和其他电气设备的绝缘电阻。

## 2 操作前准备

2.1 劳保用品穿戴整齐，戴线手套，准备接地线1组。

2.2 根据被测电气设备的额定电压选择绝缘电阻表，参照表1－2－6－1。

表1－2－6－1 额定电压选择绝缘电阻表

| 被测绝缘电阻的设备 | 被测设备的额定电压/V | 选用摇表的电压/V |
|---|---|---|
| 各种线圈 | 500及以下 | 500 |
| | 500及以上 | 1000 |
| 电机、变压器绕组 | 380及以下 | 100 |
| | 500以上 | 1000～2500 |
| 电气设备绝缘 | 500及以下 | 500～1000 |
| | 500以上 | 2500 |
| 绝缘子、母线、开关 | | 2500～5000 |

2.3 检查绝缘电阻表外观无异常，接线无破损裸露。

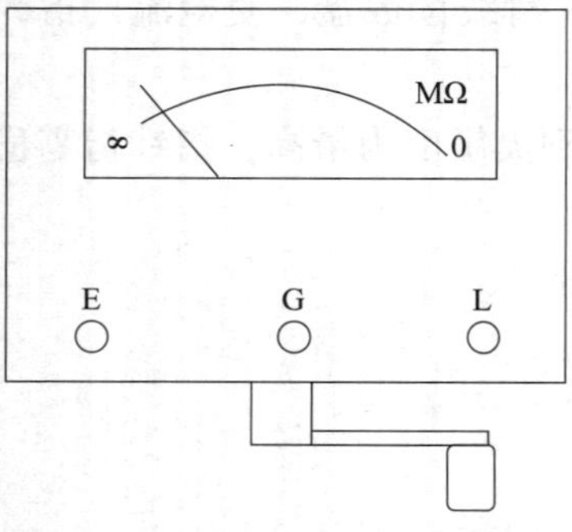


图1－2－6－1 ZC25型绝缘电阻表

## 3 面板简介

绝缘电阻表有三个接线柱：线路(L)、接地(E)、屏蔽(或称保护环)(G)。ZC25型绝缘电阻表结构如图1－2－6－1所示。

## 4 接线方法

4.1 测量设备对地绝缘电阻时，E端接于地线上，L端接于被测的线路上。

4.2 测量电动机或电气设备外壳绝缘电阻时，E端接在被测设备的外壳上，L端接在被测导线或绕组的一端。如果泄漏电流过大，则应将 G 端接于导线与外壳之间的绝缘介质上，以消除漏电流。

4.3　测量电动机、变压器及其他设备的绕组相间绝缘电阻时，将 E 与 L 端分别接于被测两相的导线或绕组 E。

4.4 测量电缆芯线时，将 E 端接在电缆的外表皮(铅套)上，L 端接芯线，G 端接在芯线最外层的绝缘包扎层上，以消除表面泄漏电流而引起的读数误差。

**5　操作方法**

5.1　在摇测前，对绝缘电阻表先做一次开路和短路检查试验。先将 E 和 L 端钮两根连线开路。摇动手柄达到发电机的额定转速(120r/min)，观察指针是否指到“∞”处，再将两根连线短路，慢慢加速摇动手柄，观察指针是否指“0”处，如两次试验指针指示不对，则说明绝缘电阻表本体内有故障需调修后再使用。

5.2　若测量设备为停电设备，需要对被测设备验放电，检查设备安全措施可靠。

5.3　根据被测设备不同，按 4 所述接线方法接线(若被测设备有绝缘击穿的可能，为保护摇表，可先接 E 端，摇动过程中另一人戴好绝缘手套，持 L 端表笔轻碰被测设备，表针指向零则停止继续摇动)。

5.4　将绝缘电阻表水平放置，左手按住表身，右手转动摇柄，转速应由慢到快，至 120r/min 左右，此时速度应均匀稳定。

5.5　待表针稳定时，读取表盘显示数据，单位为兆欧(MΩ)。

5.6　用接地线对被测设备放电。

5.7　拆除接线，先拆除设备接线再拆除表盘接线，清理现场。

**6　注意事项**

6.1　应根据被测量对象选用不同电压的绝缘电阻表。

6.2　测量时绝缘电阻表要放置平稳，与表计端钮相连接的导线不能用双股绝缘线或绞线，应当用单股线分开单独连接，以免双股线或绞线绝缘不良引起误差。

6.3　为保证安全，测量之前应断开设备电源。对容性负载要进行放电，测量完后，也应当进行放电，放电时间一般不应少于 2 ~ 3min。对于高电压、大电容的电缆线路，放电时间还应适当延长。

6.4　测量过程中，如果指针指向“0”位，表明被测物绝缘已经失效，应停止转动摇柄，以免损坏绝缘电阻表。

6.5　测量要尽可能在被测设备刚停电时进行，目的是使测量时的温度尽可能接近于实际运行温度。

6.6　使用绝缘电阻表测量高压设备绝缘时，应由两人承担。测量用导线，应选用绝缘导线，其端部还应有绝缘套；测量绝缘时，必须将被测设备从各方面断开，验明无电并确认设备上无人工作后方可进行。测量中禁止其他任何人接近设备。

6.7　在测量绝缘后，必须将被试设备对地放电。在有感应电压的线路上(同杆架设的双回线路或单回线路与另一线路有平行段)测量绝缘时，必须将另一线路同时停电方可进行；雷电时严禁测量线路绝缘。

6.8　在带电设备附近测量绝缘电阻时，测量人员和绝缘电阻表安放位置必须选择适当，保持安全距离，以免绝缘电阻表引线或引线支持物触碰带电部分；移动引线时，必须注意监护。

# 单元二　继电保护二次回路识图

## 模块一　继电保护二次回路图

### 项目一　继电保护二次回路

**1　项目简介**

由二次设备互相连接，构成对一次设备进行监测、控制、调节和保护的电气回路称为二次回路，是在电气系统中由互感器的次级绕组、测量监视仪器、继电器、自动装置等通过控制电缆联成的电路，用以控制、保护、调节、测量和监视一次回路中各参数和各元件的工作状况。用于监视测量表计、控制操作信号、继电保护和自动装置等所组成电气连接的回路均称为二次回路或二次接线。

**2　操作前准备**

劳保用品穿戴整齐，准备二次回路图纸、培训记录本。

**3　操作步骤**

3.1　二次回路的作用。

二次设备按照一定规则连接起来以实现某种技术要求的电气回路。二次回路和一次回路相比，二次回路设备众多，而且有成百上千根导线需要相互连接起来，因此要了解二次回路，必须知道原理及二次设备的符号和图形(3.5 中将会描述)。

3.2　二次回路的范围。

(1)控制回路。由控制开关与控制对象的传递机构、执行机构组成(如断路器、隔离开关)。其作用是对一次设备进行“合”“分”操作。

(2)调节回路。是指调节型自动装置，由测量机构、传送机构、调节器和执行机构组成。其作用是根据一次设备运行参数的变化，实行在线调节一次设备的工作状态，以满足运行要求，如由电容补偿控制装置对电容器进行自动投切。

(3)继电保护和自动装置回路。是由测量回路、比较部分、逻辑部分和执行部分等组成。其作用是根据一次设备和系统的运行状态，判断其发生故障或异常时，自动发出跳闸命令，有选择性地切除故障，并发出相应的信号，当故障或异常消失后，快速投入有关设备，恢复系统的正常运行。

(4)测量回路。由各种测量仪表及其相关回路组成。其作用是指示或记录一次设备和系统的运行参数，以便运行人员掌握一次系统的运行情况。

(5)信号回路。由信号发送机构和信号继电器等构成。其作用是反映一次设备、二次设备的工作状态。

(6)操作电源系统。由电源设备和供电网络组成，它一般包括直流电源系统和交流电源系统。其作用主要是给控制、保护、信号等设备提供工作电源与操作电源，确保发电厂与变电所所有二次设备正常工作。

3.3　二次回路的图纸。

二次图纸：通常分为原理接线图和安装接线图。

(1)原理接线图，通常又分为归总式原理接线图和展开式原理接线图。

①归总式原理接线图，简称原理图，它是以整体的形式表示各二次设备之间的电气连接，一般与一次回路的有关部分画在一起，设备的接点与线圈是集中画在一起的，能综合表现出交流电压、电流回路和直流回路间的联系，使读图者对二次回路的构成及动作过程有一个明确的整体概念。

②展开式原理接线图，以分散的形式表示二次设备之间的连接。展开图中二次设备的接点与线圈分散布置，交流电压、交流电流、直流回路分别绘制。这种绘制方式容易跟踪回路的动作顺序，便于二次回路的设计，也容易在读图时发现回路中的错误。

(2)安装接线图，包括布置图、接线图、端子排图等。

①布置图，表示二次设备的安装位置，一般按实际尺寸的一定比例绘制。

②接线图，表示二次设备间的电气连接关系。

③端子排图，表示端子排与二次设备及外部电缆间的连接关系。

3.4　二次回路的读图。

二次回路图的逻辑性强，在绘制时遵循一定的规律，读图时应按一定顺序进行才容易看懂。一般读图的规律为：

(1)先交流、后直流；

(2)交流看电源、直流找线圈；

(3)先找线圈、再找接点，每个接点都查清；

(4)先上后下、先左后右，屏外设备不能掉；

(5)安装图纸要结合展开原理图。

3.5　二次回路接线图中常见的文字符号见表2－1－1－1。

**表2－1－1－1　二次回路接线图中常见的文字符号**

| 序号 | 符号 | 文字解释 | 序号 | 符号 | 文字解释 |
|---|---|---|---|---|---|
| 1 | DL | 断路器及其辅助触点 | 12 | HWJ | 合闸位置继电器 |
| 2 | WJ | 温度继电器 | 13 | TQ | 跳闸线圈 |
| 3 | G | 隔离开关及其辅助触点 | 14 | TWJ | 跳闸位置继电器 |
| 4 | WSJ | 瓦斯继电器 | 15 | LJ | 电流继电器 |
| 5 | LH | 电流互感器 | 16 | HJ | 合闸继电器 |
| 6 | ZCH | 重合闸继电器 | 17 | YJ | 电压继电器 |
| 7 | YH | 电压互感器 | 18 | TJ | 跳闸继电器 |
| 8 | BCJ | 保护继电器 | 19 | SJ | 时间继电器 |
| 9 | HQ | 合闸线圈 | 20 | TJJ | 同步检测继电器 |
| 10 | ZJ | 中间继电器 | 21 | CJ | 差动继电器 |
| 11 | HC | 合闸接触器 | 22 | XMJ | 信号脉冲继电器(冲击继电器) |

续表

| 序号 | 符号 | 文字解释 | 序号 | 符号 | 文字解释 |
|---|---|---|---|---|---|
| 23 | GJ | 功率继电器 | 64 | JRD | 击穿保险 |
| 24 | JJ | 监察继电器 | 65 | WS | 位置指示灯 |
| 25 | XJ | 信号继电器 | 66 | RRD | 弱电熔断器(热线轴) |
| 26 | SXJ | 事故信号中间继电器 | 67 | FM | 蜂鸣器 |
| 27 | RJ | 热继电器 | 68 | KM | 控制回路小母线 |
| 28 | YXJ | 预告信号中间继电器 | 69 | DO | 电笛 |
| 29 | BSJ | 闭锁继电器 | 70 | RKM | 弱电控制回路电源小母线 |
| 30 | HZ | 频率表 | 71 | JL | 警铃 |
| 31 | JSJ | 加速继电器 | 72 | XM | 信号回路电源小母线 |
| 32 | YZJ | 电压中间继电器 | 73 | HA | 合闸按钮 |
| 33 | ZXJ | 指挥信号中间继电器 | 74 | RXM | 弱电信号回路电源小母线 |
| 34 | WH | 有功电度表 | 75 | TA | 跳闸按钮 |
| 35 | XKJ | 选控继电器 | 76 | SYM | 事故音响信号小母线 |
| 36 | VARH | 无功电度表 | 77 | FA | 复归按钮 |
| 37 | XCJ | 选测继电器 | 78 | +SM | 闪光信号小母线 |
| 38 | KK | 控制开关 | 79 | ZXA | 指挥信号按钮 |
| 39 | FJ | 复归继电器 | 80 | (+)HM | 合闸电源小母线 |
| 40 | HK | 转换开关 | 81 | YJA | 中央音响信号解除按钮 |
| 41 | ZZJ | 重复中间继电器 | 82 | FM | 辅助小母线 |
| 42 | ZK | 自动开关 | 83 | YA | 试验按钮 |
| 43 | XZJ | 信号中间继电器 | 84 | YBM | 预告信号小母线 |
| 44 | CK | 测量转换开关 | 85 | SA | 事故按钮 |
| 45 | XJJ | 信号监察继电器 | 86 | RM | 掉牌未复位“光字牌” |
| 46 | XK | 信号转换开关 | 87 | THM | 同期合同小母线 |
| 47 | TBJ | 跳跃闭锁继电器 | 88 | ZYM | 指挥装置音响小母线 |
| 48 | DK | 刀开关 | 89 | TQM | 同期电压小母线 |
| 49 | YJJ | 压力监视中间继电器 | 90 | C | 电容 |
| 50 | MK | 灭磁开关 | 91 | YM | 电压互感器二次电压小母线 |
| 51 | A | 电流表 | 92 | L | 电感 |
| 52 | LK | 联动开关 | 93 | ZM | 转角变压器小母线 |
| 53 | V | 电压表 | 94 | D | 二极管 |
| 54 | XWK | 限位开关 | 95 | XDC | 蓄电池 |
| 55 | W | 有功功率表 | 96 | BG | 晶体三极管 |
| 56 | XD | 信号灯 | 97 | Z | 整流器 |
| 57 | WAR | 无功功率表 | 98 | DS | 电磁铁 |
| 58 | LD | 绿色信号灯 | 99 | R | 电阻 |
| 59 | STK | 手动同期转换开关 | 100 | LP | 连接片 |
| 60 | QA | 启动按钮 | 101 | RF | 附加电阻 |
| 61 | HD | 绿色信号灯 | 102 | QP | 切换片 |
| 62 | RD | 熔断器 | 103 | BD | 白色信号灯 |
| 63 | GD | 光字牌 | | | |

3.6　二次回路的编号原则。

二次回路常采用回路编号法、相对编号法两种编号方法。

(1)回路编号法。按“等电位”原则标注，在电气回路中相同电位的回路采用同一编号。如合闸回路的7、分闸回路的37、电流回路的A411等。这一编号方法便于读图时了解回路的作用，在原理图中运用最多。

(2)相对编号法。按接线对侧的设备名称编号，如DS：1为位置电磁锁的1脚，I3－7为第一安装单元第三个元件的7脚。这种编号法便于查找该连线的走向，常用于安装图中。

(3)回路编号用3位或3位以下数字组成，如果需要标明回路的相别或某些主要特征时，可在数字标号的前面(或后面)增注文字符号。如1、37a、A630等。

(4)回路编号，在展开接线图中根据编号可以了解回路用途，在安装图中根据编号能正确进行接线。

(5)回路编号应遵循一定的规则：

①对不同用途的控制回路，使用不同的数字范围，如控制与保护回路用1～399，电流回路用400～599。

②保护与控制回路使用的数字按熔断器(或小开关)分组，每一百为一组，如101～199、301～399等，其中正极性回路编为单数，由小至大，负极性回路编为双数，由大至小。

③信号回路的数字编号，按事故、位置、报警、指挥信号进行分组，按数字大小进行排列。

④开关设备、控制回路的数字编号组，应按开关设备的数字序号选取。如1KK所在的回路选101～199，3KK所在的回路选301～399。

⑤对接点、开关、按钮等两侧，虽然闭合时为等电位，应使用不同编号，但只改变编号大小而不改变单、双数(极性)。经过回路中主要降压元件(如线圈、电阻等)后改变其单、双数(极性)。

⑥某些回路形成了特定编号，不能随意挪作他用。如正负电源的101、102；红绿灯回路的135、105等。表2－1－1－2是直流回路的标号组。

**表2－1－1－2 直流回路的标号组**

| 回路名称 | 数字标号组 | | | |
|---|---|---|---|---|
| | 一 | 二 | 三 | 四 |
| 正电源回路 | 1 | 101 | 201 | 301 |
| 负电源回路 | 2 | 102 | 202 | 302 |
| 合闸回路 | 3～31 | 103～131 | 203～231 | 303～331 |
| 绿灯或合闸回路监视回路 | 5 | 105 | 205 | 305 |
| 跳闸回路 | 33～49 | 133～149 | 233～249 | 333～349 |
| 红灯或跳闸回路监视回路 | 35 | 135 | 235 | 335 |
| 备用电源自动合闸回路 | 50～69 | 150～169 | 250～269 | 350～369 |
| 开关设备的位置信号回路 | 70～89 | 170～189 | 270～289 | 370～389 |
| 事故跳闸音响信号回路 | 90～99 | 190～199 | 290～299 | 390～399 |
| 保护回路 | 01～99或(J1～J99) | | 01～99或(J1～J99) | |
| 发电机励磁回路 | 601～699 | 601～699 | 601～699 | 601～699 |
| 信号及其他回路 | 701～999 | 701～999 | 701～999 | 701～999 |

注：①对接于断路器控制回路内的红灯和绿灯回路如直接由控制回路电源引接时，该回路可标注与控制回路电源相同的标号。

②在没有备用电源自动投入安装单位的接线图中，标号50～69可作为其他回路的标号，但当回路标号不够用时，可以向后递增。

3.7　二次回路导线的选择。

电缆与绝缘导线一般要求：

(1)连接强电：截面积不小于1.5$mm^2$。

(2)连接弱电：截面积不小于0.5$mm^2$。

(3)保护和测量的电流回路截面积不小于2.5$mm^2$。

### 4　操作要点

先进行电气原理图各元器件的识读，然后再进行控制电路的识图(由于控制电路比较多，采用分路识读法)。

### 5　注意事项

5.1　识读电路图时，要能充分表达电气设备的用途、作用和工作原理。

5.2　要根据元件动作的先后顺序逐个进行电路分析、掌握元件动作后相互之间的关系，全面了解电路的动作过程及相关保护。

## 项目二　电流回路原理图

### 1　项目简介

继电保护电流回路将高压一次电流转换为数值较小的二次电流，用于变电站内电流数据的采样、监视，同时作为继电保护动作的依据。

### 2　操作前准备

劳保用品穿戴整齐，准备二次回路图纸、培训笔记本、铅笔。

### 3　操作步骤

(1)以一组保护电流回路(图2-1-2-1)为例，结合上一项目的编号，A相第一个绕组头端与尾端编号1A1、1A2，如果是第二个绕组则用2A1、2A2，其他同理。

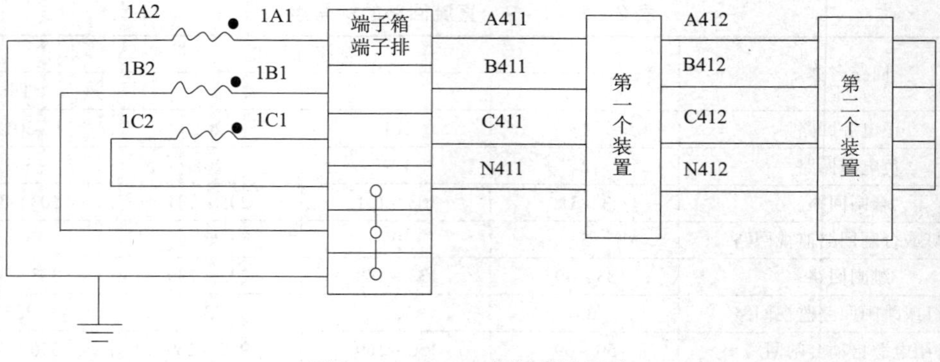


图2-1-2-1　保护电流回路

(2)电流互感器(CT)是电力系统中很重要的电力元件，其作用是将一次高压侧的大电流通过交变磁通转变为二次电流供给保护、测量、录波、计度等使用，油田使用的大部分电流互感器二次额定电流均为5A，也就是铭牌上标注为100/5、200/5等，表示一次侧如果有100A或者200A电流，转换到二次侧电流就是5A。

(3)电流互感器在二次侧必须有一点接地，目的是防止两侧绕组的绝缘被击穿后一次高电压引入二次回路造成设备与人身伤害。同时，电流互感器也只能有一点接地，如果有两点接地，电网之间可能存在的潜电流会引起保护等设备的不正确动作。

**4　操作要点**

先进行电气原理图各元器件的识读，然后再将各器件关联识读。

**5　注意事项**

(1)识读电路图时，要能充分表达电气设备的用途、作用和工作原理。

(2)要根据元件动作的先后顺序逐个进行电路分析。

## 项目三　电压回路原理图

**1　项目简介**

继电保护电流回路将高压一次电压转换为数值较小的二次电流，用于变电站内电压数据的采样、监视，同时作为继电保护动作的依据。

**2　操作前准备**

劳保用品穿戴整齐，准备二次回路图纸、培训笔记本、铅笔。

**3　操作步骤**

(1)电压互感器(PT)的作用是将高电压成比例地变换为较低(一般为57V或者100V)的低电压，母线PT的电压采用星形接法，一般采用57V绕组，母线PT零序电压一般采用100V绕组三相串接成开口三角形。线路PT一般装设在线路A相，采用100V绕组。有些线路PT只有57V绕组也可以，只是需要在DISA系统中将手动同期合闸参数中的100V改为57V。

(2)PT的一次回路、二次回路也必须有一个接地点，以保护二次回路不受高电压的侵害，二次接地点选在主控室母线电压电缆引入点，由YMN小母线专门引一条半径至少2.5mm永久接地线至接地铜排。PT二次只能有这一个接地点(严禁在PT端子箱接地)，如果有多个接地点，由于地网中电压压差的存在将使PT二次电压发生变化，这在《电力系统继电保护实用技术问答》上有详细分析。

(3)电压互感器二次绕组不允许短路。

(4)CT与PT工作时产生的磁通机理是不同的。CT磁通是由与之串联的高压回路电流通过其一次绕组产生的。此时二次回路开路时，其一次电流均成为励磁电流，使铁芯的磁通密度急剧上升，从而在二次绕组感应出高达数千伏的感应电势。PT磁通是由与PT并联的交流电压产生的电流建立的，PT二次回路开路，只有一次电压极小的电流产生的磁通产生的二次电压，若PT二次回路短路则相当于一次电压全部转化为极大的电流而产生极大磁通，PT二次回路会因电流极大而烧毁。

(5)母线电压回路的星形接线采用单相二次额定电压57V的绕组，星形接线也叫作中性点接地电压接线。以变电站高压侧母线电压接线为例，如图2-1-3-1所示。

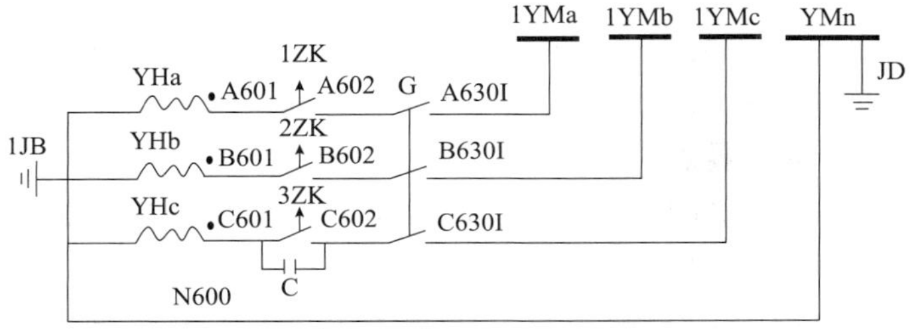


图2-1-3-1　电压回路接线图

①为了保证PT二次回路在末端发生短路时也能迅速将

故障切除，采用了快速动作自动开关 ZK 替代保险。

②采用了 PT 刀闸辅助接点 G 来切换电压。当 PT 停用时 G 打开，自动断开电压回路，防止 PT 停用时由二次侧向一次侧反馈电压造成人身和设备事故。N600 不经过 ZK 和 G 切换，是为了 N600 有永久接地点，防止 PT 运行时因为 ZK 或者 G 接触不良，PT 二次侧失去接地点。

③1JB 是击穿保险，击穿保险实际上是一个放电间隙，正常时不放电，当加在其上的电压超过一定数值后，放电间隙被击穿而接地，起到保护接地的作用。这样万一中性点接地不良，高电压侵入二次回路也有保护接地点。

④传统回路中，为了防止在三相断线时断线闭锁装置因为无电源拒绝动作，必须在其中一相上并联一个电容器 C，在三相断线时电容器放电，供给断线装置一个不对称的电源。

⑤因母线 PT 是接在同一母线上所有元件公用的，为了减少电缆联系，设计了电压小母线 1YMa、1YMb、1YMc、YMn（前面数值"1"代表 I 母 PT）。PT 的中性点接地 JD 选在主控制室小母线引入处。

⑥PT 二次电压回路并不是直接由刀闸辅助接点 G 来切换，而是由 G 去启动一个中间继电器，通过这个中间继电器的常开接点同时切换三相电压，该中间继电器起重动作用，装设在主控制室的辅助继电器屏上。

(6) 母线零序电压按照开口三角形方式接线采用单相额定二次电压 100V 绕组。如图 2－1－3－2 所示。

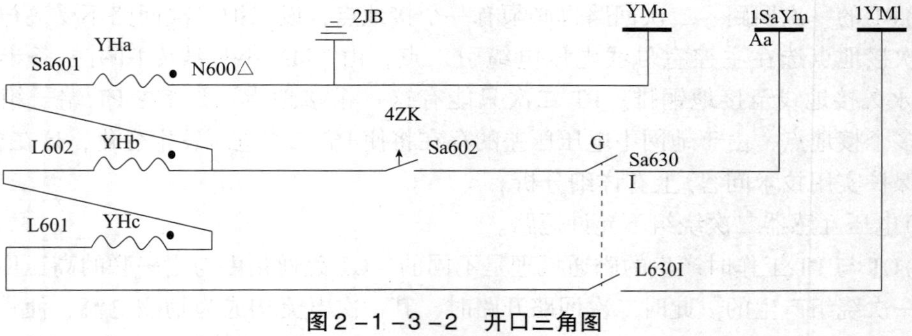


图 2－1－3－2　开口三角图

①开口三角形是按照绕组相反的极性端由 C 相到 A 相依次头尾相连。

②零序电压 L630 不经过快速动作开关 ZK，因为正常运行时 $U_0$ 无电压，此时若 ZK 断开不能及时发现，一旦电网发生事故时保护就无法正确动作。

③零序电压尾端 N600 按照《国家电网十八项反措》要求应与星形的 N600 分开，各自引入主控制室的同一小母线 YMn，同样，放电间隙也应该分开，用 2JB。

④同期抽头 Sa630 的电压为 $-U_a$，即 －100V，经过 ZK 和 G 切换后引入小母线 SaYm。

## 4　操作要点

先进行电气原理图各元器件的识读，然后再将各器件关联识读。

## 5　注意事项

(1) 识读电路图时，要能充分表达电气设备的用途、作用和工作原理。

(2) 要根据元件动作的先后顺序逐个进行电路分析。

# 项目四　控制回路原理图

## 1　项目简介

控制回路是向断路器操作回路发出指令的回路，作用于断路器的分、合闸，同时为信号回路的信号变化提供依据。

## 2　操作前准备

劳保用品穿戴整齐，准备二次回路图纸、培训笔记本、铅笔。

## 3　操作步骤

3.1　二次回路的控制，主要是指在控制室内对高压配电装置中的断路器进行控制。

3.2　断路器控制主要包括手动合闸、手动跳闸、自动合闸和自动跳闸控制。

3.3　手动合闸和手动跳闸是根据需要，通过人为操作控制开关等使断路器接通和断开的操作。

3.4　自动合闸和自动跳闸则是利用自动控制系统或装置提供的信号，根据事先设定的要求使断路器自动接通和断开的操作。

3.5　断路器通断控制一般采用两个线圈分开控制，给合闸线圈短时通电，断路器合闸，主触点闭合接通；给跳闸线圈短时通电，断路器跳闸，主触点断开。

3.6　合闸线圈和跳闸线圈都是短时通电工作制的，通电后完成断路器分、合闸任务后，断路器的辅助触电将使合闸线圈或跳闸线圈断电。一般而言，断路器合闸线圈电流很大，跳闸线圈电流则较小。

3.7　断路器控制回路原理如图 2－1－4－1 所示（以 6kV 小车断路器为例）。

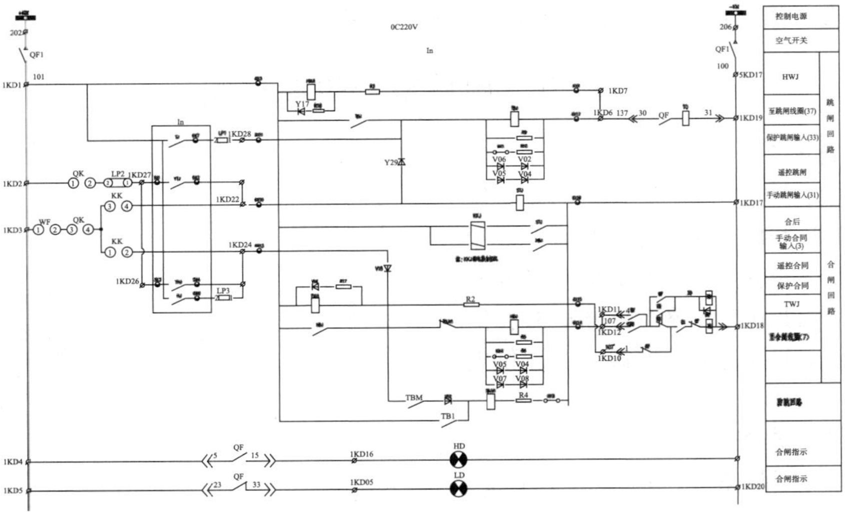


图 2－1－4－1　控制回路原理图

当断路器处于分闸位置时：

合闸回路：101（直流＋）→WF（五防锁）→QK（远方/就地）→KK（合闸按钮）→6×13（保护装置）→6×14（保护装置）→107→QF4（开关机构）→102（直流－）。

分闸回路：101（直流＋）→WF（五防锁）→QK（远方/就地）→KK（跳闸按钮）→6×10（保护装置）→6×12（保护装置）→137→QF30（开关机构）→QF31（开关机构）→102（直流－）。

分闸指示：101(直流+)→6×3(保护装置)→TWJ→6×15(保护装置)→107→QF4(开关机构)→102(直流-)。

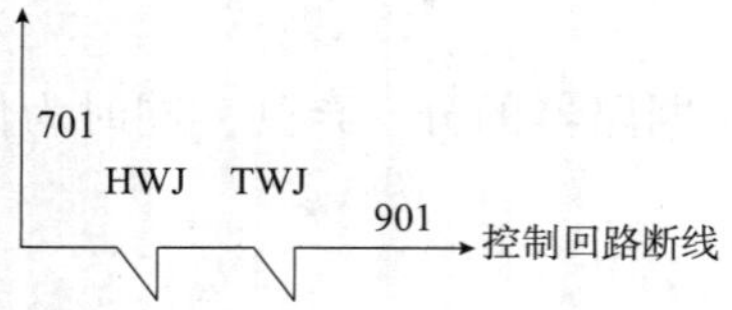

图2-1-4-2 控制回路断线图

合闸指示：101(直流+)→6×3(保护装置)→HWJ→6×9(保护装置)→137→QF30(开关机构)→QF31(开关机构)→102(直流-)。

3.8 控制回路断线原理如图2-1-4-2所示。

当HWJ与TWJ都不动作时发“控制回路断线”，现象是开关位置信号消失，位置指示灯熄灭，光字牌或者后台机发信号，保护报“THWJ”信号等。控制回路断线故障原因一般有：

(1)控制保险损坏；

(2)开关断开状态下未储能；

(3)气压低，机构内部气压接点断开操作回路；

(4)跳、合闸线圈有烧坏；

(5)断路器辅助接点接触不良；

(6)电缆芯37或7(7′)接线不稳固；

(7)TWJ或HWJ线圈被烧坏等。

### 4 操作要点

先进行电气原理图各元器件的识读，然后再将各器件关联识读。

### 5 注意事项

5.1 识读电路图时，要能充分表达电气设备的用途、作用和工作原理。

5.2 要根据元件动作的先后顺序逐个进行电路分析。

## 项目五 电源备自投原理图

### 1 项目简介

电源备自投是变电站综合自动化系统中的一项重要功能。电源备自投装置应用于有两路或以上进线电源供电的变电站中，当主用进线电源线路意外断电时，能够快速自动投入备用进线电源，提高供电可靠性。

### 2 操作前准备

劳保用品穿戴整齐，准备铅笔1支、A4纸及三相电源备自投电气原理图一张。

### 3 操作步骤

三相电源备自投电路原理如图2-1-5-1所示。

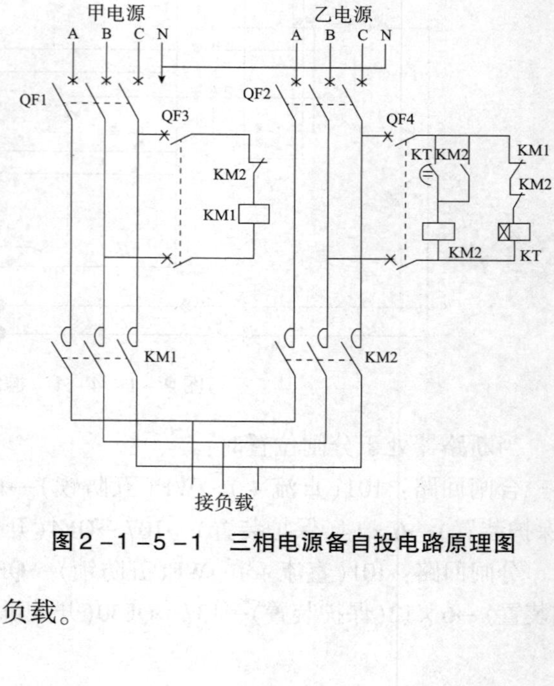

图2-1-5-1 三相电源备自投电路原理图

3.1 甲电源A、B、C，乙电源A、B、C，断路器QF1、QF2、QF3、QF4，交流接触器KM1、KM2，时间继电器KT，负载。

3.2　当甲、乙电源有电时，同时合上断路器 QF1 和 QF2。

3.3　再合上断路器 QF3 和断路器 QF4。

3.4　接触器 KM1 线圈得电吸合，主触头闭合向负载供电。同时接触器 KM1 的常闭触点断开了时间继电器 KT 线圈的电源，使其不能工作。

3.5　当甲电源因故停电时，此时接触器 KM1 线圈失电，常闭触点闭合，接通时间继电器 KT 线圈电路电源。

3.6　时间继电器 KT 经延时数秒后，KT 延时常开点闭合，接通接触器 KM2 电路电源，接触器 KM2 得电吸合并自锁。

3.7　接触器 KM2 主触头闭合，向负载供电。

3.8　由于接触器 KM2 的吸合，其常闭触点一方面断开了延时继电器线圈的电源，另一方面又断开了接触器 KM1 线圈的电路，使甲电源停止供电，保证了乙电源的正常供电。

3.9　如果乙电源工作一段时间停电后，接触器 KM2 线圈失电，其常闭触点会自动接通接触器 KM1 的线圈电源换为甲电源供电。

3.10　断路器和接触器应根据负载的大小选定。

**4　操作要点**

4.1　了解三相电源备自投电路中各元件的工作原理。

4.2　知道三相电源备自投电路工作原理。

**5　注意事项**

5.1　识读电路图时，要能充分表达电气设备的用途、作用和工作原理。

5.2　要根据元件动作的先后顺序逐个进行电路分析、掌握元件动作后相互之间的关系，全面了解电路的动作过程及相关保护。

# 项目六　信号回路原理图

**1　项目简介**

在监控系统中，各类信息的动作能够以告警的形式在显示屏上显示，还可通过音响发出语音报警。当电网或设备发生故障引起开关跳闸时，在发出语音告警的同时，跳闸断路器的符号在屏上闪烁，便于运行人员迅速地对信息进行分类与判别以及对事故进行分析与处理。

**2　操作前准备**

劳保用品穿戴整齐，准备尺子 1 把、铅笔 1 支、A4 纸。

**3　操作步骤**

3.1　在变电站中，必须安装有完善而可靠的信号装置，以供运行人员经常监视各种电气设备和系统的运行状态。这些信号装置按其告警的性质一般可以分为以下几种：

(1)事故信号：设备或系统发生故障，造成断路器事故跳闸的信号。

(2)预告信号：系统或一、二次设备偏离正常运行状态的信号。

(3)位置信号：断路器、隔离开关、变压器的有载调压开关等设备位置的信号。

(4)继电保护及自动装置的启动、动作、呼唤等信号。

3.2　为了方便现场运行人员分析判断，不同的信号一般有不同的表示方式，如事故信号一般用电笛声表示，并伴有相应断路器变位的绿灯闪光信号；预告信号、继电保护及自动装置的启动、动作、呼唤等信号常发光字信号并伴有警铃声。

3.3　断路器位置常以红绿，隔离开关位置常以自动、手动变位的十字灯或机械位置变化等表示；主变的有载调压开关位置则常以相应的数字显示。随着计算机监控系统的应用，信号系统变得越来越完善，它的分类更细，信息量更全，可以语言报警，并记录报警时间，这样对事故的追忆、分析更为方便。

3.4　正常的操作和事故处理，均由变电站的运行人员根据调度指令及对信号设备动作情况的分析判断进行控制操作。其中信号装置的作用是把电气设备和电力系统的运行状况变换为运行人员可以察觉的声光信号。所以，虽然与控制装置相比信号装置不直接作用并改变设备的运行状态，但对变电站的安全运行同样重要。

3.5　以图2－1－4－1控制回路原理图为例：

合闸指示：101(直流＋)→1KD4→QF5(开关机构)→QF15→1KD14→1HD(红灯)→102(直流－)。

分闸指示：101(直流＋)→1KD5→QF23(开关机构)→QF33→1KD15→LD(绿灯)→102(直流－)。

**4　操作要点**

先进行电气原理图各元器件的识读，然后再将各器件关联识读。

**5　注意事项**

5.1　识读电路图时，要能充分表达电气设备的用途、作用和工作原理。

5.2　要根据元件动作的先后顺序逐个进行电路分析。

# 项目七　线路方向过电流保护原理图

**1　项目简介**

在电网中，各断路器和保护装置都是安装在被保护线路靠近电源的一侧，当线路发生故障时启动都是在短路功率从母线流向被保护线路的情况下，按选择性的条件来协调配合工作的。

**2　操作前准备**

劳保用品穿戴齐全，准备线路保护装置说明书、A4纸、铅笔。

**3　操作步骤**

方向过电流保护原理接线如图2－1－7－1所示。

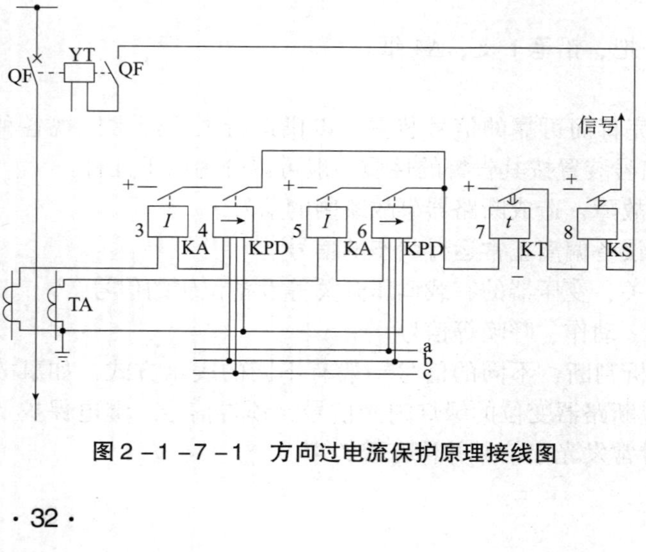


图2－1－7－1　方向过电流保护原理接线图

(1)电流继电器3、5是启动元件，功率方向继电器4、6是方向元件，采用90°接线方式。各相电流继电器的触点和对应功率方向继电器触点串联，以起到按相启动的作用。时间继电器7是使保护装置获得必要的动作时限，其触点闭合，经信号继电器8发出跳闸脉冲，使断路器QF跳闸。

(2)由于加装了功率方向继电器，因此线路发生短路时，虽然电流继电器都可能动作，但只有流入功率方向继电器的电流与功率方向继电器规定的方向一致时(当规定指向线路时，即一次电流从母线流向线路时)，功率方向继电器才动作，从而使断路器跳闸。而当流入功率方向继电器的电流与功率方向继电器规定的方向相反时(即一次电流从线路流向母线时)，功率方向继电器不动作，将方向过电流保护闭锁，保证了方向过电流保护的选择性。

(3)在正常运行时，负荷电流的方向也可能符合功率方向继电器的动作方向，其触点闭合，但此时电流继电器未动作，所以整套方向过电流保护仍被闭锁不动作。

(4)方向过电流保护的动作时限，是将动作方向一致的保护按逆向阶梯原则进行整定的。

**4　操作要点**

4.1　结合前面项目内容对本项目原理图进行识读。

4.2　掌握90°接线方式的原理。

**5　注意事项**

5.1　要根据元件动作的先后顺序逐个进行电路分析。

5.2　电流继电器、启动元件、功率方向继电器、方向元件置于保护装置中，一般通过图纸进行动作分析。

## 项目八　定时限过电流保护原理图

**1　项目简介**

定时限过电流保护是为了实现过电流保护的动作选择性，各保护的动作时间一般按阶梯原则进行整定，即相邻保护的动作时间、自负荷向电源方向逐级增大，且每套保护的动作时间是恒定不变的，与短路电流的大小无关。

**2　操作前准备**

劳保用品穿戴整齐，准备线路保护装置说明书、A4 纸、铅笔。

**3　操作步骤**

定时限过电流保护原理如图 2－1－8－1 所示。

(1)当被保护线路发生故障时，短路电流经电流互感器 TA 流入 KA1—KA3，短路电流大于电流继电器整定值时，电流继电器启动。

(2)因三只电流继电器触点并联，所以只要一只电流继电器触点闭合，便启动时间继电器 KT，按预先整定的时限，其触点闭合，并启动出口中间继电器 KOM。

(3) KOM 动作后，接通跳闸回路，使 QF 断路器跳闸，同时使信号继电器动作，发出动作信号。

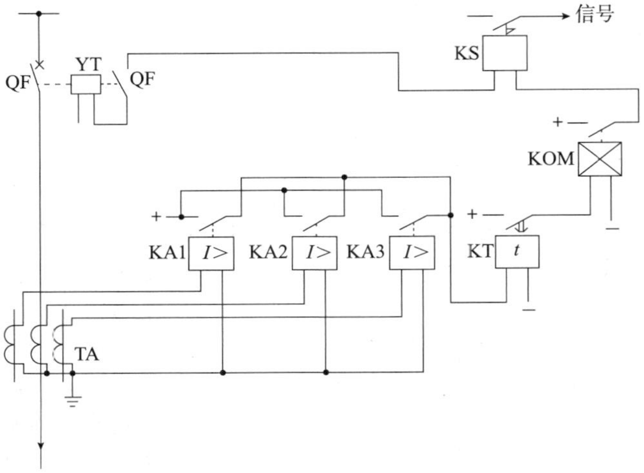


图 2－1－8－1　定时限过电流保护原理图

(4)由于保护的动作时限与短路电流的大小无关，是固定的，故称为定时限过电流。

4　操作要点

4.1　结合前面项目内容对本项目原理图进行识读。

4.2　了解时间继电器工作原理。

5　注意事项

5.1　要根据元件动作的先后顺序逐个进行电路分析。

5.2　电流继电器、时间继电器、中间继电器置于保护装置中，一般通过图纸进行动作分析。

## 项目九　线路三段式电流保护原理图

1　项目简介

线路三段式电流保护指的是电流速断保护(第一段)、限时电流速断保护(第二段)、定时限过电流保护(第三段)相互配合构成的一套保护。

2　操作前准备

劳保用品穿戴整齐，准备线路保护装置说明书、A4 纸、铅笔。

3　操作步骤

线路三段式电流保护原理如图 2－1－9－1 所示。

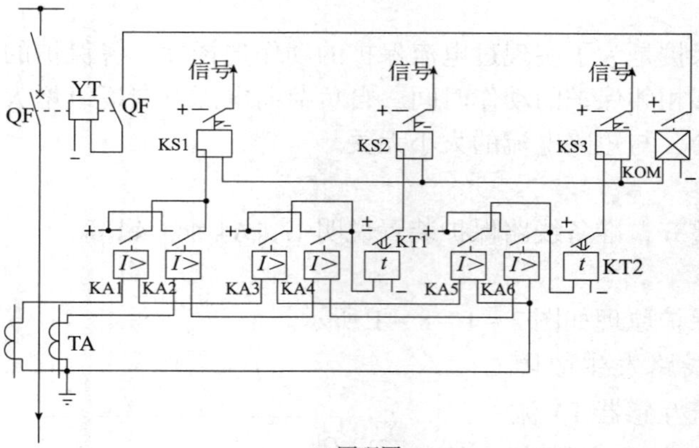


(a)原理图

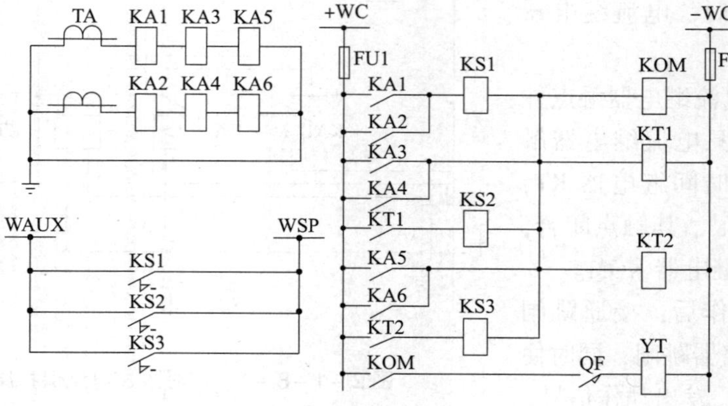


(b)展开图

图 2－1－9－1　线路三段式电流保护原理图

（1）KA1、KA2、KS1 构成第一段瞬时电流速断。

（2）KA3、KA4、KT1、KS2 构成第二段限时电流速断。

（3）KA5、KA6、KT2、KS3 构成第三段定时限过电流。

（4）三段保护均作用于一个公共的出口中间继电器 KOM，任何一段保护动作均启动 KOM，使断路器跳闸，同时相应段的信号继电器动作掉牌，值班人员便可从掉牌指示判断是哪套保护动作，进而对故障的大概范围作出判断。

**4　操作要点**

结合前面项目电流互感器内容以及项目七、八内容对本项目原理图进行识读。

**5　注意事项**

5.1　要根据元件动作的先后顺序逐个进行电路分析。

5.2　电流继电器、时间继电器、启动元件置于保护装置中。

## 项目十　线路三段式零序电流保护原理图

**1　项目简介**

三段式零序电流保护一般由无时限零序电流速断保护（Ⅰ段）、带时限零序电流速断保护（Ⅱ段）和零序过电流保护（Ⅲ段）相互配合构成整套保护。其构成和保护范围与三段式电流保护类似。主要区别是测量元件接在零序电流滤过器的出口，同样也能加装方向元件构成零序方向电流保护，用于复杂电网。

**2　操作前准备**

劳保用品穿戴整齐，准备线路保护装置说明书、A4 纸、铅笔。

**3　操作步骤**

线路三段式零序电流保护原理如图 2－1－10－1 所示。

（1）线路三段式零序电流保护的原理接线如图 2－1－10－1 所示，在被保护线路的三相上分别装设型号和变比完全相同的电流互感器，将它们的二次绕组互相并联，然后接至电流继电器的线圈。当正常运行和发生相间故障时，电网中没有零序电流，故 $I_R=0$，继电器不动作，只有发生接地故障时，才出现零序电流，如其值超过整定值，继电器就动作。

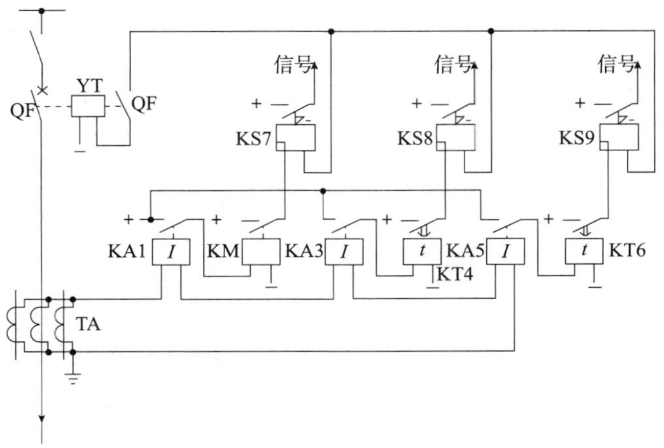


图 2－1－10－1　三段式零序电流保护原理图

（2）实际工作中，由于三只电流互感器的励磁特性不一致，当发生相间故障时，会造成较大的不平衡电流。

（3）为了使保护装置在这种情况下不误动作，通常将保护的动作电流按躲过最大不平衡电流来整定。

(4)与相间短路的电流保护相同，零序电流保护也采用阶段式保护，通常采用三段式。目前的“四统一”保护屏则采用四段式。

(5)瞬时零序电流速断(零序Ⅰ段，由KA1、KM和KS7构成)，一般取保护线路末端接地短路时，流过保护装置3倍最大零序电流$3I_{om}$的1.3倍，保护范围不小于线路全长的15%～25%。

(6)零序Ⅱ段(由KA3、KT4和KS8构成)的整定电流，一般取下一级线路的零序Ⅰ段整定电流的1.2倍，时限0.5s，保证在本线末端单相接地时，可靠动作。

(7)零序Ⅲ段(由KA5、KT6和KS9构成)的整定电流可取零序Ⅱ(或Ⅲ)段整定的1.2倍，或大于三相短路的最大不平衡电流，其灵敏性要求下一级末端故障时，能可靠动作。

**4　操作要点**

结合前几项目电流互感器内容以及项目九内容对本项目原理图进行识读。

**5　注意事项**

5.1　要根据元件动作的先后顺序逐个进行电路分析。

5.2　电流继电器、时间继电器、中间继电器、启动元件、功率方向继电器、方向元件置于保护装置中。

# 项目十一　变压器瓦斯保护原理图

**1　项目简介**

变压器瓦斯保护是变压器内部故障的主保护，对变压器匝间和层间短路、铁芯故障、套管内部故障、绕组内部断线及绝缘劣化和油面下降等故障均能灵敏动作。

**2　操作前准备**

劳保用品穿戴整齐，准备变压器保护装置说明书、A4纸、铅笔。

**3　操作步骤**

变压器瓦斯保护原理如图2－1－11－1所示。

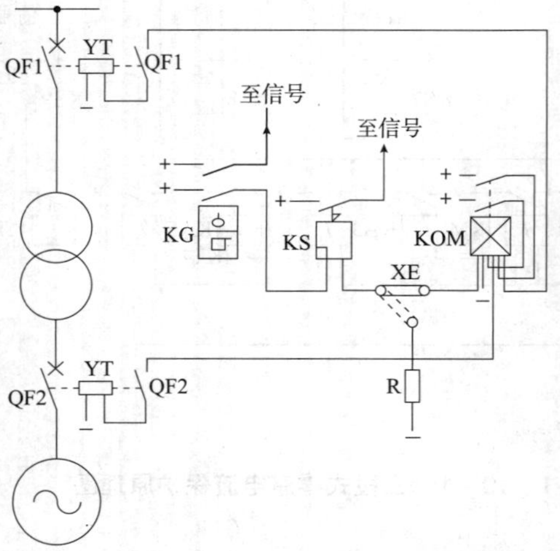


图2－1－11－1　变压器瓦斯保护原理图

(1)变压器瓦斯保护的主要元件就是瓦斯继电器，它安装在油箱与油枕之间的连接管中。

(2)当变压器发生内部故障时，因油的膨胀和所产生的瓦斯气体沿连接管经瓦斯继电器向油枕中流动。

(3)若流动的速度达到一定值时，瓦斯继电器内部的挡板被冲动，并向一方倾斜，使瓦斯继电器的触点闭合，接通跳闸回路或发出信号。

(4)图2－1－11－1中：瓦斯继电器KG的上触点接到信号，为轻瓦斯保护；下触点为重瓦斯保护，经信号继电器KS、连接片XE启动出口中间继电器KOM，KOM的两对触点闭合后，分别使断路器QF1、QF2跳闸线圈励磁。

(5)跳开变压器两侧断路器，即直流 +→KG→KS→XE→KOM→直流 -→启动 KOM；直流 +→KOM→QF1→YT→直流 -，跳开断路器 QF1；直流 +→KOM→QF2→YT→直流 -，跳开断路器 QF2。

(6)连接片 XE 也可接到电阻 R，使重瓦斯保护不投跳闸而只发信号。

### 4　操作要点

掌握瓦斯继电器、信号继电器、连接片、中间继电器之间的配合。

### 5　注意事项

5.1　要根据元件动作的先后顺序逐个进行电路分析。

5.2　分清轻瓦斯保护和重瓦斯保护的触点。

## 项目十二　双绕组变压器纵差保护单线原理图

### 1　项目简介

双绕组变压器纵差保护是按循环电流原理构成的，它能正确区分变压器内、外故障，并能瞬时切除保护区内的故障。

### 2　操作前准备

劳保用品穿戴整齐，准备变压器保护装置说明书、A4 纸、铅笔。

### 3　操作步骤

双绕组变压器纵差保护单线原理如图 2 -1 -12 -1 所示。

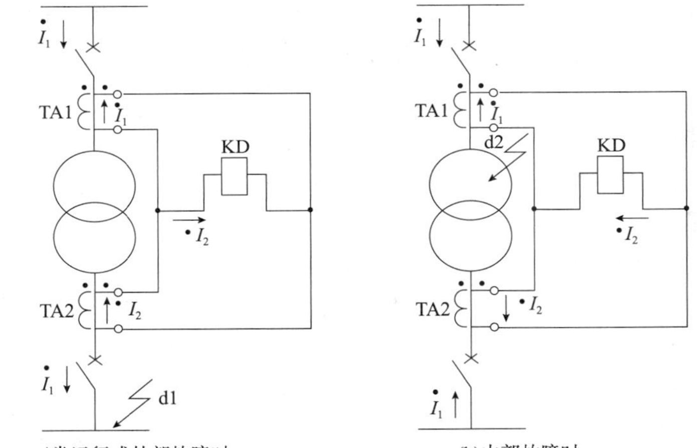


图 2 -1 -12 -1　双绕组变压器纵差保护单线原理图

(1)图 2 -1 -12 -1 为双绕组变压器纵差保护单线原理图。变压器两侧分别装设电流互感器 TA1 和 TA2，并按图中所示极性关系进行连接。

(2)正常运行或外部故障[图 2 -1 -12 -1(a)中 d1 点]时，差动继电器 KD 中的电流等于两侧电流互感器二次电流之差，要使这种情况下流过差动继电器的电流为零，应恰当选择两侧电流互感器的变比。

(3)由于二次额定电流一般为 5A，所以电流互感器的变比为：一次额定电流/二次额定电流，IN/5。忽略变压器的励磁电流，则在正常运行或外部故障时，流入差动继电器的电流为零。

(4)当变压器内部，如图2－1－12－1(b)中d2点故障时，流入差动继电器的电流为变压器两侧流向短路点的短路电流(二次值)之和。

(5)由于变压器的励磁涌流、接线方式和电流互感器的误差等因素的影响，差动继电器中会流过不平衡电流，不平衡电流越大，继电器的动作电流越大，致使纵差保护的灵敏度降低。

(6)纵差保护需要解决的主要问题之一是采取各种措施避免不平衡电流的影响，在保证选择性的条件下，还要保证发生内部故障时有足够的灵敏性和速动性。

**4　操作要点**

结合前面项目电流互感器内容对本项目原理图进行识读。

**5　注意事项**

5.1　要根据元件动作的先后顺序逐个进行电路分析。

5.2　注意两侧电流互感器极性正反对保护动作的影响。

## 项目十三　三绕组变压器差动保护原理图

**1　项目简介**

三绕组差动保护是变压器的主保护，是按循环电流原理装设的，主要用来保护三绕组变压器绕组内部及其引出线上发生的各种相间短路故障，同时也可以用来保护变压器单相匝间短路故障。在绕组变压器的三侧均装设电流互感器，其二次侧按循环电流法接线，即如果三侧电流互感器的同极性端都朝向母线侧，则将同极性端子相连，并在接线之间并联接入电流继电器。

**2　操作前准备**

劳保用品穿戴整齐，准备变压器保护装置说明书、A4纸、铅笔。

**3　操作步骤**

三绕组变压器差动保护原理如图2－1－13－1所示。

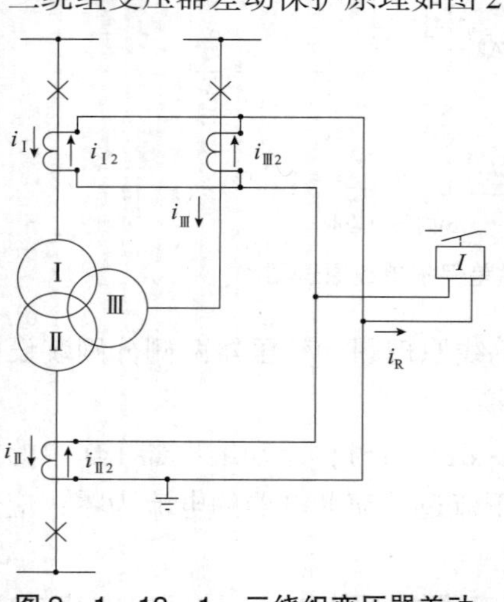


图2－1－13－1　三绕组变压器差动保护原理图

(1)三绕组变压器差动保护的动作原理和双绕组变压器差动保护的动作原理是一样的，也是按循环电流原理构成的。

(2)正常运行和外部短路时，三绕组变压器三侧电流向量和(折算至同一电压等级)为零。它可能是一侧流入另两侧流出，也可能由两侧流入，而从第三侧流出。

(3)若将任何两侧电流相加再去和第三侧电流相比较，就构成三绕组变压器的差动保护。

(4)当正常运行和外部短路时，若不平衡电流忽略不计，则流入继电器的电流为零。

即：$i_{\mathrm{R}}=i_{\mathrm{I}2}+i_{\mathrm{II}2}+i_{\mathrm{III}2}=0$

当内部短路时，流入继电器的电流则为：

$i_R = i_{\text{I}2} + i_{\text{II}2} + i_{\text{III}2} = \sum iK/na$

即等于各侧短路电流(二次值)的总和。

可见在正常及区外短路时，保护不会动作，而发生内部故障时，保护将灵敏动作。

(5)为保证三绕组变压器差动保护的可靠性和灵敏性，应注意以下几点：

①各侧电流互感器的变比应统一按变压器最大额定容量来选择；

②外部短路时的三绕组变压器比双绕组变压器的不平衡电流大，宜采用带制动特性的BCH－1型差动继电器，若BCH－1型仍不满足灵敏度要求，可采用二次谐波制动的差动保护；

③为解决实际变比与计算变比不一致而引起的不平衡电流，以保证每两侧线圈之间的平衡，对BCH－1型差动继电器，应将两组平衡线圈分别接在二次电流较小的两侧。

**4　操作要点**

结合前面项目电流互感器内容以及项目十二对本项目原理图进行识读。

**5　注意事项**

5.1　要根据元件动作的先后顺序逐个进行电路分析。

5.2　注意三侧电流互感器极性正反对保护动作的影响。

# 项目十四　变压器复合电压保护原理图

**1　项目简介**

复合电压保护是由一个负序电压继电器和一个接在相间电压上的低电压继电器共同组成的电压复合元件，两个继电器只要有一个动作，同时过电流继电器也动作，整套装置即能启动。

**2　操作前准备**

劳保用品穿戴整齐，准备变压器保护装置说明书、A4纸、铅笔。

**3　操作步骤**

变压器复合电压启动的过电流保护原理如图2－1－14－1所示。

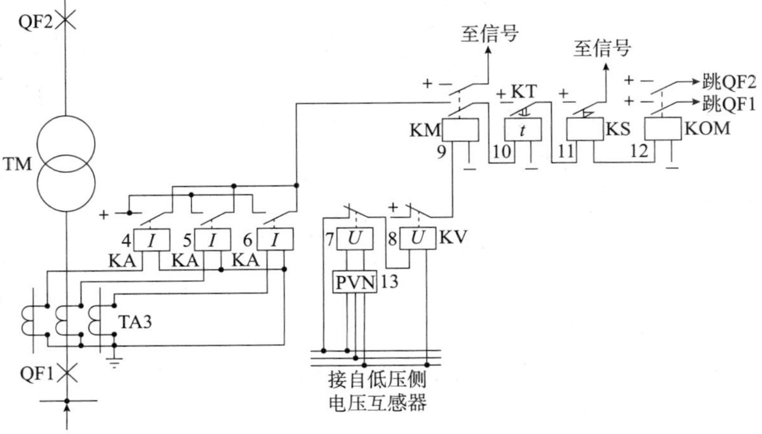


图2－1－14－1　变压器复合电压启动的过电流保护原理图

(1)当保护区内发生不对称故障，系统出现负序电压，负序过滤器13有电压输出使继电器7常闭触点打开，欠压继电器8失压，常闭触点闭合，接通中间继电器9，若电流继电器4、5、6任何一个动作，则启动时间继电器10，经过整定时限后，跳开两侧断路器。在对称短路情况下，电压继电器7不启动，但欠压继电器8因电压降低，常闭触点接通，保护启动。

(2)负序电压整定值，可取额定电压的6%；电流整定值，可取大于变压器额定电流，但不必大于最大电流。

### 4 操作要点

结合前面项目电流互感器内容、电压互感器内容以及项目十三对本项目原理图进行识读。

### 5 注意事项

5.1 要根据元件动作的先后顺序逐个进行电路分析。

5.2 注意三侧电流互感器极性正反对保护动作的影响。

5.3 变压器复合电压启动的过电流保护需要和欠电压继电器配合，经时间继电器延时后动作。

## 项目十五 变压器过零序电流保护原理图

### 1 项目简介

变压器过零序电流保护通过零序互感器采集零序电流，当零序电流超过一定值(综合保护中设定)，综合保护接触器吸合，断开电路。

### 2 操作前准备

劳保用品穿戴整齐，准备变压器保护装置说明书、A4纸、铅笔。

### 3 操作步骤

变压器过零序电流保护原理如图2－1－15－1所示。

(1)对大电流接地系统中的变压器装设接地零序电流保护，作为变压器主保护的后备保护及相邻元件接地短路的后备保护。

(2)正常情况下，$3I_0=0$，TA中没有电流通过，零序电流保护不动作，发生接地短路时出现零序电流，当它大于保护的动作电流时，电流继电器KA动作，经KT延时后，跳开变压器两侧断路器。

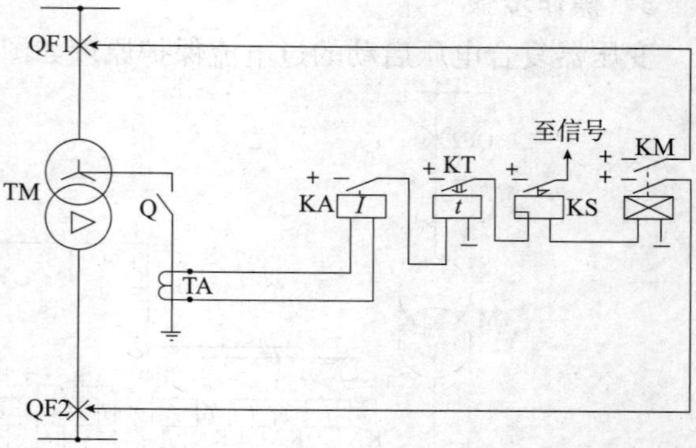


图2－1－15－1 变压器过零序电流保护原理图

(3)零序电流保护的动作电流，应大于该侧出线零序电流保护后备段的动作电流。保护的动作时限也要比后者大一个$\Delta t$。

### 4 操作要点

结合电流互感器内容、零序保护内容对本项目原理图进行识读。

## 5　注意事项

5.1　要根据元件动作的先后顺序逐个进行电路分析。

5.2　注意零序电流互感器安装位置。

# 项目十六　变压器中性点接地保护原理图

## 1　项目简介

变压器中性点接地保护装置是专用于110kV和220kV电力变压器中性点回路，实现变压器中性点接地或不接地两种不同的运行方式，从而避免由于系统故障引起变压器中性点电压升高造成对变压器的损害。

## 2　操作前准备

劳保用品穿戴整齐，准备变压器保护装置说明书、A4纸、铅笔。

## 3　操作步骤

变压器中性点直接接地零序电流保护和中性点间隙接地保护原理如图2－1－16－1所示。

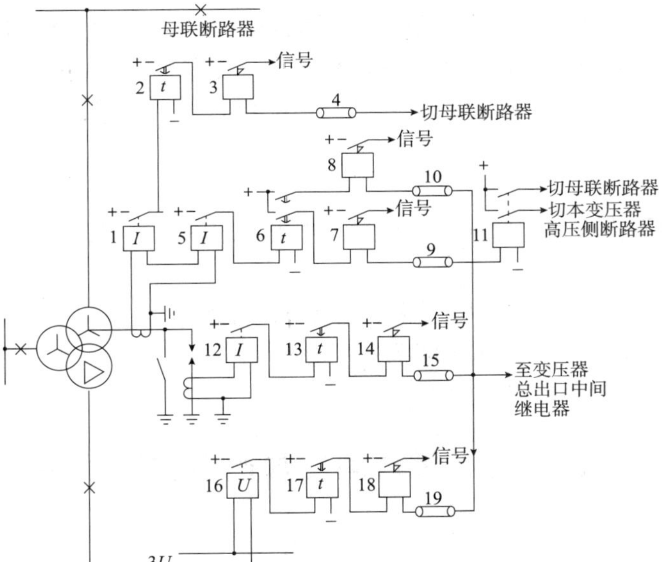


**图2－1－16－1　变压器中性点直接接地零序电流保护和中性点间隙接地保护原理图**

(1)目前大电流接地系统普遍采用分级绝缘的变压器，当变电站有两台及以上的分级绝缘的变压器并列运行时，通常只考虑一部分变压器中性点接地，而另一部分变压器的中性点则经间隙接地运行，以防止故障过程中所产生的过电压破坏变压器的绝缘。

(2)为保证接地点数目的稳定，当接地变压器退出运行时，应将经间隙接地的变压器转为接地运行。

(3)并列运行的分级绝缘的变压器同时存在接地和经间隙接地两种运行方式。为此应配置中性点直接接地零序电流保护和中性点间隙接地保护。

(4)中性点直接接地零序电流保护。中性点直接接地零序电流保护一般分为两段，第一段由电流继电器1、时间继电器2、信号继电器3及压板4组成，其定值与出线的接地保护第一段相配合，0.5s 切母联断路器。第二段由电流继电器 5，时间继电器 6，信号继电器 7、8 和压板 9、10 等元件组成。

(5) 定值与出线接地保护的最后一段相配合，以短延时切除母联断路器及主变压器高压侧断路器，长延时切除主变压器三侧断路器。

(6) 中性点间隙接地保护。当变电站的母线或线路发生接地短路，若故障元件的保护拒动，则中性点接地变压器的零序电流保护动作将母联断路器断开，如故障点在中性点经间隙接地的变压器所在的系统中，此局部系统变成中性点不接地系统，此时中性点的电位将升至相电压，分级绝缘变压器的绝缘会遭到破坏，中性点间隙接地保护的任务就是在中性点电压升高至危及中性点绝缘之前，可靠地将变压器切除，以保证变压器的绝缘不受破坏。间隙接地保护包括零序电流保护和零序过电压保护，两种保护互为备用。

(7) 零序电流保护由电流继电器 12、时间继电器 13、信号继电器 14 和压板 15 组成。一次启动电流通常取 100A 左右，时间取 0.5s。110kV 变压器中性点放电间隙长度根据其绝缘可取 115 ~ 158mm，击穿电压可取 63kV(有效值)。当中性点电压超过击穿电压(还没有达到危及变压器中性点绝缘的电压)时，间隙击穿，中性点有零序电流通过，保护启动后，经 0.5s 延时切变压器三侧断路器。

(8) 零序电压保护由过电压继电器 16、时间继电器 17、信号继电器 18 及压板 19 组成，电压定值按躲过接地故障母线上出现的最高零序电压整定，110kV 系统一般取 150V；当接地点的选择有困难、接地故障母线 $3U_0$ 电压较高时，也可整定为 180V，动作时间取 0.5s。

### 4 操作要点

结合电流互感器内容、零序保护内容对本项目原理图进行识读。

### 5 注意事项

5.1 要根据元件动作的先后顺序逐个进行电路分析。

5.2 注意间隙保护投入、退出的要求。

5.3 注意压板在保护回路中的作用。

## 项目十七 重合闸后加速保护原理图

### 1 项目简介

当线路发生故障后，保护有选择性地动作切除故障，重合闸进行一次重合以恢复供电。若重合于永久性故障时，保护装置即不带时限无选择性的动作断开开关，这种方式称为重合后加速。

### 2 操作前准备

劳保用品穿戴整齐，准备线路保护装置说明书、A4 纸、铅笔。

### 3 操作步骤

重合闸后加速原理如图 2-1-17-1 所示。

(1) 架空线路的短路故障多为瞬时性的，当保护跳闸切除故障后，短路点的绝缘经常可恢复，便可利用自动重合闸继电器 KAC，使断路器自动再合闸，即可恢复再送电。这种重合的成功率，大多不低于 70%。110kV 线路，一般均应装设三相一次重合闸装置，三相一次重合闸装置的展开图如图 2-1-17-2 所示。

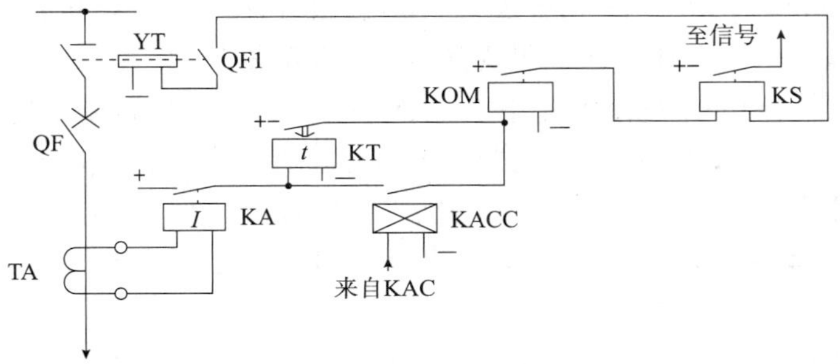


图 2－1－17－1　重合闸后加速原理图

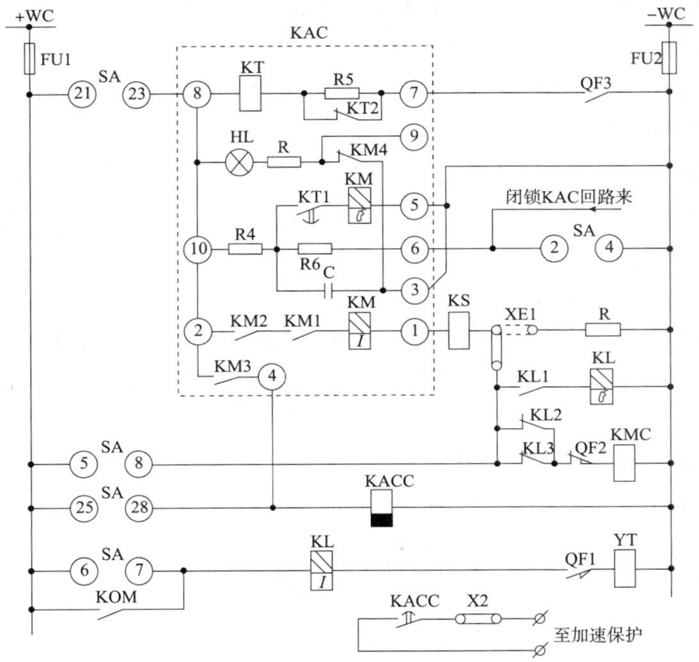


图 2－1－17－2　三相一次重合闸装置的展开图

KAC—重合闸继电器；KI—防跳继电器；KACC—后加速继电器

(2)线路正常运行，开关处于合闸状态，QF3 常闭触点断开，控制开关 SA 在合闸后位置，其触点 21、23 接通，信号灯 HL 亮，电容 C 经充电电阻 R4 充电，经 15～25s 时间，充电至额定的直流电压，这时 KAC 处于准备动作状态。

(3)线路发生瞬间故障，保护动作使开关跳闸，其辅助常闭触点 QF3 闭合，由于 SA 还处于“合闸”位置，其触点 21、23 仍导通，所以重合闸由开关的辅助触点与 SA 触点不对应启动，时间继电器 KT 经本身的瞬时常闭触点 KT2 瞬时断开，使限流电阻 R5 串入 KT 线圈电路中，这时 KT 继续保持动作状态，经整定的延时，以保证线路故障点的绝缘恢复和开关准备再次合闸，当 KT 的常开触点 KT1 接通，构成了电容 C 对中间继电器 KM 电压线圈的放电回路。KM 动作，其常开触点闭合，使操作电源经 KM2、KM1 触点、KM 电流自保持线圈、信号继电器 KS 和压板 XE1 向合闸接触器 KMC 发出合闸脉冲，断路器合闸。同时由 KS 给出重合闸动作信号。断路器合上后，若是瞬时性故障，重合成功。辅助触点

QF2、QF3 断开，继电器 KS、KT 相继返回，其触点打开。电容 C 重新充电，经 15～25s 时间充好电，准备下一次动作。这说明装置是能够自动复归的。

(4)断路器重合于永久性故障时，保护再次动作，使断路器跳闸，KAC 重新启动，KT 触点闭合，旁路了电容充电，中间继电器 KM 不会启动，保证了只重合一次。

(5)手动跳闸时，控制开关 SA 处于“跳闸”后位置，此时 SA 触点 21、23 断开，KAC 不启动；同时，2、4 触点闭合，使电容 C 对 R6 放电，KM 不能动作。因此，手动跳闸不重合。

(6)手动合闸于线路故障，保护动作于跳闸，电容 C 来不及充电到 KM 动作所需要的电压，不会启动重合闸。

(7)为防止 KAC 出口中间继电器 KM 触点 KM2 与 KM1 被卡住，而出现断路器多次重合于故障线路上(即“跳跃”)，可采用“防跳”措施。

①采用两对常开触点 KM1 和 KM2 串联，若其中一对触点卡住，另一对能正常断开，不致发生断路器“跳跃”现象。

②在断路器跳闸线圈 YT 回路中，又串接了防跳继电器 KL 的电流线圈，当断路器事故跳闸时，KL 动作。当 KM 两个串联的常开触点被卡住时，KL 的电压线圈经自身的常开触点 KL1 而带电自保持，从而使其常闭触点 KL2、KL3 也保持断开，使合闸接触器 KMC 不会接通，达到了“防跳”的目的。

③当线路低频减载及母线差动等保护装置动作后不需重合闸时，设重合闸闭锁回路。

(8)双侧电源重合闸装置，还应防止两侧电源的非同期合闸。对于单回联络线，可在重合闸的“不对应”启动回路中，串入同期或无压检定继电器的触点，只有当线路跳闸后线路无压，或对侧与本侧在同期情况下，才能启动重合闸装置；若是双回平行联络线，可以用上述同期或无压检定，也可用平行另一回线有电流才允许启动重合闸的电流检定方式。

(9)图 2－1－17－1 为重合闸后加速原理图，当重合在永久性故障时，加速继电器 KACC 旁路了 KT 的触点，可以使重合于故障后，瞬时跳闸。

**4 操作要点**

结合电流互感器内容、控制回路内容对本项目原理图进行识读。

**5 注意事项**

5.1 要根据元件动作的先后顺序逐个进行电路分析。

5.2 注意重合闸动作条件。

5.3 注意后加速动作条件。

# 单元三 后台与继电保护装置

## 模块一 EyeWin 后台

### 项目一 EyeWin 后台装机

**1 项目简介**

EyeWin 后台是油田电网以及外部市场电网中常用的后台操作系统，该后台实时提供各设备的运行情况和各项数据的采集。本项目应用于新建或改建变电站时后台系统的装机。

**2 操作前准备**

计算机、EyeWin 后台说明书。

**3 操作步骤**

3.1 安装 Windows2000 或 Windows XP 系统，以系统管理员身份登录(在控制面板设置用户 administrator 和密码)。

3.2 右键单击"我的电脑"→选择"管理"→磁盘管理(查看磁盘大小：一般磁盘大小为 160G，若显示为 130G 左右，应该先装"win2k 大硬盘补丁要重启 .reg"补丁，重启机器)。查看磁盘分区。分区规则：C 盘(系统)20G；D 盘 50～60G(EyeWin20 工作区)；E 盘(EyeWin20 备份区)35G；F 盘 35G(安装程序备份)

Windows XP 系统不需装补丁，视硬盘大小 D 盘分 60～160G。

3.3 将移动硬盘中的后台装机必要的所有程序拷贝到 F 盘。Windows XP 系统不需拷贝 2k 补丁及 EyeWin20 和"工程调试"目录。但需拷贝"EyeWin20_ 08XP 版"下的 EyeWin20 和"工程调试"目录到 F 盘。

3.4 在设备管理器中看所有硬件驱动是否安装完整。

3.5 安装 2000 补丁 6 个，Windows XP 系统不需要。

3.6 安装 Office。

3.7 安装 EyeWin20 到 D 盘，建立桌面快捷方式，起始密码为 SAC(英文大写)。

3.8 安装软件狗：观察计算机有无并口。

(1)若有。运行 EyeWin20/可选插件/新版软件狗/Win－nt/setupx86，选择菜单下第一项，如图 3－1－1－1 所示，选择"OK"即可。选择菜单下第二项，观察弹出的"Sentinel Driver"窗口内有没有选中的这一行，若这一行没有文字，换用 USB 口软件狗。

(2)若没有。运行 D：/EyeWin20/可选插件/USB 软件狗驱动程序/Windows 32－bit 目录中的 SETUP. EXE(注意：安装 USB 软件狗时 USB 软件狗不能插在机器上!)。

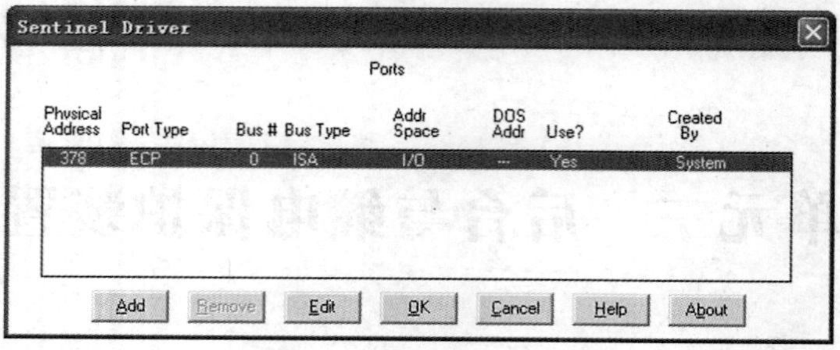


图3-1-1-1 提示框

3.9 Windows XP 系统中，选择“控制面板”的“安全中心”，双击“Windows 防火墙”，在“常规”选项卡中选择“关闭(不推荐)”来关闭 Windows XP 系统防火墙。

3.10 把 D 盘 EyeWin20 删掉，然后再拷贝 F 盘 EyeWin20 到 D 盘。

3.11 安装瑞星杀毒软件(需重启)。

3.12 设置机器网卡 IP 地址。

(1)单台监控机。

网络标识中完整计算机名：SAC1。

A 网 IP 设置：172.20.20.1 子网掩码 255.255.0.0。

B 网 IP 设置：172.21.20.1 子网掩码 255.255.0.0。

(2)多台机器。

网络标识中完整计算机名：SACn。

A 网 IP 设置：172.20.20.n 子网掩码 255.255.0.0(n=1，2，3…)。

B 网 IP 设置：172.21.20.n 子网掩码 255.255.0.0(n=1，2，3…)。

网卡设置中“在任务栏上显示连接”打钩。

3.13 若机器有多个网卡，设置主板上的网卡为 A 网，外挂网卡为 B 网。若两个网卡均为外挂，可以指定其一为 A 网，必须分别对应接入 A 网 HUB，另外一个为 B 网，必须接入 B 网 HUB。

3.14 重启。

**4 操作要点**

软件安装地址的正确性。

**5 注意事项**

5.1 软件安装后使用前要在“Windows 防火墙”中进行权限设置。

5.2 变电站中单台监视器与多台监视器的网络标识设置不同。

## 项目二 EyeWin 站内新建数据库制作

**1 项目简介**

变电站内各设备的电压、电流等数据的采集需要通过数据库进行定义，本项目应用于新建或改建变电站时后台数据的设置。

**2 操作前准备**

计算机、EyeWin 后台说明书。

## 3　操作步骤

3.1　数据库定义预备知识。

IP 地址：

| 172.20. | 251. | 1： | 1 | $ | 172.21 |
|---|---|---|---|---|---|
| A 网网段 | 第三个字节 | 第四个字节 | 端口号 | | B 网网段 |

· 前两个字节：

——A 网网段：172.20

——B 网网段：172.21

· 第三个字节：

——主变部分：251

——220kV：　　220

——110kV：　　110

——35kV：　　35

——10kV：10

——6kV：　　6

——公共部分：　　50

· 第四个字节：

——同一电压等级内按顺序不重复定义

· 端口号：

——保护：按装置内 RTU 定义分别定义

——测控：按装置内插件位置定义

注意：设置 IP 地址时所有标点都是英文标点符号，不能出现空格。

3.2　重新安装 EyeWin20，如图 3－1－2－1 所示。

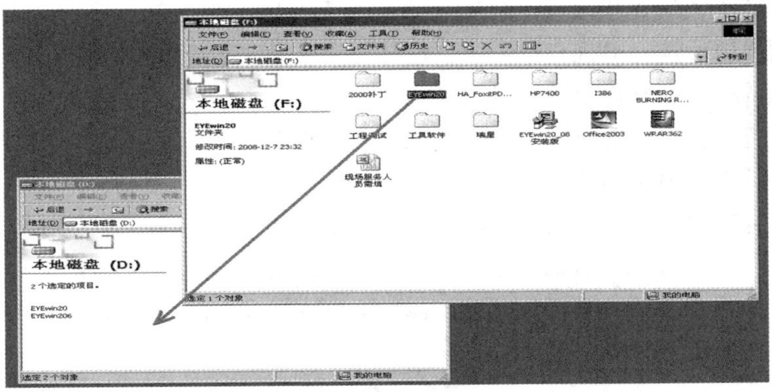


图 3－1－2－1　安装示意图

3.3　把图纸按照主变保护，主变测控，各电压等级从高到低按先保护后测控、公用测控排列，剔除电度表柜、PT 切换柜等。

3.4　按照 3.3 中的顺序依次键入数据库，操作步骤如下：

(1)首先选中“站列表”，如图 3－1－2－2 所示。

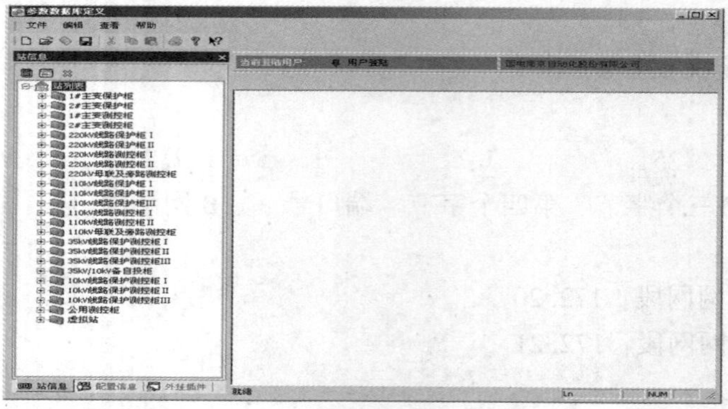

图 3－1－2－2　站列表界面

（2）点击（添加分支），写入要添加的主变保护柜名称。如图 3－1－2－3 所示。

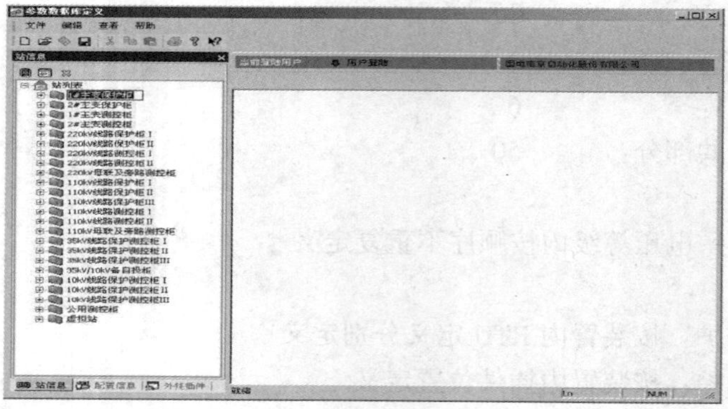

图 3－1－2－3　步骤（2）界面

（3）选择“1#主变保护柜”，点击在主变保护柜下建立第一个装置的第一个 RTU，其中“系统类型”项目选择 RTU。

①“系统编号”：由软件自动生成，不要修改；

②“装置类型”：根据图纸选择相应的 RTU 类型；

③“系统名称”：根据用户要求填写。

如图 3－1－2－4 所示，点击“确定”后生成图 3－1－2－5。

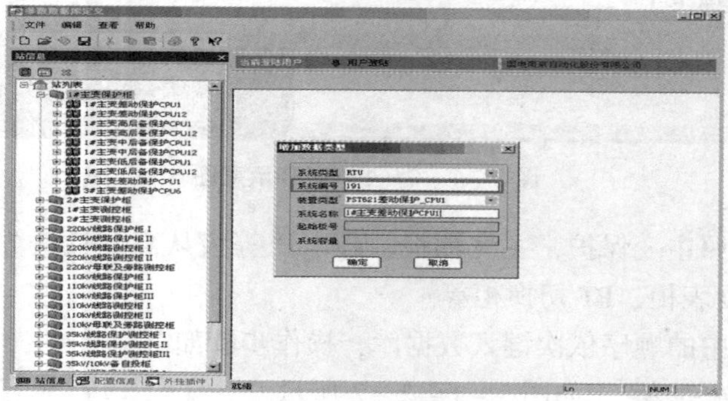

图 3－1－2－4　步骤（3）界面

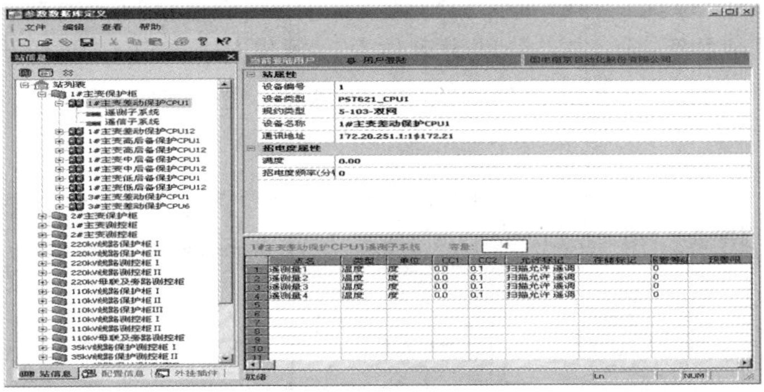

图 3－1－2－5　步骤(3)生成图

(4)在“站属性”中需要选择“规约类型”(统一为：5－103－双网)，并填入“通信地址”，如图 3－1－2－6 所示。

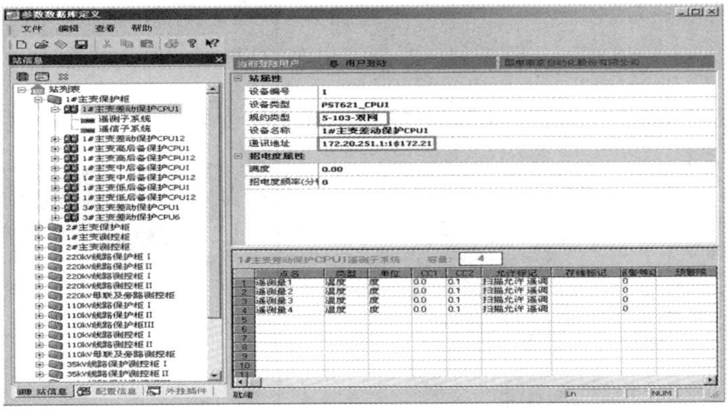

图 3－1－2－6　步骤(4)界面

(5)依次设立柜内所有 RTU。

注意：所有装置的 RTU 都依次建立在目录下，不用分装置，装置用名称区分即可。

(6)按照步骤(1)～步骤(5)在数据库中键入站内所有屏柜。

3.5　设立虚拟站，并建立 RTU 为通信监视。

(1)参考 3.4 建立虚拟站，虚拟站数据定义界面如图 3－1－2－7 所示。

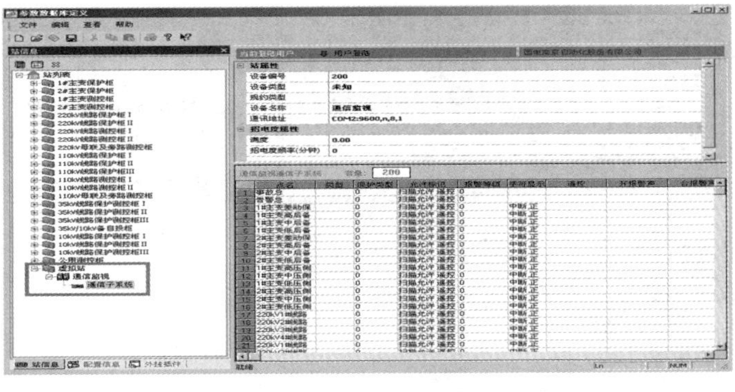

图 3－1－2－7　虚拟站数据定义界面

(2)点击“遥信子系统”，在“通信监视遥信子系统”中进行数据设置。

(3)遥信子系统的第一、二点分别为事故总、预告总，从第三点开始在站内已建立的每一装置内选择一 RTU，将其装置名称依次填入遥信子系统中的点名列，如图 3－1－2－8 所示。

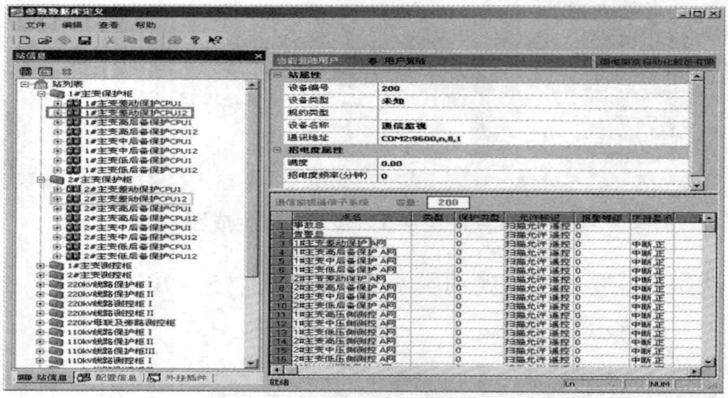

图 3－1－2－8　步骤(3)界面

(4)在 D：/EYEWin20/data/config 中打开 103. INI 配置文件，如图 3－1－2－9 所示。

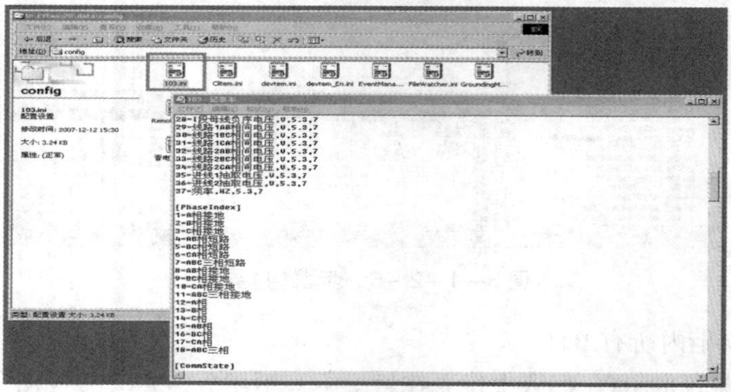

图 3－1－2－9　步骤(4)界面

(5)将[Settings]中 Signal＝200，1 的“200”设置为数据库中通信监视(RTU)的设备编号。同样设置 SignalAlarm，如图 3－1－2－10 所示。

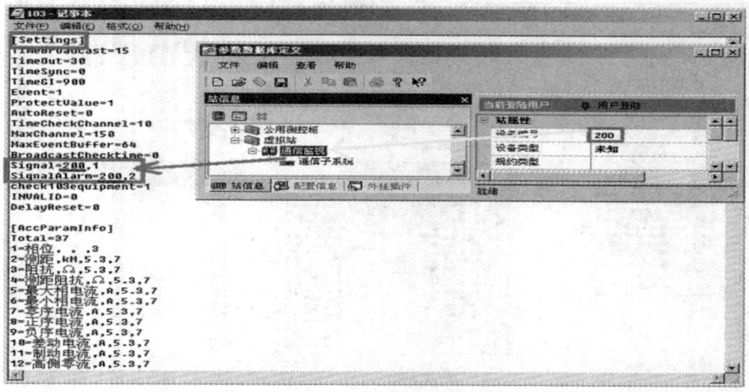

图 3－1－2－10　步骤(5)界面

(6)在[CommState]中把在(4)中通信监视 RTU 下的遥信子系统中选定的 RTU 的设备编号填入“=”左边。等号右边第一个数字同(5)中的“Signal”，第二个数字为(4)装置名称所在点的点号，如图 3-1-2-11 所示。

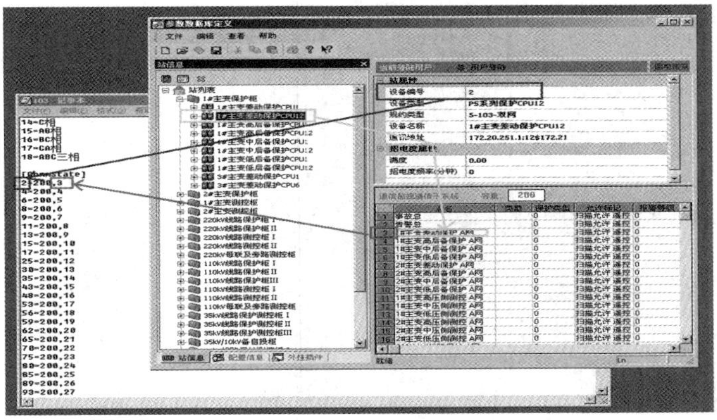

图 3-1-2-11　步骤(6)界面

(7)依次完成所有装置的通信监视。如果是双网，还需设置[CommStateB]，方法同 A 网的[CommState]的设置。

4　操作要点

4.1　结合前一项内容进行通信地址的设置。

4.2　“站属性”的设置中主要对设备类型进行选择。

4.3　后台设置装置通信地址应与前置机通信地址对应。

5　注意事项

5.1　在进行数据库定义时注意添加分支与增加 RTU 的区别。

5.2　遥信子系统根据现场实际需要进行设置，参数设置可参考说明书。

## 项目三　界面编辑器的使用

1　项目简介

变电站后台操作界面中开关、刀闸等设备的图标需要在界面编辑器中进行设置。本项目适用于变电站增加间隔时，后台操作系统增加该间隔的操作界面。

2　操作前准备

计算机、EyeWin 后台说明书。

3　操作步骤

3.1　点击电脑桌面中的“界面编辑器”快捷方式，之后弹出指令框，如图 3-1-3-1 所示。

图 3-1-3-1　指令框

3.2　在指令框内选择用户名称以及填写用户名称所对应的密码，进入绘画界面，如图 3－1－3－2 所示。

图 3－1－3－2　绘画界面

3.3　打开主接线图，利用绘图工具进行图形的编辑和修改。其中：

(1)工具栏：

(2)  剪切。

(3)  拷贝。

(4)  粘贴。

(5)  删除、撤销、恢复。

(6)  图元上移、图元下移。

(7)  左对齐、右对齐、上对齐、下对齐。

(8)  框架调整。

(9)  相同尺寸、宽度相同、高度相同、增大、减小。

(10)  左旋、右旋。

(11)  保存图元组合。

(12)  放大、缩小。

(13)  下一层、上一层。

(14)  刷新。

(15)  窗口的重叠、竖直排列、水平排列。

(16)绘图工具箱：

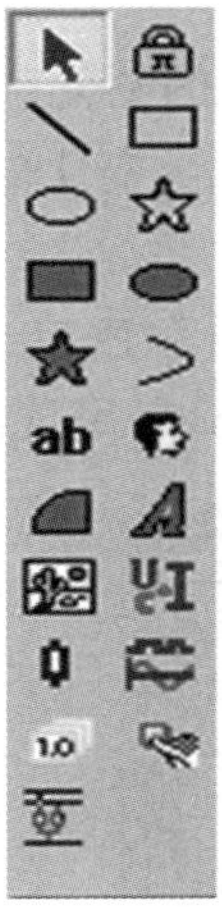

(17)  选择工具。

(18)  锁定工具：锁定当前选择的内容，便于做其他操作。

(19)  画线工具：用来画线，可按住 shift 键画直线。

(20)  画矩形工具。

(21)  画椭圆工具，按住 shift 键画正圆。

(22)  画多边形工具。

(23)  画实心矩形工具。

(24)  画实心椭圆工具。

(25)  画实心多边形工具。

(26)  画弧形工具。

(27)  编辑文本的工具。

(28)  编辑图符的工具。

(29)  编辑扇形的工具。

(30)  编辑矢量文本工具。

(31)  编辑位图的工具。

(32)  模拟量。

(33)  数字量。

(34)  脉冲量。

(35)  历史量。

(36)  操作点。

(37)  组合图元：可以把多个图元组合在一起，便于操作。

3.4　前景图元和背景图元。

(1)背景图元：作为背景，不会变化的图元，如接地符号、PT、避雷器等。

(2)前景图元：能够在运行过程中产生变化的图元，如数字量、模拟量、脉冲量、历史量、操作点等。

3.5　同一电压等级的母线与线路的颜色应当一致。500kV 由用户定义颜色；220kV 用紫色或用户定义；110kV 用大红色；35kV 用黄色；10kV 用暗红色。

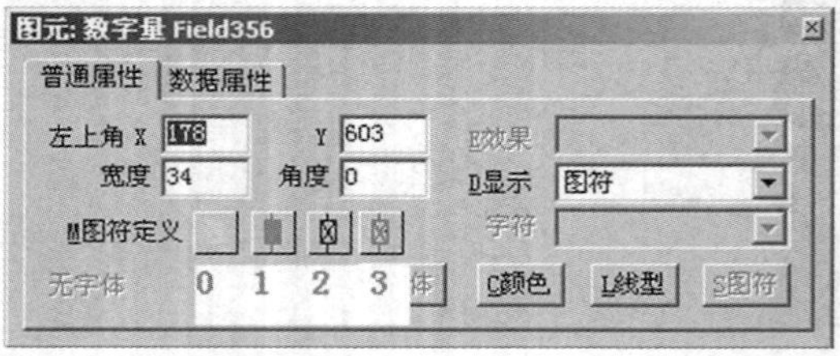


图 3-1-3-3　数字量图元

3.6　根据设计院提供的一次主接线图绘制主接线。

3.7　在数字量图元上双击，如图 3-1-3-3 所示。

(1)“普通属性”的图符定义分别对应：0 状态，1 状态，2 状态，3 状态。

(2)普通遥信，即单点遥信，只使用 0 和 1 状态，0 表示分状态，1 表示合状态。可以分别定义各状态图符。

(3)双位遥信，用两个单点遥信合成为一个信号。使用 4 个状态。

(4)EyeWin2.0 后台系统的双位遥信是“合位”在前，“分位”在后。因此，它的合位为 2 分位为 1，其他非正常状态为 0 和 3。但在画图过程中，把 01 作为分位记为 0，10 作为合位记为 1，00 状态为 2，11 状态为 3，就可以和普通单点遥信一样使用图符定义了。

(5)数字量可以有三种显示方式：图符、字符串和数字，在“显示”栏定义。

3.8　数字量的数据属性就是与数据库的关联，选择相应的 RTU 和点名即可(图 3-1-3-4)。

3.9　模拟量的显示方式：数字、棒图、母线、潮流(图 3-1-3-5)。

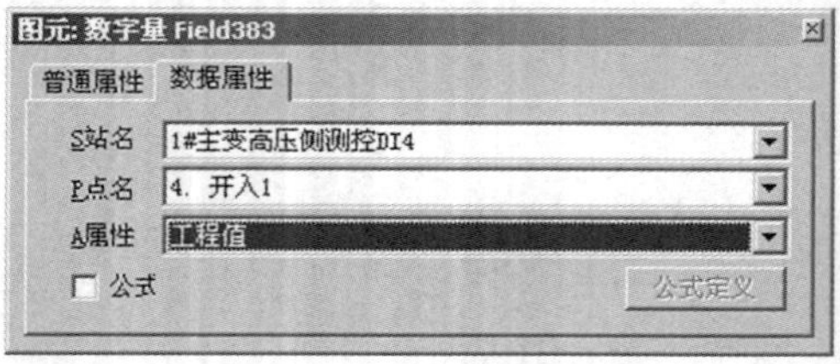


图 3-1-3-4　数字量数据属性选择

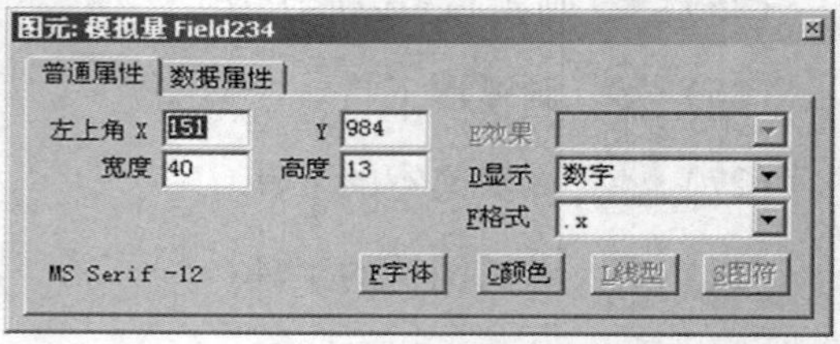


图 3-1-3-5　模拟量的显示方式

3.10　模拟量的显示格式可以选择 0 ~ 3 位小数(图 3-1-3-6)。

3.11　模拟量的数据属性就是与数据库的关联，选择相应的 RTU 和点名即可(图 3-1-3-7)。

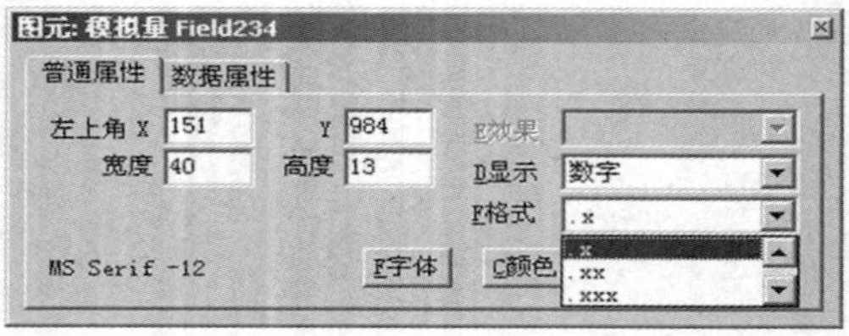


图 3-1-3-6　模拟量的显示格式

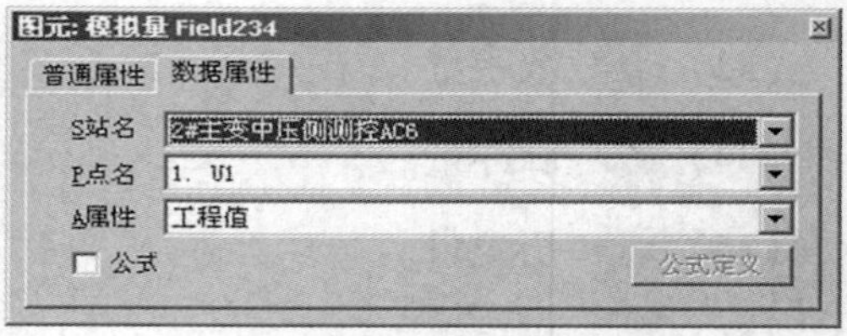


图 3-1-3-7　模拟量数据属性选择

3.12　操作点：通过“普通属性”栏内“操作”属性，可以选择：调画面、显示当前时间、显示报表时间、挡位计算、遥控、用户自定义(图3－1－3－8)。

3.13　当选择“调画面”时，应在“画面”栏内选择需要调用的画面名称(图3－1－3－9)。

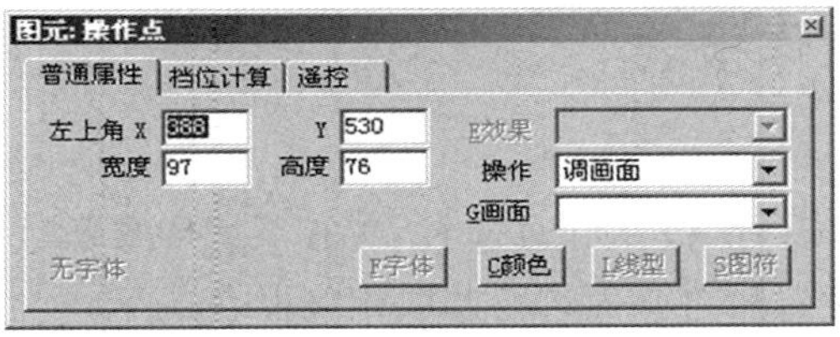


图3－1－3－8　操作点

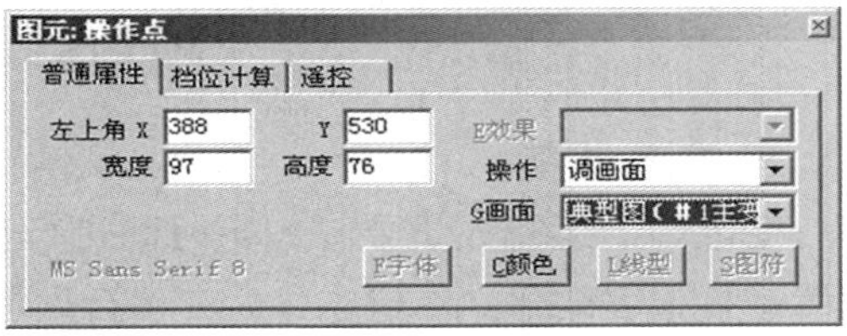


图3－1－3－9　调画面

3.14　当选择“挡位计算”时，应在“挡位计算”栏内完成选择RTU、遥信点、计算方式等设置(图3－1－3－10)。

3.15　当选择“遥控”时，在“遥控”栏完成设置(图3－1－3－11)。

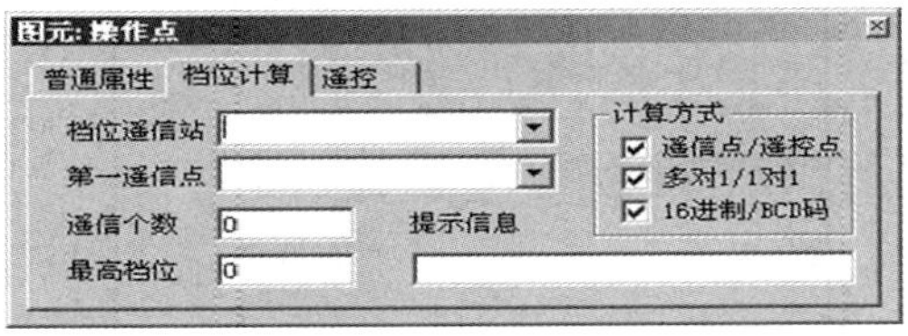


图3－1－3－10　挡位计算

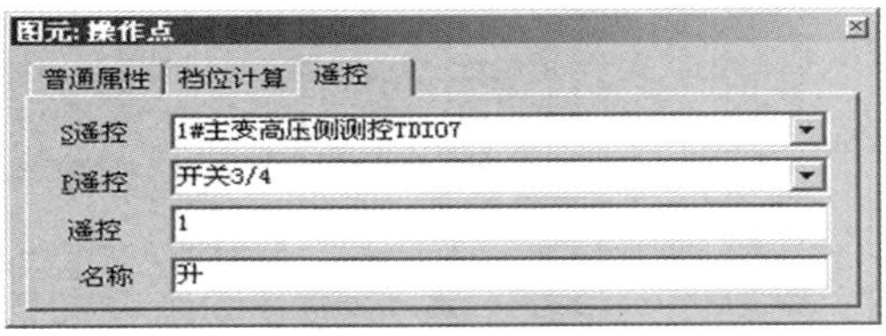


图3－1－3－11　遥控

3.16　图形中使用动态链接库文件。Bin目录下的一些动态链接库文件(＊.dll)，有三维棒图图元“3dbar.dll”、通道自动检测图元“AutoChannelDetection.dll”、操作按钮图元“Autobtn.dll”、动画图元“Animator.dll”、曲线图元“Curve.dll”、通信状态图元“CommState.dll”、历史曲线图元“Curve.dll”、电压合格率统计图元“Disvol.dll”、有载调压装置统计图元“Distune.dll”、风扇运转图元“DigitTurn.dll”、开关运行次数统计图元“Disbreaker.dll”、显示WMF文件图元“Dispmeta.dll”、电压合格率统计图元“Disvol.dll”、应用程序图元“Excuter.dll”、刻度表图元“gauge.dll”、定义操作点参数图元“Generic.dll”、接地线管理图元“GroundingManager.dll”、模拟盘控制图元“Ind_ ControlMnp.dll”、检修牌图元“Jxp.dll”、动态母线图元“MainBus.dll”、按钮图元“Mapbtn.dll”、多媒体图元“Movie.dll”、电度表图元“Meter.dll”、光字牌图元“Nzgzp.dll”、南自科技模拟盘控制图元“NZKJControlMnp.dll”、检修图元“OverhauleState.dll”、潮流动画图元“Pflow.dll”、复位图元“Reset.dll”、顺控日志管理图元“SeqLog.dll”、顺控界面定义图元“SeqOperate.dll”、组合顺控票库定义图元“SeqUnionOpr.dll”、自动漫游图元“Slide.dll”、开关图元“Switch.dll”、挡位操作图元“TapLinkage.dll”、文本文件图元“Text.dll”、计数器图元“Timer.dll”、VQC界面图元“VqcBInterface.dll”、五防模拟仿真图元“Wfemluator.dll”、压板操作图元“YBpress.dll”等。

**4　操作要点**

4.1　检修人员登录后台服务器应选择“管理员”。

4.2　画面编辑器中可打开各分画面。

**5　注意事项**

5.1　“操作点”中的“画面”应与实际对应。

5.2　核对模拟量是否与数据库对应。

5.3　掌握数据库与画面编辑器的关系。

# 项目四　制作报表

## 1　项目简介

变电站的运行人员要在固定时间进行数据统计汇报，可通过 EyeWin 系统中参数数据设置进行报表的建立。建立过后，运行人员可通过后台画面进行调取相应报表。

## 2　操作前准备

计算机、EyeWin 后台说明书。

## 3　操作步骤

3.1　确认数据库内需要制作日报表的遥测量的“存储标记”已设置，如图 3－1－4－1 所示。

图 3－1－4－1　储存标记示意图

3.2　选择“文件”菜单中“报表”“遥测日报表”，就可自动完成日报表的制作，如图 3－1－4－2 所示。

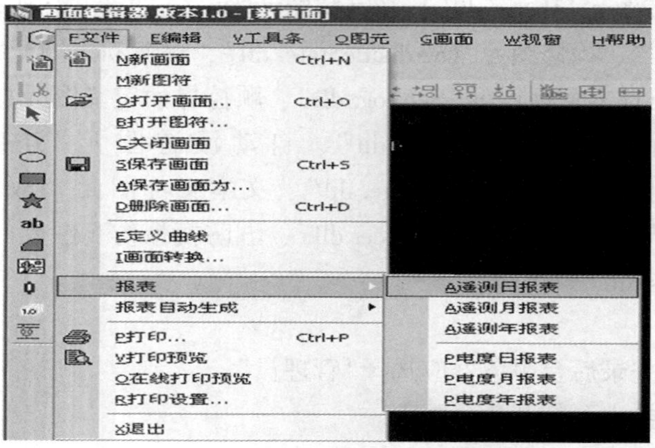


图 3－1－4－2　生成报表示意图

3.3　在弹出窗口中选择需要作报表的 RTU 名称(通常为 AC 板)，同时设置“点名宽度”“数据宽度”“方向”等，点“创建”。报表生成界面如图 3－1－4－3 所示。

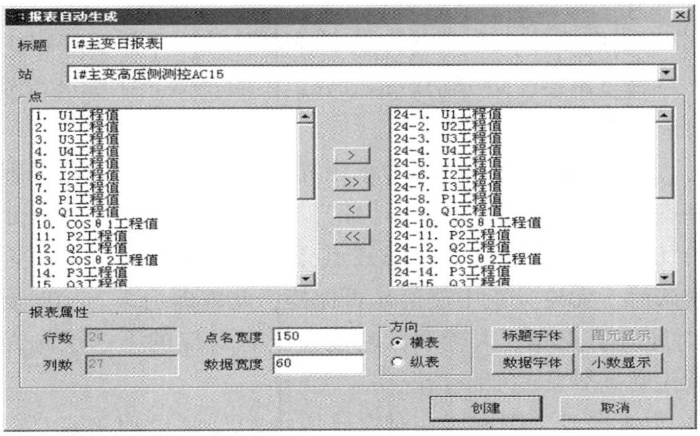


图 3－1－4－3　报表生成界面

3.4　自动完成的报表可根据用户需要自行修改。报表界面如图 3－1－4－4 所示。

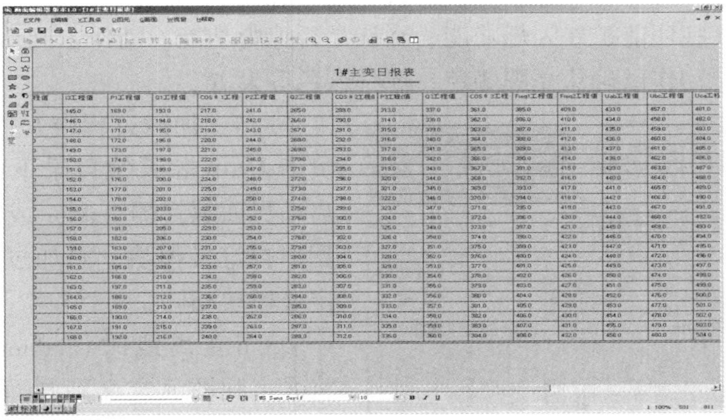


图 3－1－4－4　报表界面

## 4　操作要点

4.1　检修人员登录后台服务器应选择“管理员”。

4.2　与项目三知识点结合进行报表制作。

## 5　注意事项

在报表中双击选择一个历史量后，按 shift 键在同一列再选择一个历史量，弹出窗口，可根据提示统一设置点属性。

# 项目五　光字牌使用要求

## 1　项目简介

变电站中光字牌是运行人员监视站内设备运行状况、保护动作情况等的重要信号，其主要由现场继电器等硬件接点触发，通过中央信号屏上的小灯照亮对应的字牌而反映。

## 2 操作前准备

计算机、EyeWin 后台说明书。

## 3 操作步骤

3.1 光字牌分为两层设计，第一层为光字牌索引层，可分别对相应的分光字牌进行索引；第二层为光字牌显示层，可分别对相应分组中的具体光字牌进行显示，该组中的光字牌直接与遥信值或工况接点相对应。

3.2 第一层，光字牌索引层是指将若干个光字牌组合成一个光字牌，此光字牌反映该分组中所有光字牌即相应遥信值从“0”到“1”的反转情况，也就是当分组中有一个及以上光字牌遥信值由“0”到“1”的反转时此牌被点亮，且无论这些信号是否保持，此牌应保持点亮，在人为确认后，无论分组中遥信是否保持，此牌即熄灭。同时要求分光字牌遥信由“1”到“0”反转时此牌不点亮。人为确认功能置于相对应的下一层画面中，此牌主要作用为反映光字牌从正常到异常的变位情况。

3.3 第二层，要求分光字牌应能在对应遥信由“0”到“1”时被点亮，此牌在人为确认前，无论遥信值是“0”或“1”，均应保持点亮状态，而在人为确认后，该牌点亮与否应与遥信实时值对应，即确认后对应遥信或工况由“1”到“0”反转时，该牌自动熄灭。

3.4 光字牌可以扩展设定为自动熄灭，即当光字牌对应的所有遥信都恢复到“0”时自动熄灭。同时光字牌还能扩展闪烁功能、确认是否熄牌功能、动作未确认亮牌颜色、返回未确认亮牌颜色、动作已确认亮牌颜色、熄牌颜色等设置。

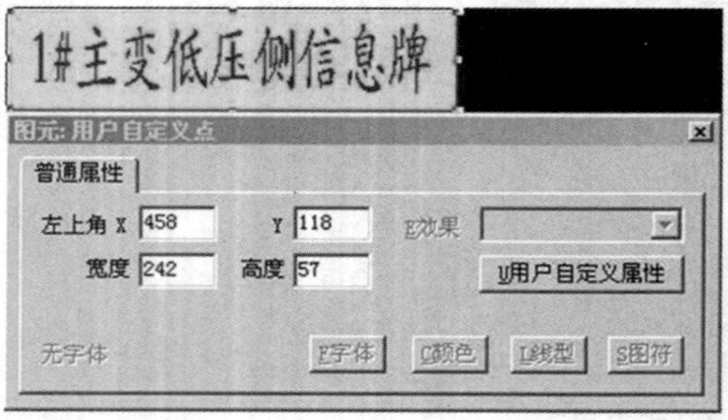


图 3-1-5-1 定义界面图

3.5 加载过程将文件 NZGZP. DLL 拷贝于 EyeWin 系统目录下的 BIN 子目录下启动界面编辑器 Ieditor 或 GraphTool，添加用户自定义模块，添加过程同其他用户自定义模块相同。

3.6 离线时（Ieditor 或 GraphTool），将光字牌图元定义到画面上，定义界面图如图 3-1-5-1 所示。

3.7 双击图元，点击用户自定义属性按钮，弹出离线定义界面，如图 3-1-5-2 所示。

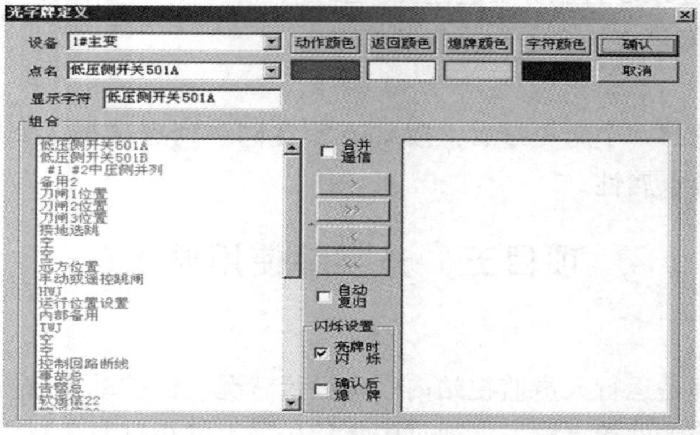


图 3-1-5-2 离线定义界面

3.8　在定义界面上选中某一设备下的一遥信点，选中此点即表示该点用光字牌形式显示，至于该点是第一层光字牌还是第二层光字牌要看合并遥信选择项是否选中，未选中表示该光字牌为单点光字牌，即第二层光字牌。如选中表示此光字牌为合并光字牌，选中合并遥信项后，则组合下面的定义界面被激活，如图 3－1－5－3 所示，按照从左至右的顺序将须组合的遥信加入分组列表中。系统默认光字牌亮牌颜色为红色，确认后颜色为绿色，字符颜色为光字牌上显示字符的颜色。显示字符即为需要在光字牌上显示的字符。选择自动复归后光字牌信号根据遥信状态自动反转显示，如需改变，点击动作颜色、返回颜色、确认颜色、字符颜色按钮定义颜色，点击确认按钮，完成定义。

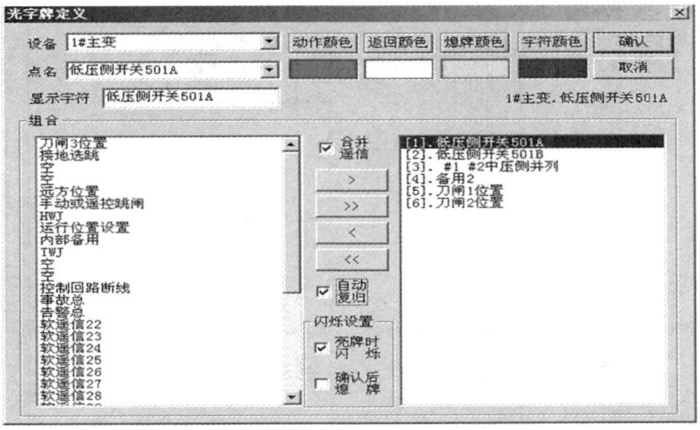


图 3－1－5－3　光字牌定义图

## 4　操作要点

在“用户自定义”中进行设置。

## 5　注意事项

设置时应注意“0”和“1”的状态对应。

# 项目六　双位遥信设置

## 1　项目简介

双位遥信是指从开关辅助装置上取两对常开/常闭接点，遥信值为 10、01、00、11。

## 2　操作前准备

计算机、EyeWin 后台说明书。

## 3　操作步骤

为了防止单点遥信过程中，遥信回路(信号回路)中断而导致遥信的误报，所以采用双位遥信。即同时采集两个单点遥信(合位信号、分位信号)后，用软件合成为一个遥信，这样就可以有效避免误报情况的发生。

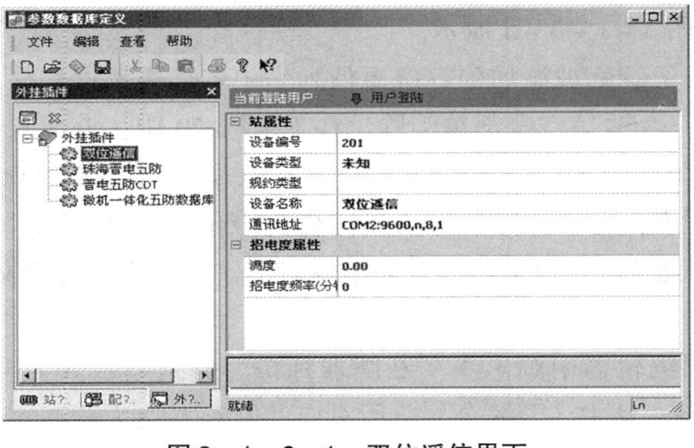


图 3－1－6－1　双位遥信界面

3.1　在 EyeWin20 系统中：将 D：/Eyewin20/可选插件/Plugin/双位遥信/DblDgt. dll 文件拷至 EyeWin2. 0/Plugin 目录下。启动参数数据库定义程序，选择外挂插件选项，可以看到“双位遥信”字样表示加载正确。双位遥信界面如图 3－1－6－1所示。

3.2　启动网络配置程序(Net-

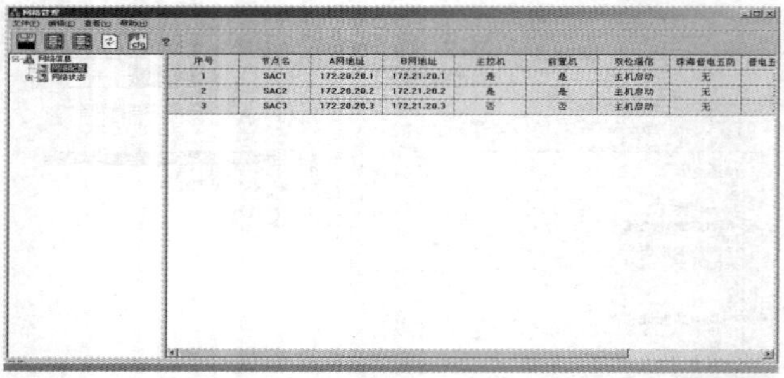

图3-1-6-2　网络管理图

eye. exe)，将各节点机的“双位遥信”模块设置为主机启动状态。网络管理图如图3-1-6-2所示。

3.3　启动参数数据库定义程序(DbManager. exe)，选择站信息选项卡，首先必须自建一个带遥信子系统的虚拟站作为合成遥信的虚拟站。遥控条件定义在虚点上而不要定义在实点上。在外挂插件选项中双击“双位遥信”，弹出“双位遥信设置”对话框，“双位遥信设置”对话框如图3-1-6-3所示。

3.4　在双位遥信定义栏的站名下拉列表框中选择第一个双位遥信点所在的站，属于该站的所有遥信就在“遥信”框内显示出来，选择相应的遥信点后点击 >> 按钮(或者双击遥信点)，则第一个遥信点加入右边“需合成遥信点”框内，按照相同的方法添加第二个遥信点，注意两个点的次序，合位在前分位在后。如果该遥信点已经被选择合成过，则会有提示。提示框如图3-1-6-4所示。

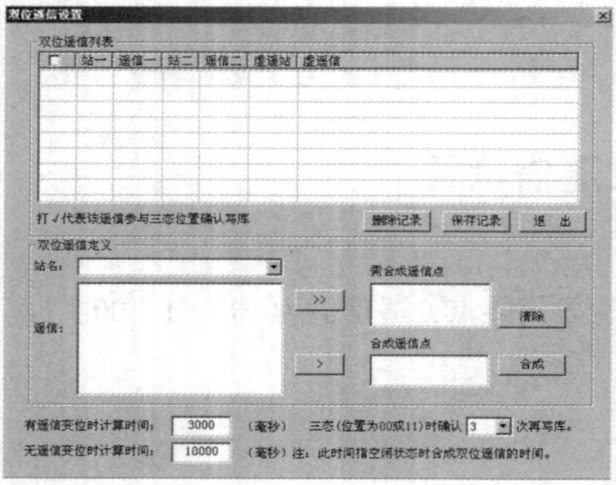


图3-1-6-3　“双位遥信设置”对话框

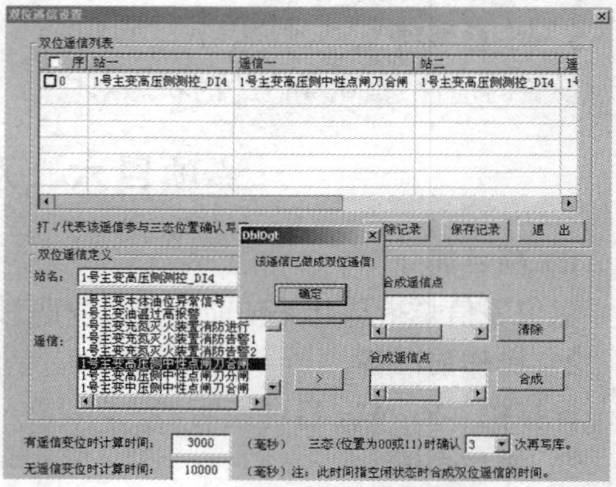


图3-1-6-4　提示框

3.5　选择合成遥信的虚拟站，虚拟点后点击 > 按钮(或者双击遥信点)，则虚拟点就被添加到“合成遥信点”框内。如图3-1-6-5所示。

3.6　单击“合成”按钮，这条合成记录就被添加到双位遥信列表中。如果选择遥信点过程中出错，可以单击“清除”按钮，三个遥信点全部被清除。在EyeWin20中，合成双位遥信，合位在前，分位在后。因此，“01”为分位，“10”为合位。其他非正常状态：“00”状态为2，“11”状态为3。在画图过程中，合成的遥信为：“01”作为分位记为0；“10”作为合位记为1；“00”状态为2，“11”状态为3，就可以和普通单点遥信一样使用图符定义。如图3-1-6-6所示。

3.7　为了模拟双位遥信，在画图编辑器中画出3个断路器标识，分别表示开关合、开关分以及双位遥信，并将其进行关联。其中，开关合、分所对应的断路器均为普通遥信信号，而双位遥信为合成信号。操作如下：

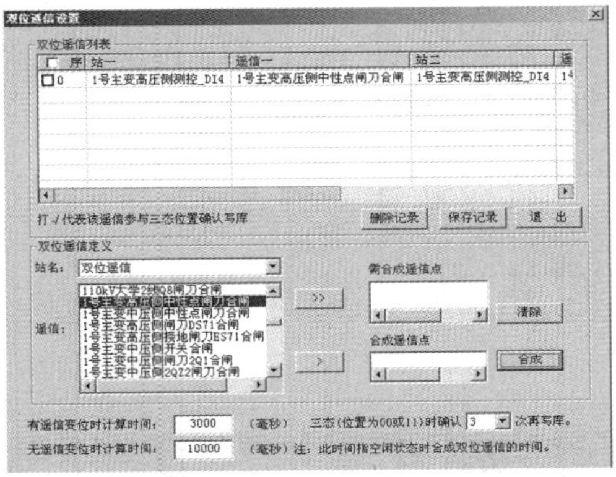


图 3－1－6－5　双位遥信设置

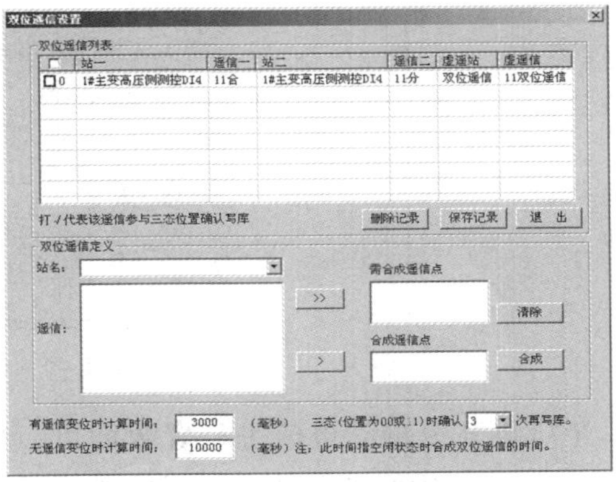


图 3－1－6－6　合成双位遥信

(1)在画图编辑器中画出 3 个断路器图标，分别将其关联到相应的站名和点名。如图 3－1－6－7 所示。

(2)开关合如图 3－1－6－8 所示。

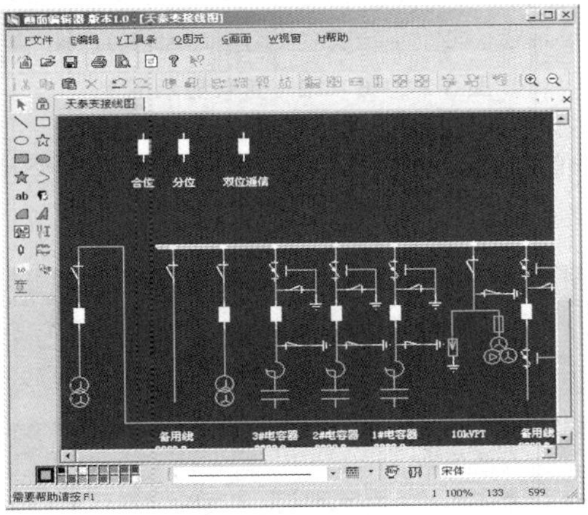


图 3－1－6－7　关联图

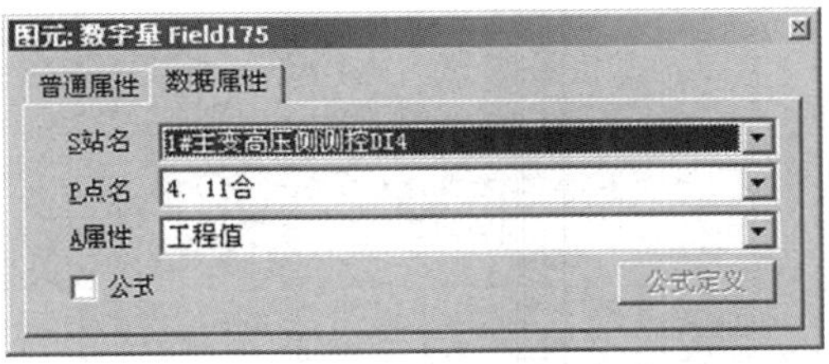


图 3－1－6－8　开关合

(3)开关分如图 3－1－6－9 所示。

(4)双位遥信如图 3－1－6－10 所示。

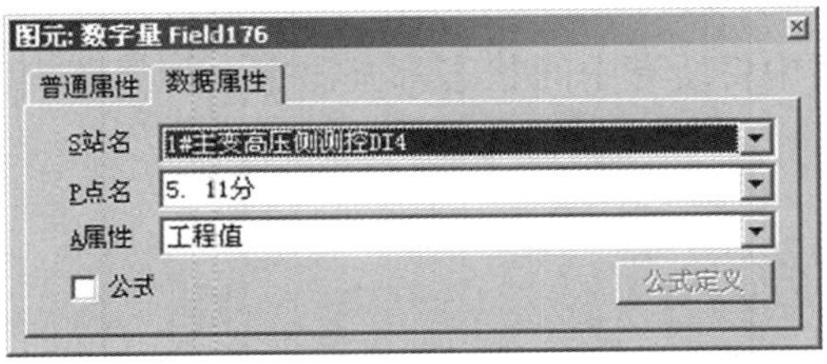


图 3－1－6－9　开关分

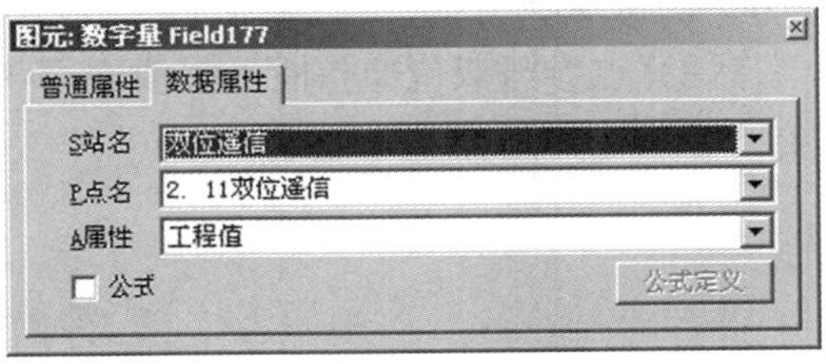


图 3－1－6－10　双位遥信

(5)连接好网络，打开 EyeWin20 的 PremNet 前置管理器。

(6)打开 EyeWin20 的在线运行程序，观察本机已经成为主机并且启动双位遥信进程。先置位观察双位遥信逻辑是否正常，找到上面关联好的图标并双击，出现对话框如图 3－1－6－11 所示。

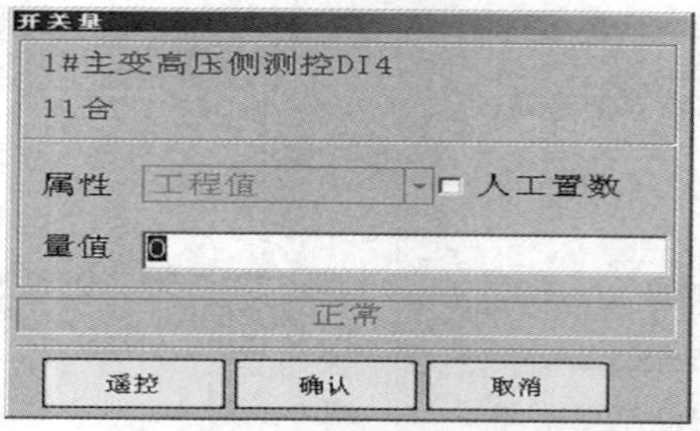


图 3－1－6－11　对话框

(7)将开关量的量值进行置数即可。当开关合、分的量值被置数时，双位遥信断路器标识会随着量值的变化而变化。如图 3－1－6－12 所示，当 11 合的量值被置为合位，11 分的量值被置为分位时，双位遥信即会改变为合位。

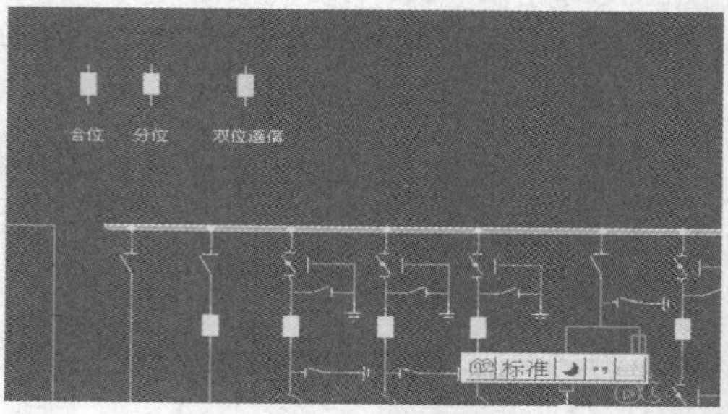


图 3－1－6－12　置数显示图 1

(8)如图 3－1－6－13 所示，当 11 合的量值被置为分位，11 分的量值被置为合位，双位遥信即会改变为分位。

(10)如图 3－1－6－14 所示，当 11 合的量值被置为合位，11 分的量值被置为合位，双位遥信即会改变为无效状态。

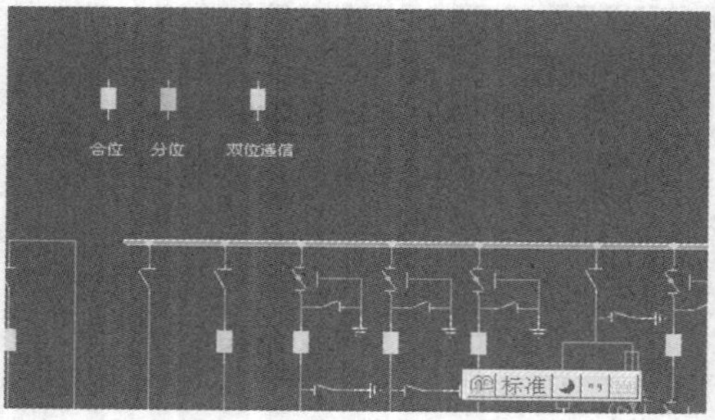


图 3－1－6－13　置数显示图 2

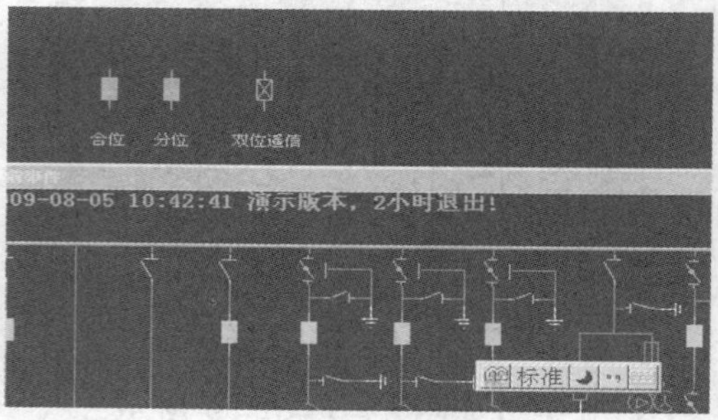


图 3－1－6－14　置数显示图 3

**4　注意事项**

当计算点参与双位遥信时，需要在同一画面中将所有中间状态都画出来，如果画面不需要，可以将其画在显示范围外。

# 模块二　iES－SL330A 后台

## 项目一　iES－SL330A 数据库安装

### 1　项目简介

iES－SL330A 后台是油田电网以及外部市场电网中常用的后台操作系统，能实时提供各设备的运行情况和各项数据的采集。本项目应用于新建或改建变电站后台系统的装机。

### 2　操作前准备

计算机、iES－SL330A 后台说明书。

### 3　操作步骤

3.1　安装包。在安装 PostgreSQL 的过程中只需要一个安装包，其中在 32 位的 Windows 操作系统上的安装包为：

PostgreSQL－9.4.5－2－Windows32.exe

在 64 位的 Windows 操作系统上的安装包为：

PostgreSQL－9.4.5－2－Windows－x64.exe

3.2　安装准备工作。查看哪个磁盘剩余空间大，在该磁盘文件夹下创建一个文件夹 PostgreSQL，将 3.1 的安装包拷贝到该文件夹下。

3.3　开始安装。

(1)在创建的路径下找到 PostgreSQL 安装包，双击该安装包，安装开始时出现图 3－2－1－1 欢迎界面。

(2)在欢迎界面下点击 Next 继续安装，出现安装路径选择界面，点击右侧的选择路径图标，选择创建的安装路径(图 3－2－1－2)。

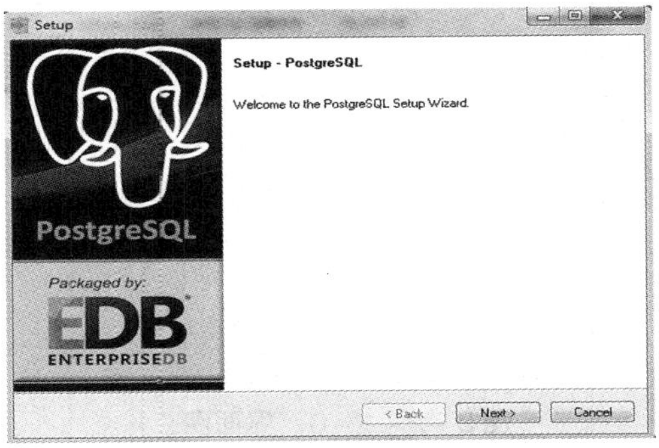


图 3－2－1－1　界面

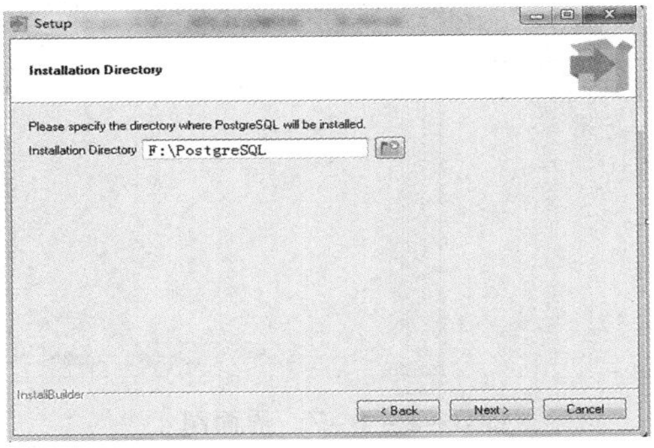


图 3－2－1－2　创建安装路径

(3)保持默认路径，点击界面中的 Next，出现数据存放路径选择界面，一般是上述安装路径后面加上 data，如图 3－2－1－3 所示。

(4)保持默认路径，点击界面中的 Next，出现图 3－2－1－4 界面。

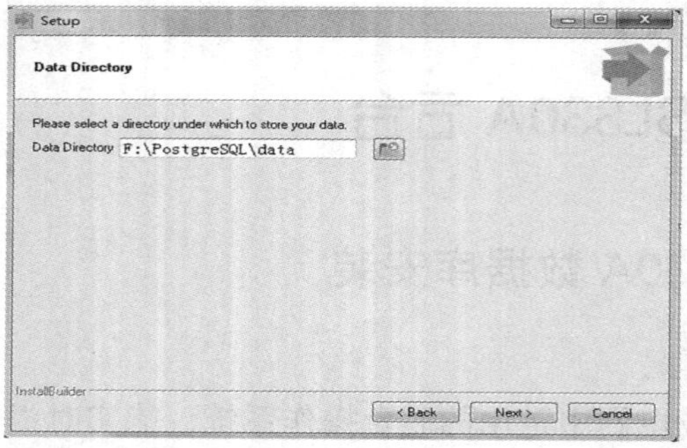


图 3-2-1-3　选择界面

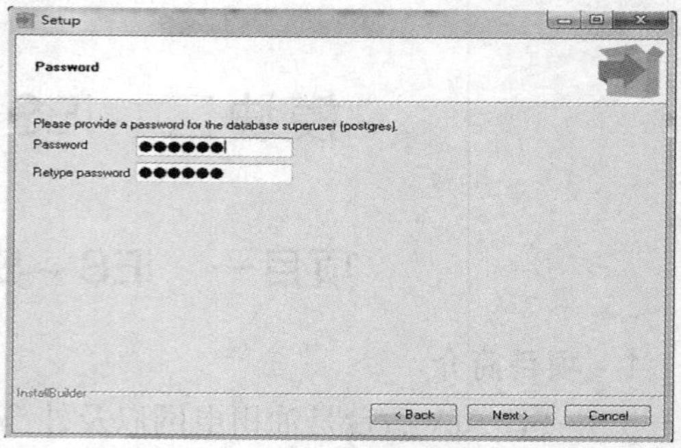


图 3-2-1-4　界面图 1

(5)输入登录密码：iesapp，点击界面中的 Next，出现图 3-2-1-5 界面。

(6)端口号保持默认值，点击界面中的 Next，出现图 3-2-1-6 界面。

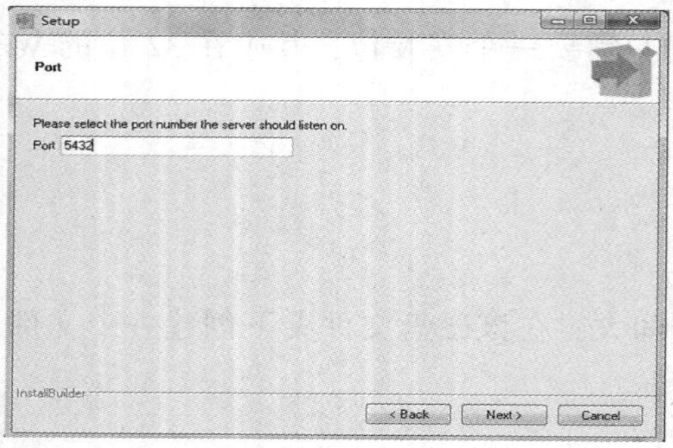


图 3-2-1-5　界面图 2

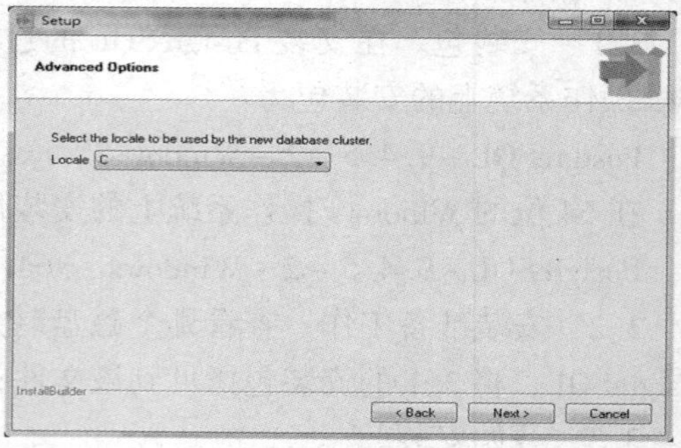


图 3-2-1-6　界面图 3

(7)从下拉列表中选择 C，点击界面中的 Next，出现图 3-2-1-7 界面。

(8)点击界面中的 Next，开始安装并出现图 3-2-1-8 界面。

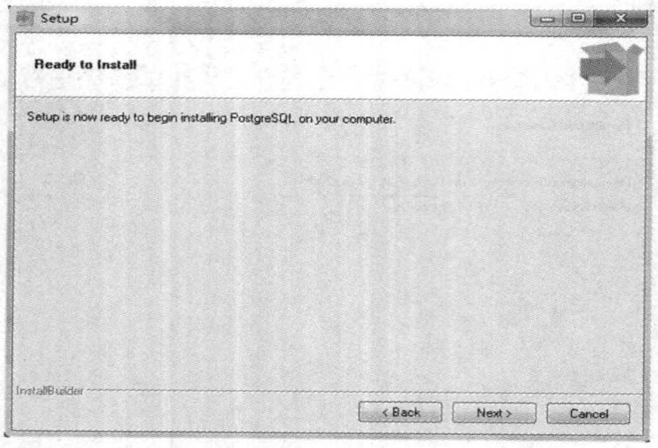


图 3-2-1-7　界面图 4

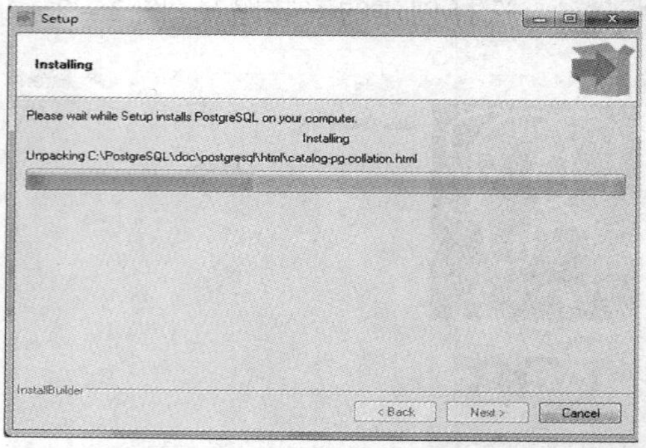


图 3-2-1-8　界面图 5

(9)安装完成后出现图 3-2-1-9 界面。

(10)将界面中复选框处的叉号去掉，点击界面中的 Finish，安装完成。

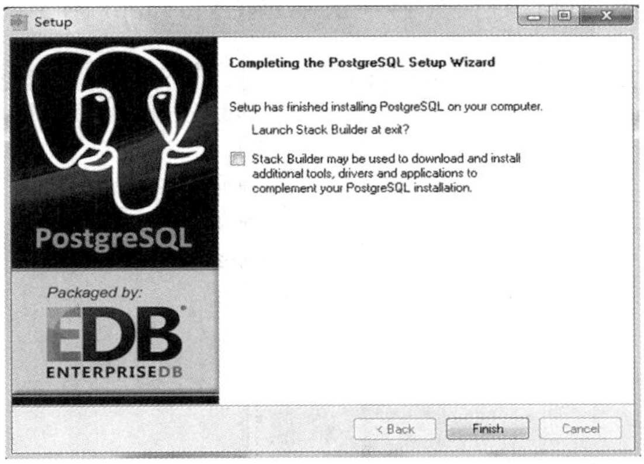


图 3－2－1－9　界面图 6

3.4　部署数据库。

(1)设置服务器属性。

在开始，所有程序中 PostgreSQL 9.4(x86)文件夹，在里面找到 pgAdminIII，此为 PostgreSQL 数据库自带的一个客户端。点击进入后在服务器[PostgreSQL9.4(localhost：5432)]上右击选择“属性”，出现图 3－2－1－10 界面。

点击属性标签页，将名称处的内容改为：sl330adb。如果该标签页无法编辑，需退出 pgAdminIII 再重新进入，重复上述操作即可。修改完成后点击确定。

双击服务器，出现图 3－2－1－11 登录界面。

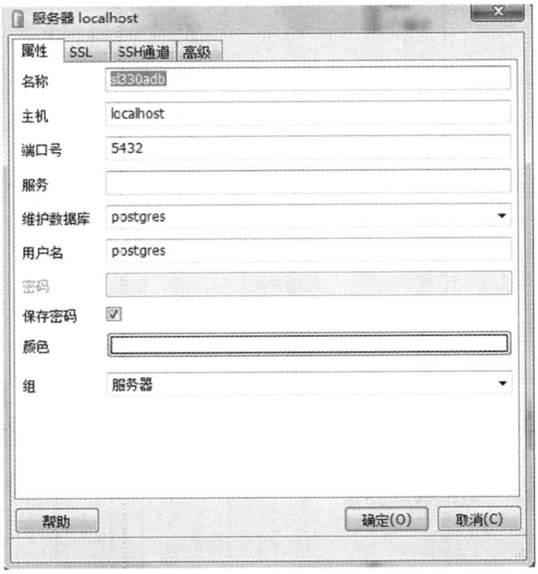


图 3－2－1－10　属性界面

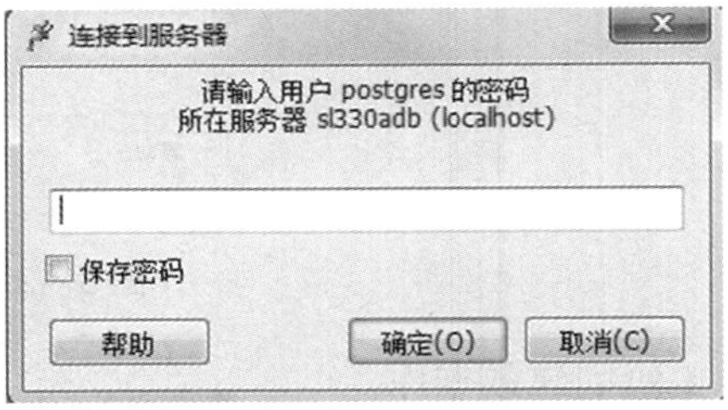


图 3－2－1－11　连接界面

输入 iesapp，勾选保存密码，下次登录时无须再输入密码。

(2)创建登录角色。

在登录角色上右击，选择创建登录角色，出现图 3－2－1－12 界面。点击属性标签页，在角色名称处输入 ies。

点击定义标签页，在密码和密码(再一次)处输入 iesapp(图 3－2－1－13)。

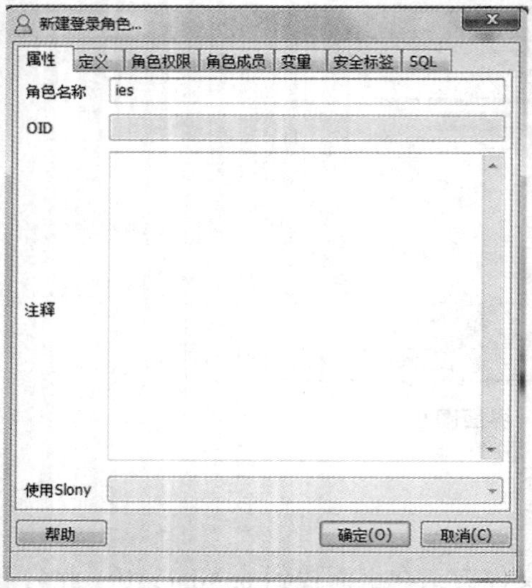


图 3－2－1－12　创建角色界面 1

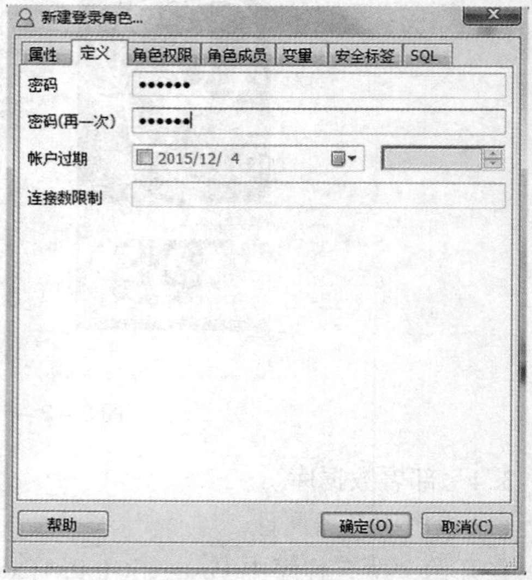


图 3－2－1－13　密码输入界面

点击角色权限，将下面所有选项都勾选(图 3－2－1－14)。其余标签页下的内容无须改动，点击界面中的确定按钮。按照上述步骤再创建三个登录角色：ies_ ls，ies_ os，system。

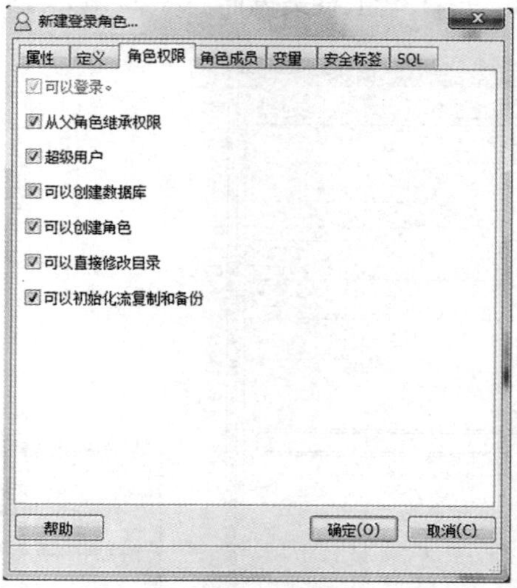


图 3－2－1－14　角色权限界面

(3)创建数据库。

在数据库上右击，选择新建数据库，出现图 3－2－1－15 界面：点击属性标签页，在名称处输入 sl330adb，在所有者处从下拉列表中选择 ies。

在权限标签页下选择 ALL，其余标签页无须改动，点击确定(图 3－2－1－16)。

按照上述步骤再创建数据库 a_ ls_ 1，其所有者选择 ies_ ls，权限也是 ALL。

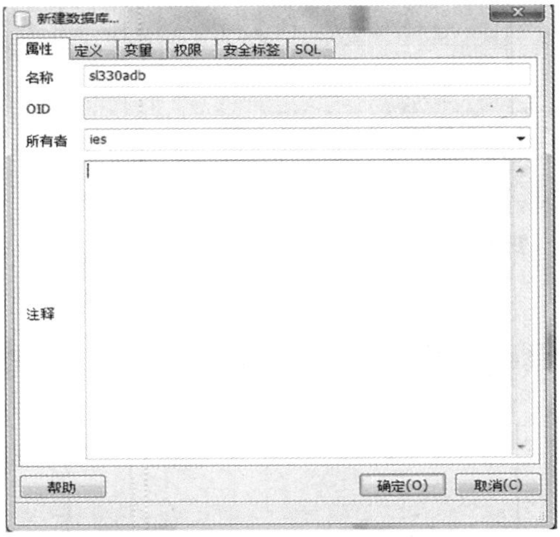


图 3－2－1－15 属性界面

图 3－2－1－16 权限界面

(4)创建模式。

在创建的数据库 sl330adb 下找到架构，在其上点击鼠标右键，选择新建模式，点击属性标签页，在名称处输入 ies，在所有者处从下拉列表中选择 ies(图 3－2－1－17)。

在权限标签页下选择 ALL，其余标签页无须改动，点击确定。如果现场需要监控后台操作票功能，则按照上述步骤在数据库 sl330adb 下创建模式 ies_ os，所有者为 ies_ os，权限是 ALL(图 3－2－1－18)。

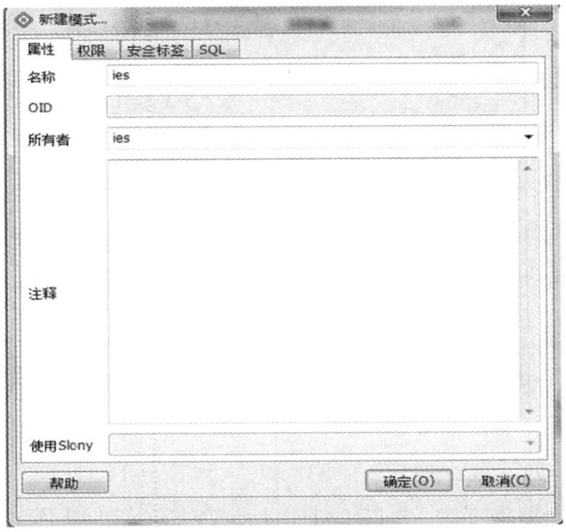


图 3－2－1－17 属性界面

图 3－2－1－18 权限界面

设置环境变量：在我的电脑(计算机)上点击鼠标右键，选择“属性”菜单，打开“系统属性”界面，然后选择“高级”选项卡，点击“环境变量”按钮，打开“环境变量”界面，在“系统变量”栏中找到环境变量“Path”，在其中增加 PostgreSQL 的 bin 文件夹和 lib 文件夹的绝对路径，如：“F： \ PostgreSQL \ lib； F： \ PostgreSQL \ bin；”(图 3－2－1－19)。

初始化数据库：Win7 以及 Win XP 下 PostgreSQL 的初始化和 Oralce 是相同的，只要注意千万不要将初始化的数据文件放到 SL330A 的任何一目录下即可。

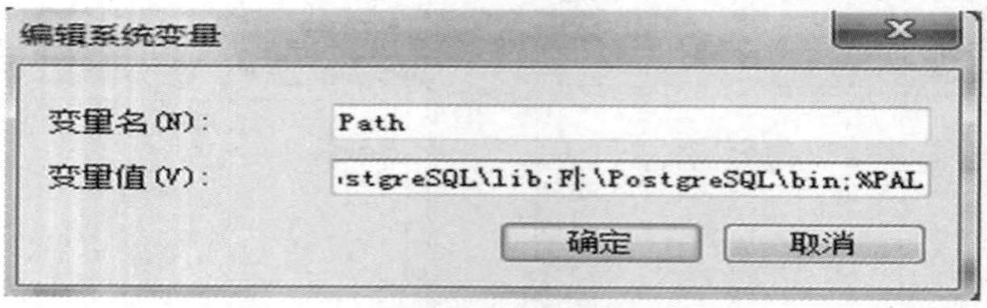


图3－2－1－19　变量设置

(5)常见问题分析。

Win7 或 Win XP 在初始化的时候经常会遇到提示权限不够无法初始化的错误，具体解决方法如下：

把初始化的路径下的文件夹更改权限：右键文件夹，选择属性－＞安全，如图3－2－1－20所示。

点击“编辑”，弹出图3－2－1－21窗口，选中“Users”，把对应的所有权限都勾选上，然后点击“确定”，之后再初始化描述库即可。

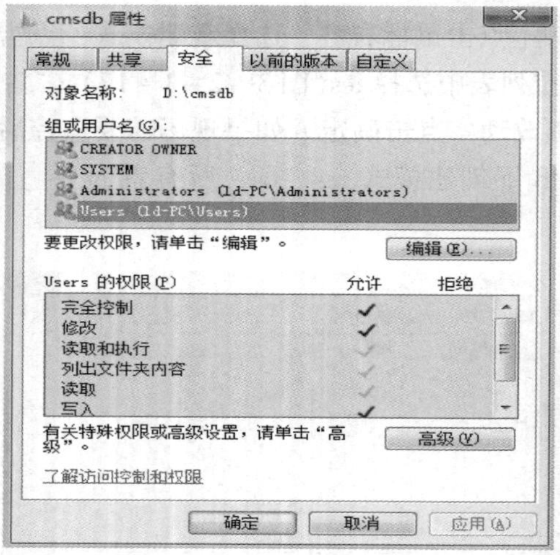


图3－2－1－20　安全设置

图3－2－1－21　安全设置

Win7 下安装 PostgreSQL 时报“Failed to load sql modules into the database cluster”。解决方法：关闭360杀毒软件和360安全卫士。

### 4　注意事项

此数据库安装基于 Windows 系统，便于教学与练习，实际应用时注意后台机操作系统类型。

## 项目二　iES－SL330A 系统控制台

### 1　项目简介

iES－SL330A 系统控制台是提供给运维人员的操作平台，本项目适用于运行人员的设备监控及检修人员数据调取和设置。

### 2　操作前准备

计算机、iES－SL330A 后台说明书。

## 3　操作步骤

3.1　系统总控台(Iesconsole)提供统一的功能入口，界面如图 3－2－2－1 所示。

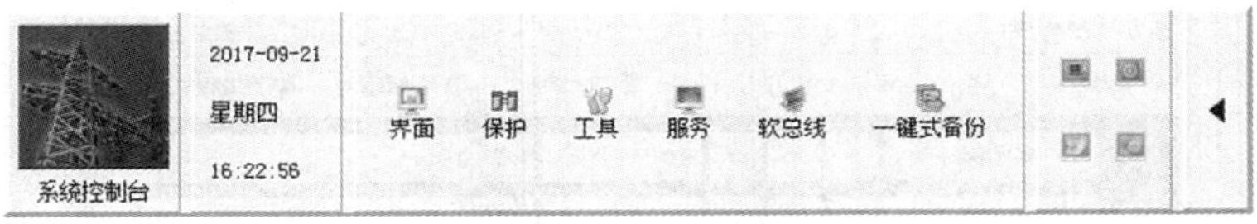


图 3－2－2－1　系统控制台图

(1)从左向右界面区域分别为：LOGO 显示区、时间显示区、模块管理按钮区、控制台系统按钮区、界面伸缩控制区。界面收缩后样式，如图 3－2－2－2 所示。

(2)从左向右界面区域分别为：LOGO 显示区、界面伸缩控制区。

图 3－2－2－2　系统控制台图标

3.2　时间区。

从上到下依次为：日期、星期、当前时间。

图 3－2－2－3　界面菜单

3.3　菜单区。

由【界面】【保护】【工具】【服务】【软总线】【一键式备份】组成。【注意】：该区可定制，根据需要进行增、删操作，界面菜单，如图 3－2－2－3 所示。

(1)人机会话：打开人机会话模块，进行画面监视与控制。

(2)前置监视：打开通信监视模块，进行间隔层装置测量数据和通信规约码的监视。

(3)实时监视：打开实时数据监视模块，查看变电站一次设备的模拟量、离散量等测量数据。

(4)历史浏览：打开历史数据监视模块，查看历史数据库。

3.4　保护菜单(图 3－2－2－4)。

(1)保护管理：打开保护管理模块，对接入系统的保护装置进行操作。

(2)故障分析：打开故障录波分析模块，利用标准故障录波 COMTRADE 文件进行波形显示及功能分析。

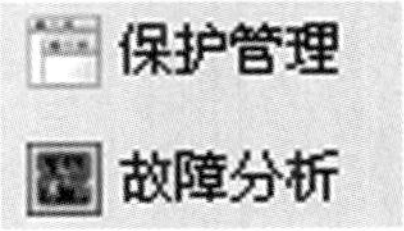


图 3－2－2－4　保护菜单图

3.5　工具菜单(图 3－2－2－5)。

图 3－2－2－5　工具菜单图

(1)通信配置：打开通信配置模块，完成装置二次模型的配置。

(2)绘图建模：打开绘图建模模块，完成图形绘制、一次设备模型的创建、一次、二次设备的映射等配置。

(3)权限管理：打开权限管理模块，完成用户权限配置和用户密码维护。

3.6　服务菜单(图 3－2－2－6)。

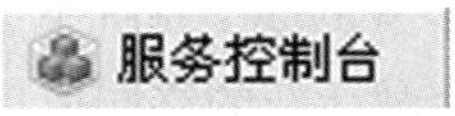


图 3－2－2－6　服务控制台图

服务控制台：打开服务控制台模块(图3－2－2－7)，完成服务启停维护、服务异常时自行重启。

图3－2－2－7　服务控制台模块

3.7　软总线(图3－2－2－8)。

图3－2－2－8　软总线图

打开软总线管理界面模块，可查看软总线上正在运行的机器、模块、管道等信息；可进行主辅模块切换以及系统配置等工作(图3－2－2－9)。

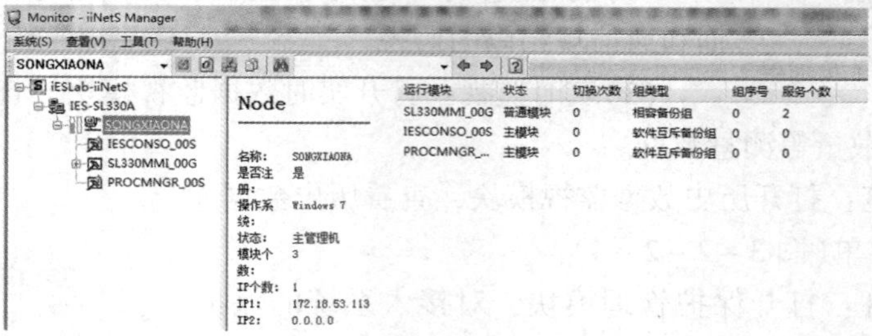


图3－2－2－9　配置图

3.8　一键式备份(图3－2－2－10)。

图3－2－2－10　一键式备份图

图3－2－2－11　设置区图

首先进行用户权限认证，认证通过后，由用户指定备份文件存储路径，系统自行备份，备份完成提示文件保存路径。

3.9　设置区(图3－2－2－11)。

(1)启动系统终端窗口。

：Windows 系统下会激活控制面板窗口，Linux/Unix 等系统下会激活新的终端窗口。

(2)退出。

：进行退出操作，退出认证后，总控台关闭退出。

(3)查看运行日志。

：系统控制台的运行日志窗口，包括实时日志和历史日志两部分。

(4)设置。

：权限认证后弹出配置窗口，完成对菜单区的配置。

### 4　注意事项

在投入使用的变电站中进行菜单的识读，应有监护人员进行监护。

## 项目三　装置参数配置

### 1　项目简介

变电站内各设备的电压、电流等数据的采集需要通过数据库进行定义，本项目用于新建或改建变电站时后台数据的设置。

### 2　操作前准备

计算机、iES－SL330A 后台说明书。

### 3　操作步骤

3.1　装置模型配置。

(1)鼠标点击工具栏的按钮之后，激活模型配置子窗口，该子窗口分为左右两个视图。左边树形列表视图展示 SL330A 软件系统已配置的所有系统类型和装置类型。

图 3－2－3－1、图 3－2－3－2 两图是积成 CAN2000H 系统的 SAL31－1 装置的模型信息。图的右边列表视图分别展示了 SAL31－1 装置模型的基本信息以及 CAN2000H 以太网 103 规约相关的通信码表模型信息。

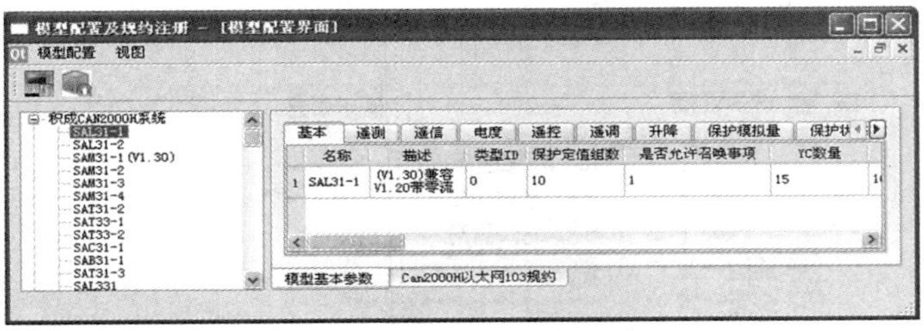


图 3－2－3－1　模型配置界面图 1

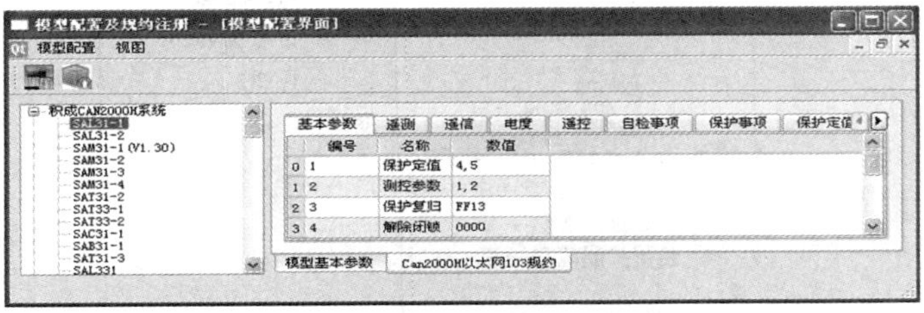


图 3－2－3－2　模型配置界面图 2

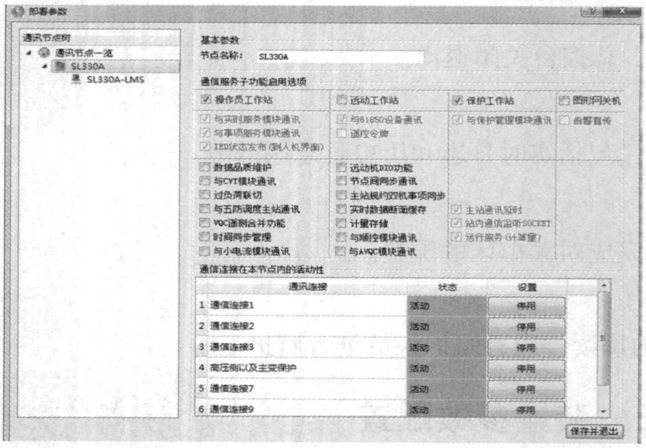


图 3-2-3-3　部署参数图 1

3.2　通信配置。

(1)在通信配置主界面左上角点击“系统”菜单，弹出“部署参数”对话框，在“通信节点树”中“通信节点一览”节点上右键，选择“添加通信节点”菜单，添加通信节点，节点名称可自定义。其中特别要注意的是“通信服务子功能启用选项”。如图 3-2-3-3 所示。

(2)选中一个通信节点，右键选择“添加机器节点”，即可添加机器节点。选择一个机器节点，右侧将显示该节点的基本参数和 IP 地址配置情况。可根据现场实际情况进行配置。硬件平台选择默认的“通用服务器”即可，不需要修改(图 3-2-3-4)。

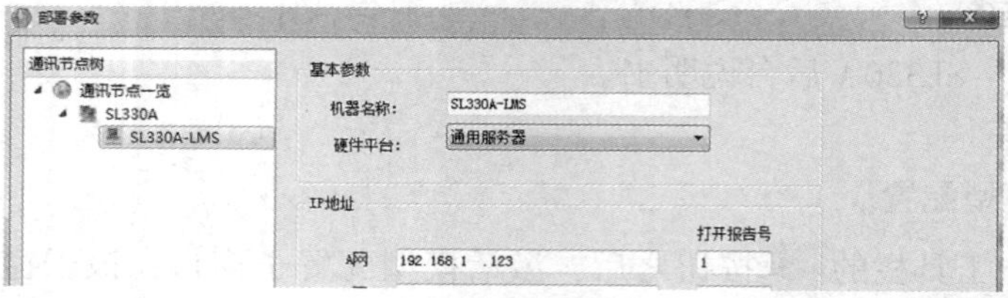


图 3-2-3-4　部署参数图 2

3.3　添加 IED。

(1)在左边树形视图中，鼠标右键单击“10kV 测保一体化系统”通信连接或“A”或“B”通道的树节点，右键菜单中均有“添加 IED”子菜单项。图 3-2-3-5 是在通信连接或通道上右击。

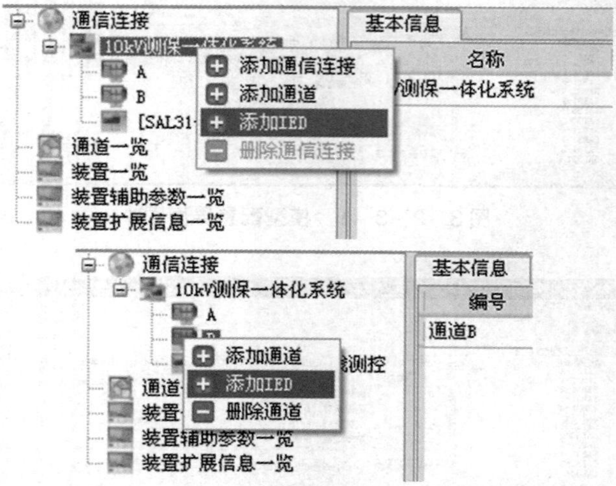


图 3-2-3-5　通道右击图

(2)点击“添加 IED”子菜单项之后，弹出添加 IED 对话框，如图 3-2-3-6 所示。

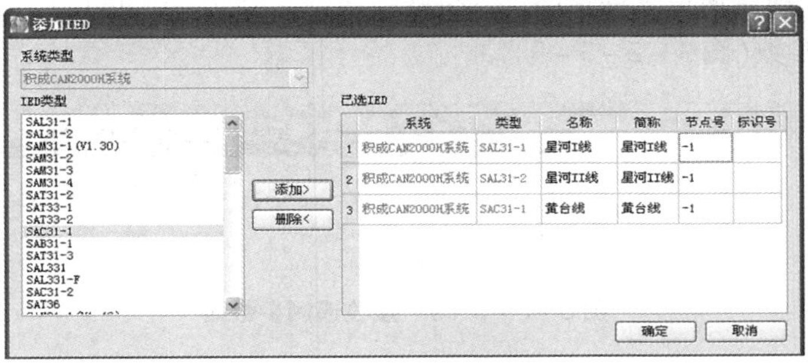


图 3-2-3-6 添加 IED 图

可以点击“添加”按钮一次性添加一个或多个 IED 装置到“已选 IED”列表中，然后点击“确定”即可添加到前置通信工程库中。在已选 IED 列表中，“名称”为准备添加的 IED 装置的实际名称；“简称”为用以对 IED 装置的各种类型的测控数据进行批量修改前缀名；“节点号”和“标识号”对于网络通信类型的 IED 装置无意义。

（3）修改 IED 的通信参数。

当添加完所有的 IED 装置之后，需要再回到通道 A 和 B 的远方参数页面，设置所有 IED 装置的通信参数，如图 3-2-3-7 所示：在 A、B 双网分别设置 IED 装置的通信参数(IP 地址和端口号)。

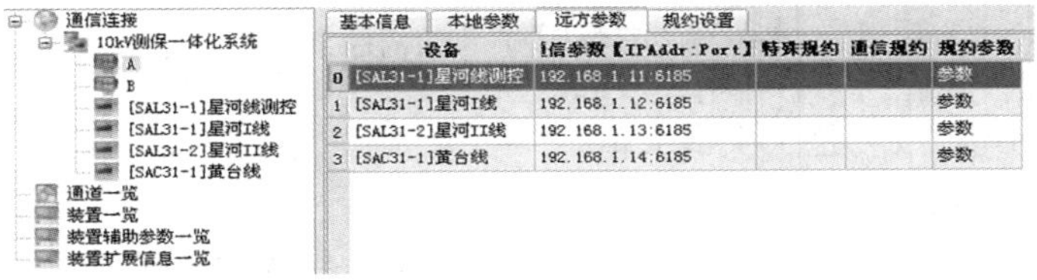


图 3-2-3-7 通信设置图

（4）修改 IED 各种参数。

在左边树形视图中选择“10kV 测保一体化系统”的“星河 I 线”IED 装置时，右边列表视图会分页显示该 IED 装置的各种参数，包括基本信息、接收遥测、接收遥信、接收电度、发送遥控、发送遥调页面(图 3-2-3-8)。下面分别对各种参数及配置进行说明。

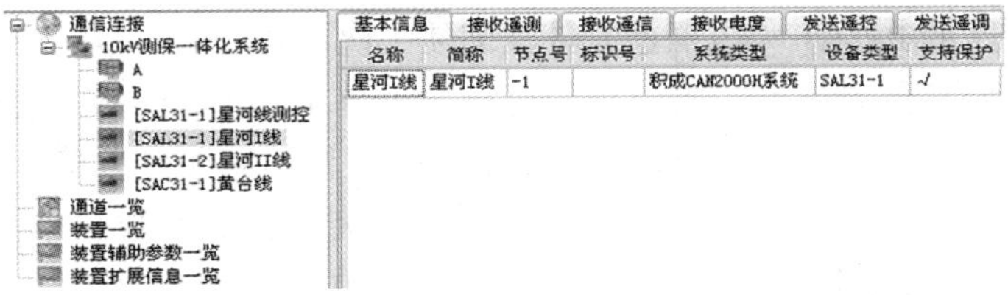


图 3-2-3-8 基本信息图

①基本信息。

基本参数包括名称、简称、节点号、标识号、支持保护等，由于添加 IED 装置时，其“系统类型”“设备类型”已经确定，因此在此处只能查看而不可修改。

“简称”用以对 IED 装置各种类型的测控数据进行批量修改前缀名。如图 3-2-3-8 所示，简称修改为星河 I 线，则打开接收遥测、接收遥信等其他页面时，所有数据项的名称前缀均为“星河 I 线”。

“节点号”用于某些采用串口通信规约的 IED 装置，通信规约组帧时需要指定某些装置的节点号。由于 SL330A 前置通信软件目前仅支持网络通信，故此参数可不予修改。

“标识号”用以和变电站的智能电度表通信采集电度数据，电度表通信规约要求除节点号之外还要指定表计的编号，编号格式和宽度不确定，采用该参数来输入对应的电度表编号。由于 SL330A 前置通信软件目前仅支持网络通信，故此参数可不予支持。

②接收遥测参数(图 3－2－3－9)。

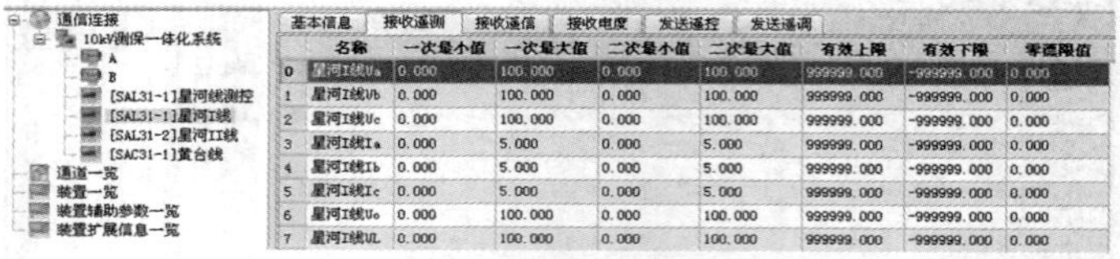


图 3－2－3－9　接收遥测参数图

接收遥测参数包括名称、一次最小值、一次最大值、二次最小值、二次最大值、有效上限、有效下限及零漂限值。

所谓一次值是指电力系统一次设备自身的电压、电流、功率、功率因素、频率、温度等实际值，二次值是负责采集一次设备数据的 IED 装置上显示的测量值。在 SL330A 前置通信软件中，接收到 IED 装置上送的二次值需要转换为一次值，转换过程是线性的，符合直线方程 $y = kx + b$，这里 $y$ 为一次值，$x$ 为二次值。斜率 $k$ 和截距 $b$ 的公式分别为：$k = \frac{y_{max} - y_{min}}{x_{max} - x_{min}}$，$b = \frac{x_{max}y_{min} - x_{min}y_{max}}{x_{max} - x_{min}}$，其中 $y_{min}$ 是一次最小值、$y_{max}$ 是一次最大值、$x_{min}$ 是二次最小值、$x_{max}$ 是二次最大值。

举例如下：

110kV 母线电压：一次最大值 110、一次最小值 0、二次最大值 100、二次最小值 0；

线路 CT 为 600/5：一次最大值 600、一次最小值 0、二次最大值 5、二次最小值 0；

线路 CT 为 3000/5：一次最大值 3000、一次最小值 0、二次最大值 5、二次最小值 0；

220kV 线路(600/5CT)有功或无功功率：一次最大值 $= \sqrt{3}UI = 1.732 \times 220 \times 600 = 228624$，单位为千瓦；一次最小值为 0、二次最大值 $= \sqrt{3}UI = 1.732 \times 100 \times 5 = 866$、二次最小值为 0。

有效上限、有效下限参数：用以判断接收遥测值是否有效，高于有效上限或低于有效下限认为数据无效，遥测数据相应的品质位也会置为无效。

零漂限值参数：由于测量回路的 PT/CT 为电磁型元件，即使一次设备未送电也会感应出一些微小的电流或电压，IED 装置会测量出一些微小的遥测数据并上送给 SL330A 监控系统的前置通信软件，这称之为零漂。接收遥测的数值低于零漂限值将其数据视为零。

图 3－2－3－10　接收遥信参数图

③接收遥信参数(图 3－2－3－10)。

接收遥信参数包括名称和是否取反。

遥信取反参数：IED 装置的某一路遥信接入变电站断路器(或隔离刀闸)位置的辅助触点如果是常闭触点，则表示断路器处于合闸位置时其状态为分，而处于分闸位置时其状态为合。这不符合人的习惯用法，就需要将其取反。

④接收电度参数(图 3－2－3－11)。

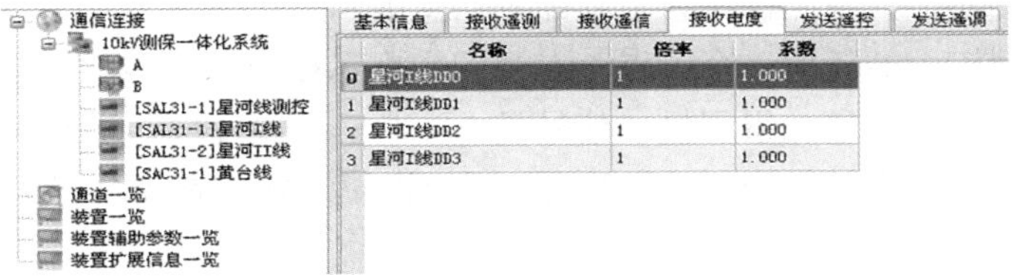

图3－2－3－11　接收电度参数图

倍率：电度表计量后的表头值为二次电度量，因此需要乘以倍率才是一次电度量。例如220kV线路的CT变比为300/5，倍率＝（220kV/0.1kV）×（300A/5A）＝2200×60＝13200。

系数：由于计算后的一次电度量数据比较大，为方便读取电度数据，需要缩小一定的倍数，可根据需要填写10的负几次方。

⑤发送遥控参数(图3－2－3－12)。

发送遥控参数对于普通的IED装置来说，只需配置名称参数。

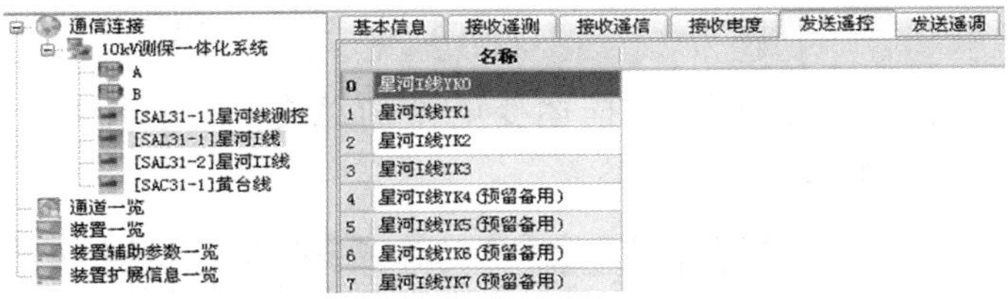

图3－2－3－12　接收遥控参数图

⑥发送遥调参数。

发送遥调参数主要用于模拟量输出的场合，需要装置支持模拟量输出（AO）功能。SL330A前置通信软件目前尚不支持模拟量输出控制的功能。

**4　注意事项**

4.1　增加机器节点时，机器名称中字母必须是大写。

4.2　有效上、下限、零漂限值都是针对一次值。

# 项目四　绘图建模

**1　项目简介**

变电站后台操作画面中开关、刀闸等设备的图标需要在界面编辑器中进行设置，本项目适用于变电站增加间隔时，后台操作系统增加该间隔的操作画面。

**2　操作前准备**

计算机、iES－SL330A后台说明书。

**3　操作步骤**

3.1　一次设备库建模。

(1)变电站、电压等级和间隔。

构建变电站模型的第一步是要搭建整个框架，顺序依次为：变电站、电压等级、间隔。

①变电站：右击“工程配置信息”节点，选择“添加变电站”，在弹出的对话框中填写变电站的编号、类型(主变电站/从变电站)、名称。点击确定按钮，左侧树形图中自动增加所添加的变电站节点。

在图形配置界面中，左侧视图为工程配置信息展示，以树状的形式层次化展示了变电站结构，单击左侧树中的任何一个节点，右视图中展示该节点的参数信息，包含5个选项卡：基本、模拟量、离散量、累积量、信号量。

“基本”选项卡：描述变电站的编号、名称、安全天起始日期等基本信息。如图3－2－4－1所示。

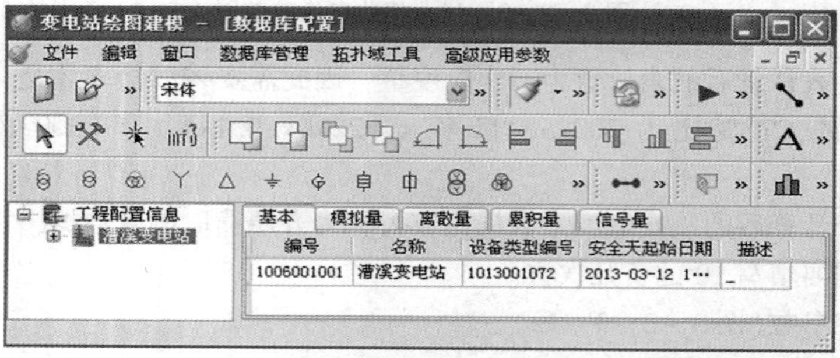


图3－2－4－1　数据库配置图1

“模拟量”选项卡：描述变电站的总有功、总无功、P＋(流出)等模拟量信息。如图3－2－4－2所示。

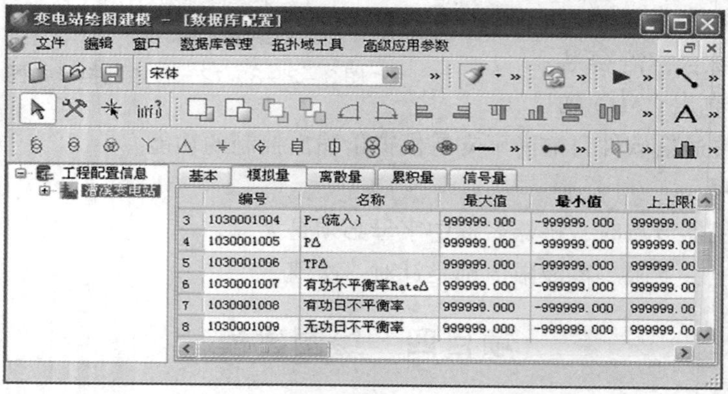


图3－2－4－2　数据库配置图2

“离散量”选项卡：描述变电站的全站五防投入、过负荷联切功能投退信息，如图3－2－4－3所示。

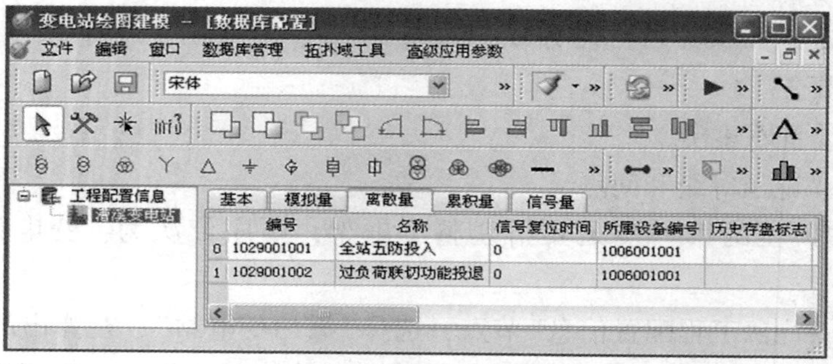


图3－2－4－3　数据库配置图3

“信号量”选项卡：描述变电站的预告总、信号总、事故总信息。如图 3－2－4－4 所示。

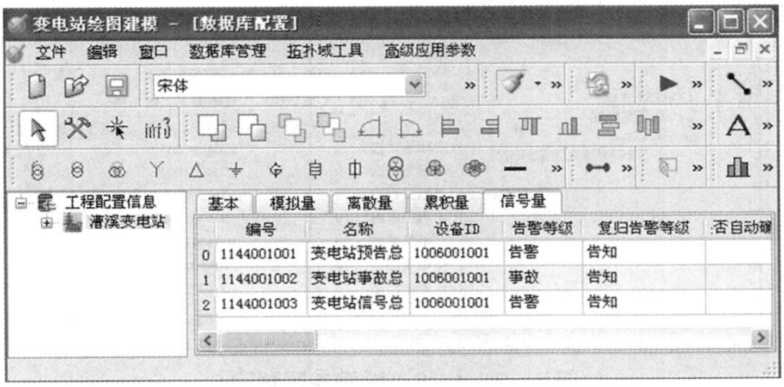


图 3－2－4－4　数据库配置图 4

每个选项卡中，在允许编辑的情况下，用户可通过单击单元格来编辑此单元格中的内容，图 3－2－4－5 为单击某单元格后，右视图变为两栏，最右栏为编辑界面。

图 3－2－4－5　数据库配置图 5

②电压等级：右键已添加的变电站，选择“添加电压等级”，弹出添加电压等级对话框，可选择的电压等级有 500kV、330kV、220kV、110kV、35kV、10kV、66kV、6kV、380V。填写完后点击确定按钮，则变电站节点“漕溪变电站”下自动添加电压等级子节点。

③间隔：右键已添加的电压等级，选择“添加间隔”，弹出添加间隔对话框，可选择的类型有：线路间隔、主变公共间隔、主变高/中/低压侧间隔、直流系统间隔等。下面重点介绍间隔节点的右视图选项卡信息：“离散量”选项卡、“信号量”选项卡。

“离散量”选项卡：描述了间隔的配置信息，如间隔五防投入、顺控功能所需的 7 种状态（Ⅰ母、Ⅱ母运行态/热备态、冷备态、开关检修态、线路检修态），及过负荷联切动作和线路过载联切功能投退。如图 3－2－4－6 所示。

“信号量”选项卡：描述了间隔信号的配置信息，默认情况下有 3 个信号：间隔事故总、间隔预告总、间隔信号总，如图 3－2－4－7 所示。可将 IED 装置的遥信添加至间隔的信号量下，在人机界面中以光字牌或其他形式展示。

按上述方法可逐层添加其他变电站、电压等级、间隔，基本框架搭建完之后，则可以向变电站间隔内添加一次设备。

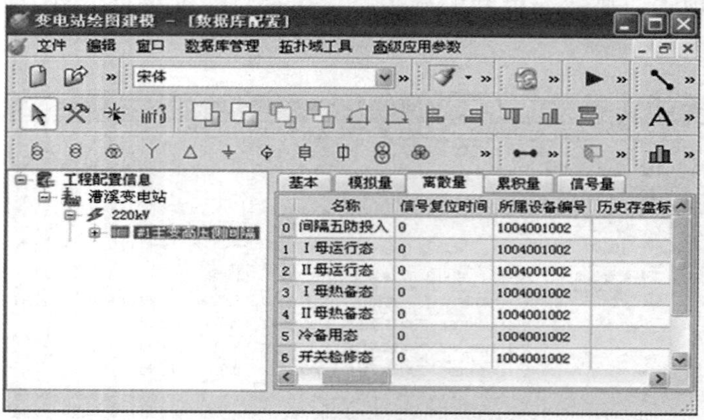


图3-2-4-6 数据库配置图6

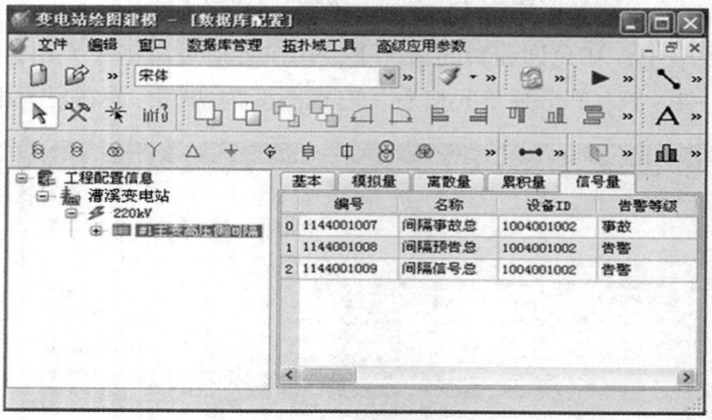


图3-2-4-7 数据库配置图7

(2)向描述库中添加一次设备的方法有两种，第一种是在图形绘制界面添加。在图形绘制界面，绘制设备图元的同时就将一次设备信息添加到数据库，这种方法简洁快速，直观形象，是最常用的建模方法，在后续做详细介绍；第二种是在数据库配置界面添加，如下。

——母线、变压器

①母线。在相应间隔下右键，选择“添加母线”，在弹出的对话框中填写编号、名称、类型(单母线/旁路母线/Ⅰ母线/Ⅱ母线等)，下面详细介绍母线节点的右视图选项卡：

“基本”选项卡：描述母线的名称、母线电压考核模式等，如图3-2-4-8所示。

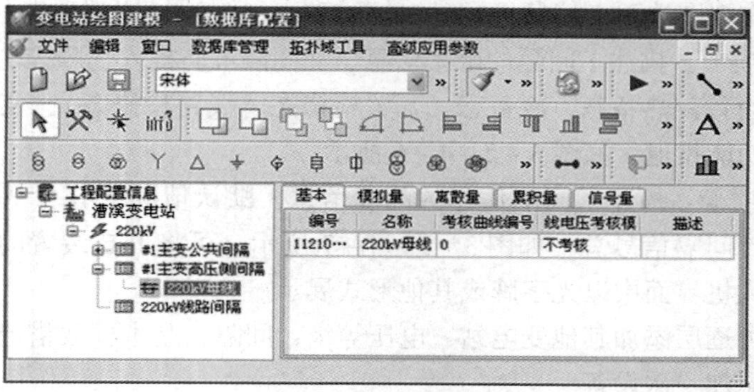


图3-2-4-8 数据库配置图8

“模拟量”选项卡：可修改母线模拟量(电压/有功/无功/频率)的最大值、最小值、上限值等，如图 3－2－4－9 所示。

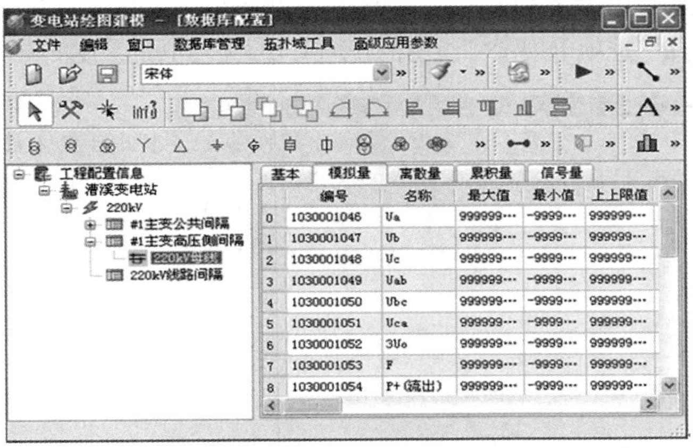


图 3－2－4－9　数据库配置图 9

②变压器。在相应间隔下右键，选择“添加变压器”，在弹出的对话框中可选择的变压器类型有：主变、站用变、接地变、接地兼站用变。

“模拟量”选项卡：描述变压器的油温、绕组温度等模拟量信息，如图 3－2－4－10 所示。

“离散量”选项卡：描述变压器的滑挡闭锁、拒动闭锁、AVQC 功能投退及主变过载等级投退、拒动等离散量信息，如图 3－2－4－11 所示。

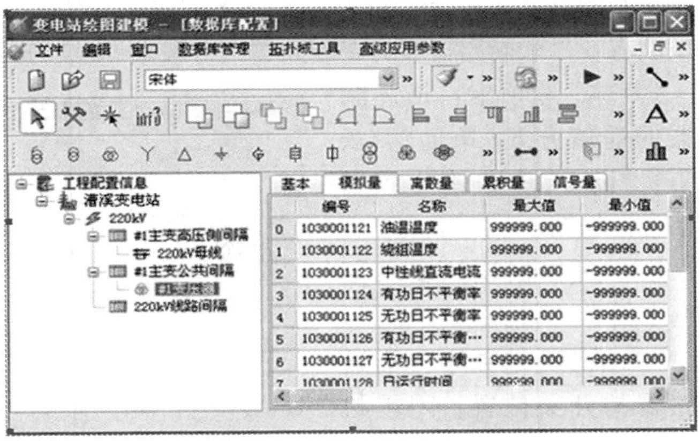


图 3－2－4－10　数据库配置图 10

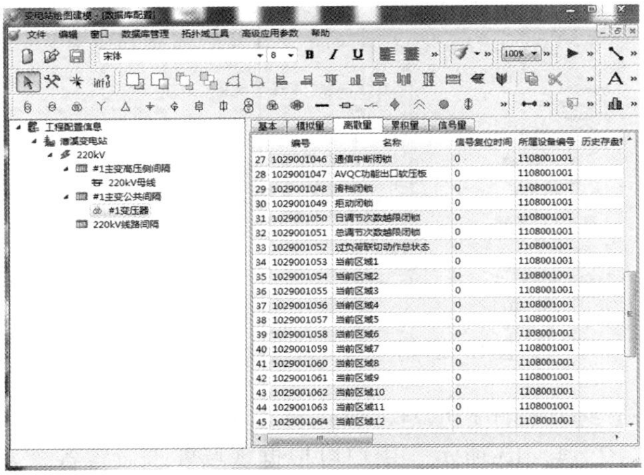


图 3－2－4－11　数据库配置图 11

添加绕组：右键已添加的变压器，选择“添加绕组”，在弹出的对话框中可选择绕组的类型：高/中/低/其他绕组。在变压器绕组选项卡中，“基本”选项卡中可修改绕组的连接类型，如：星形、三角形、开口三角形；“模拟量”选项卡展示了绕组的电压、电流、有功、无功等模拟量；“累积量”选项卡展示了绕组的正向有功/无功电量、反向有功/无功电量。

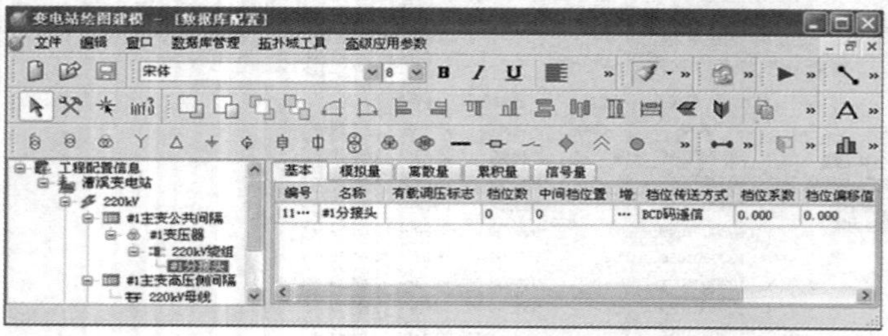

图3－2－4－12　数据库配置图12

添加分接头：右键已添加的变压器绕组，选择“添加分接头”，在分接头的选项卡中，“基本”选项卡中可修改分接头的挡位数、中间挡位置、挡位传送方式等信息，如图3－2－4－12所示；“离散量”选项卡展示了分接头的挡位信息；“累积量”选项卡展示了分接头的日升降次数、总升降次数的详细信息。

——断路器、隔离刀闸、接地刀闸、双手车刀闸

①断路器。在相应间隔下右键，选择“添加断路器”，在弹出的对话框中可选择的断路器类型有：母联断路器、旁路断路器、分段断路器、进线断路器、出线断路器等。

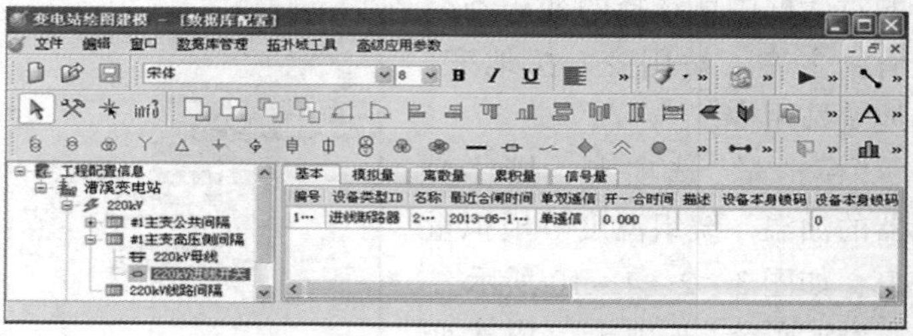

图3－2－4－13　数据库配置图13

“基本”选项卡：描述断路器的遥信方式(单遥信/双遥信)、设备锁码、验电锁码等信息，如图3－2－4－13所示。用户可根据现场要求更改基本信息。

“离散量”选项卡：描述断路器的开关位置、闭锁状态、常规遥控方式、检同期合闸遥控方式、禁止遥控操作等离散量，如图3－2－4－14所示。用户可根据现场要求设置各个离散量的属性。

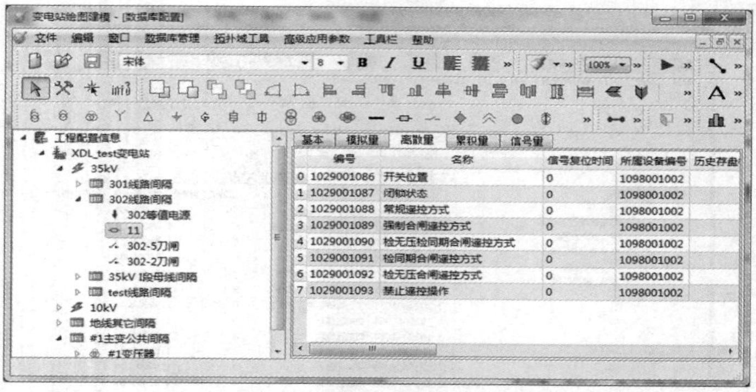

图3－2－4－14　数据库配置图14

“累积量”选项卡：描述断路器的日分闸次数、总分闸次数、日跳闸次数、总跳闸次数的详细信息，如图3－2－4－15所示。用户可根据现场要求设置各个累积量的属性。

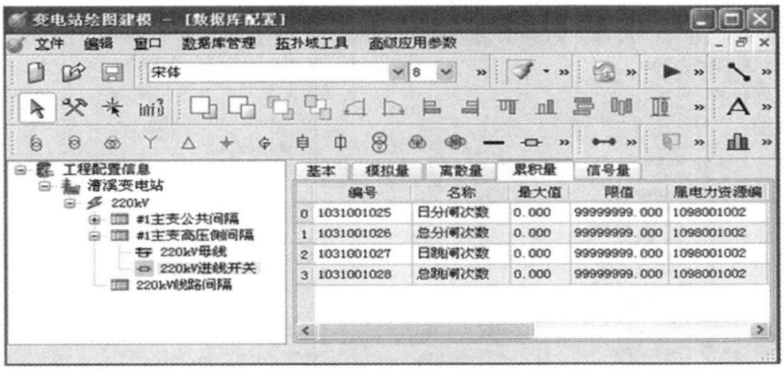


图 3－2－4－15　数据库配置图 15

②隔离刀闸。在相应间隔下右键，选择“添加隔离刀闸”，在弹出的对话框中可选择的隔离刀闸类型有：母线刀闸、旁路刀闸、设备刀闸、推车、两台隔离接地刀闸等。隔离刀闸的“基本”选项卡信息与断路器的相同，可对单、双遥信、设备锁码等信息进行更改设置；“离散量”选项卡只有开关位置与闭锁状态两个离散量；“累积量”选项卡只有总分闸次数一项信息。

③接地刀闸。在相应间隔下右键，选择“添加接地刀闸”，在弹出的对话框中可选择的接地刀闸类型有：母线地刀、设备地刀、中性点地刀和其他地刀。接地刀闸的属性信息同隔离刀闸类似，不同的是“累积量”选项卡展示了日分闸次数与总分闸次数两项信息。

④双推车刀闸。在相应间隔下右键，选择“添加双推车”，在弹出的对话框中可选择的双推车刀闸类型有：母线刀闸、旁路刀闸、设备刀闸、推车、两台隔离接地刀闸等。双推车刀闸的属性信息与隔离刀闸相同。

——进线(等值电源)和出线(等值负荷)

①进线(等值电源)。在相应间隔下右键，选择“添加进线”，填写设备编号、名称后点击确定，此间隔下增加所添加的进线。

“模拟量”选项卡：可修改进线模拟量(电压/有功/无功/频率)的最大值、最小值、上限值等，如图 3－2－4－16 所示。

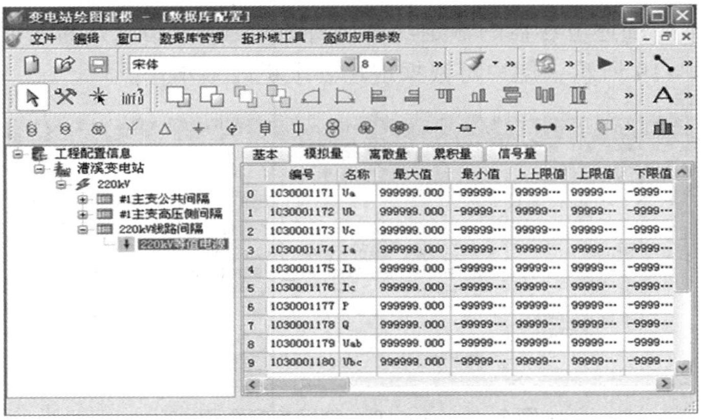


图 3－2－4－16　数据库配置图 16

“离散量”选项卡：描述进线的小电流接地告警信息，如图 3－2－4－17 所示。

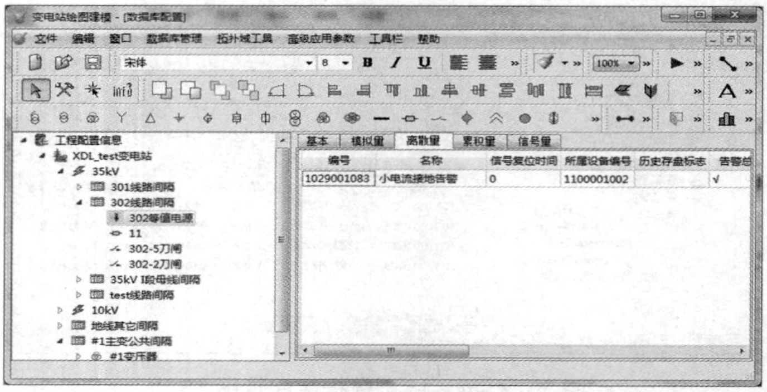

图 3-2-4-17　数据库配置图 17

“累积量”选项卡：描述进线的正向有功电量、反向有功电量、正向无功电量、反向无功电量的属性信息，如图 3-2-4-18 所示，用户可对其进行修改设置。

图 3-2-4-18　数据库配置图 18

②出线（等值负荷）：在相应间隔下右键，选择“添加出线”，填写设备编号、名称后点击确定，此间隔下增加所添加的出线。出线的属性信息与进线相同。

——电容器和电抗器

①电容器。在相应间隔下右键，选择“添加电容器”，填写设备编号、名称后点击确定，此间隔下增加所添加的电容器。

“基本”选项卡：描述电容器的额定功率、标称电压/无功、开断时间、投入次数等信息，如图 3-2-4-19 所示，用户可根据现场要求更改基本信息。

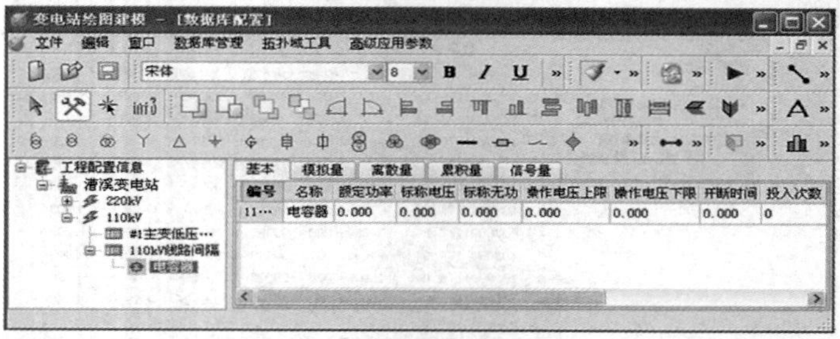

图 3-2-4-19　数据库配置图 19

“模拟量”选项卡：可修改电容器的模拟量（电压/有功/无功/频率/当日调节次数/总调节次数）的最大值、最小值、上限值等信息，如图 3-2-4-20 所示。

图 3-2-4-20　数据库配置图 20

“离散量”选项卡：描述电容器的投入、切除、调节总状态、监控操作闭锁、拒动/调节次数越限等离散量信息，如图 3-2-4-21 所示，用户可根据现场要求设置各个离散量的属性。

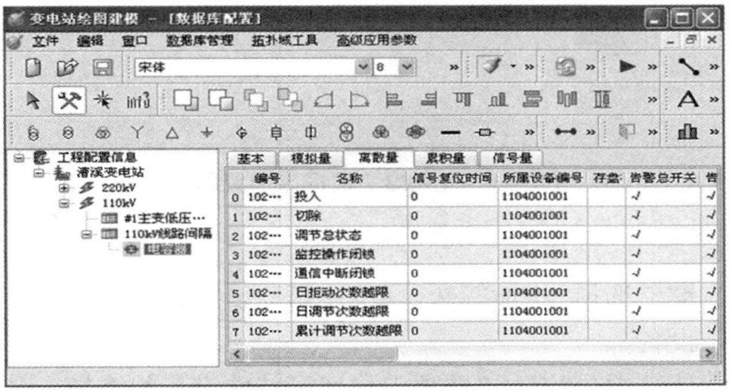

图 3-2-4-21　数据库配置图 21

“累积量”选项卡：描述电容器的正向无功电量、反向无功电量的属性信息，用户可对其进行修改设置。

②电抗器。在相应间隔下右键，选择“添加电抗器”，填写设备编号、名称后点击确定，此间隔下增加所添加的电抗器。

“基本”选项卡：描述电容器的额定功率、标称电压/无功、开断时间、投入次数等信息，用户可根据现场要求更改基本信息。

电抗器的属性信息中，“基本”“累积量”选项卡的内容与电抗器相同，“模拟量”选项卡相比电容器缺少当日调节次数与总调节次数两项模拟量信息。

——压板(软压板、硬压板)

在相应间隔下右键，选择“添加压板”，在弹出的对话框中可选择的压板类型有：软压板、硬压板、其他压板。

“基本”选项卡：描述压板的合闸次数、合闸时间、跳/拉闸检修限值、额定电流、开合时间等信息，如图 3-2-4-22 所示，用户可根据现场要求更改基本信息。

“离散量”选项卡：描述压板的压板位置相关信息，如：告警等级、信号复位时间等，以及压板的禁止投退操作、禁止置入操作(图 3-2-4-23)。

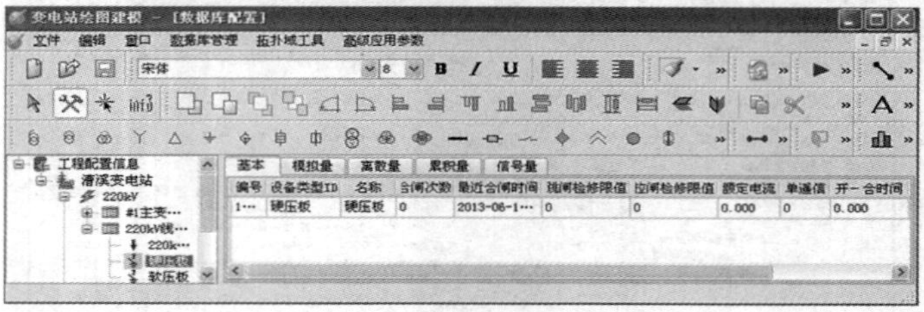


图 3－2－4－22　数据库配置图 22

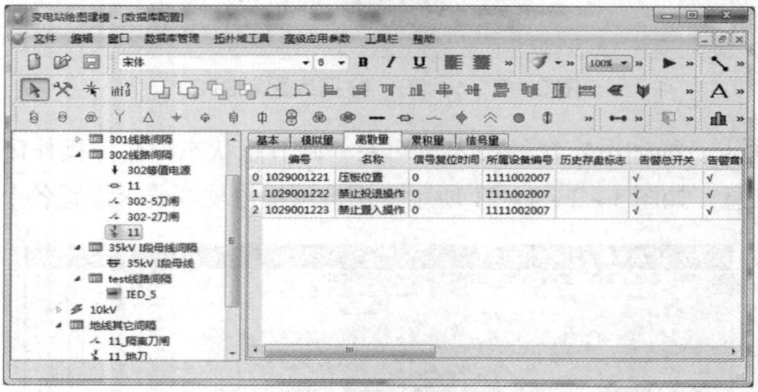


图 3－2－4－23　数据库配置图 23

——特殊设备

在相应间隔下右键，选择“添加特殊设备”，填写设备编号、名称后点击确定，此间隔下增加所添加的特殊设备。

特殊设备的属性信息中，“基本”选项卡描述了特殊设备的编号、名称、成功是否判断等信息；“离散量”选项卡描述了特殊电力设备位置的相关信息。

——五防设备(网门、地桩、地线)

①网门。在相应间隔下右键，选择“添加网门”，在弹出的对话框中可选择的类型有：网门、把手两种类型。

网门的属性信息中，“基本”选项卡描述了特殊设备的编号、名称、基准电压等信息；“离散量”选项卡描述了网门状态的相关信息。

②地桩。在相应间隔下右键，选择“添加地桩”，填写设备编号、名称后点击确定，此间隔下增加所添加的地桩。

地桩的属性信息中，“基本”选项卡描述了地桩的编号、名称、基准电压、临时地线编号等信息；“离散量”选项卡描述了地桩状态的相关信息。

③地线。在相应间隔下右键，选择“添加地线”，填写设备编号、名称后点击确定，此间隔下增加所添加的地线。

地线的属性信息中，“基本”选项卡描述了地线的编号、名称等信息；“离散量”选项卡描述了地线状态的相关信息。

——其他设备(PT、避雷器、熔断器)

①PT。在相应间隔下右键，选择“添加 PT”，在弹出的对话框中可选择的类型有：普通 PT、CVT 两种类型。

普通 PT 的“基本”选项卡中描述了 PT 的编号、名称、相别、变比等信息。

②避雷器。在相应间隔下右键，选择“添加避雷器”，填写设备编号、名称后点击确定，此间隔下增加所添加的避雷器。

③熔断器。在相应间隔下右键，选择“添加熔断器”，填写设备编号、名称后点击确定，此间隔下增加所添加的熔断器。

3.2　电力设备图元工具栏。

(1)变压器 。

从左往右依次为：自耦变、两圈变、三圈变，下面以绘制三圈变为例进行说明。

首先在工具栏中选中绘制三圈变  按钮，将鼠标移动到绘制区域，在起始点长按左键拖动鼠标，在目的位置释放鼠标，弹出添加设备对话框，如图 3－2－4－24所示，依次选择三圈变所在的变电站、电压等级、间隔(以上三项在数据库配置界面已添加)、设备编号、设备类型，填写设备名称，点击确定即完成三圈变的绘制，该设备同时添加到数据库表中，可到数据库配置界面查看相关信息。

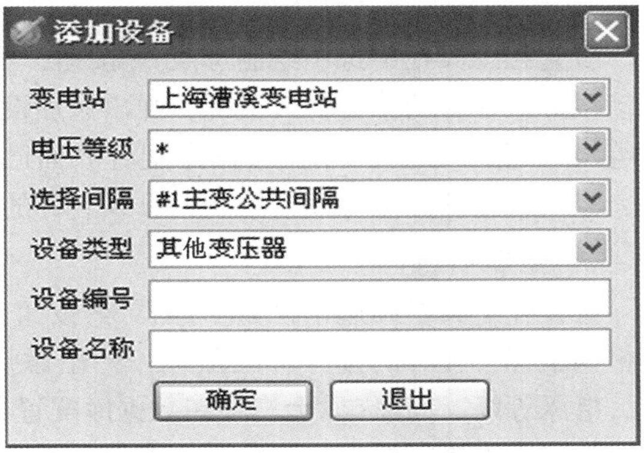


图 3－2－4－24　添加设备图

若要修改三圈变的名称，点击功能设置工具栏中的修改显示属性按钮 ，双击三圈变弹出对话框，将最下方的“选择变压器”打钩，点击“选择”按钮，弹出添加修改设备对话框，将最下方的“修改设备名至数据库”打钩，然后在“修改设备名”一栏修改设备的名称即可，修改完后点击右下方的“修改设备名”按钮，弹出修改成功提示框，修改完成。

(2)避雷器 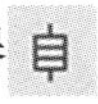。

首先在工具栏中选中绘制避雷器  按钮，将鼠标移动到绘制区域，在起始点长按左键拖动鼠标，在目的位置释放鼠标，弹出添加设备对话框，依次选择避雷器所在的变电站、电压等级、间隔(以上三项在数据库配置界面已添加)、设备类型，填写设备名称、设备编号，点击确定即完成避雷器的绘制；避雷器名称的修改参照限流电抗器。

(3)熔断器 。

首先在工具栏中选中绘制熔断器  按钮，将鼠标移动到绘制区域，在起始点长按左键拖动鼠标，在目的位置释放鼠标，弹出添加设备对话框，依次选择熔断器所在的变电站、电压等级、间隔(以上三项在数据库配置界面已添加)、设备类型，填写设备名称、设备编号，点击确定即完成熔断器的绘制；熔断器名称的修改参照限流电抗器。

(4)两圈、三圈、四圈 PT 。

从左往右依次为：两圈 PT、三圈 PT、四圈 PT。下面以绘制两圈 PT 为例进行说明。

首先在工具栏中选中两圈 PT  按钮，将鼠标移动到绘制区域，在起始点长按左键拖动鼠标，在目的位置释放鼠标，弹出添加设备对话框，依次选择两圈 PT 所在的变电站、

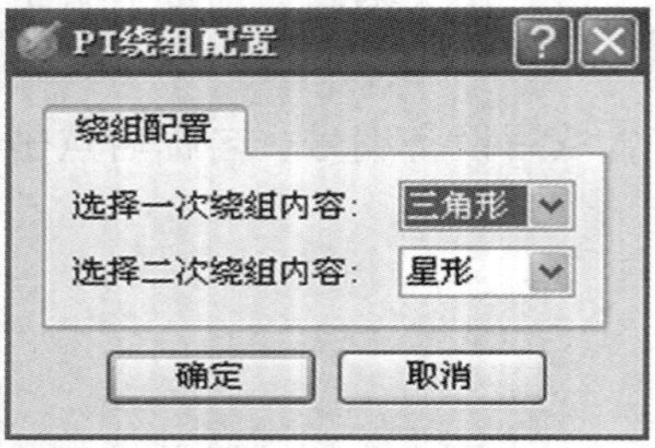


图 3-2-4-25　PT 绕组配置

电压等级、间隔(以上三项在数据库配置界面已添加)、设备类型，填写设备名称、设备编号，点击确定即完成两圈 PT 的绘制，默认绕组为星形；若要修改两圈 PT 的绕组类型，点击功能设置工具栏中的修改显示属性按钮，双击该图元弹出如图 3-2-4-25 所示对话框，依次修改每个绕组的类型，点击确定即完成修改。

(5)母线。

首先在工具栏中选中绘制母线按钮，将鼠标移动到绘制区域，在起始点长按左键拖动鼠标，在目的位置释放鼠标，弹出添加设备对话框，依次选择母线所在的变电站、电压等级、间隔(以上三项在数据库配置界面已添加)、设备类型，填写设备名称、设备编号，点击确定即完成母线的绘制；母线名称的修改参照限流电抗器。

(6)断路器。

首先在工具栏中选中绘制断路器按钮，将鼠标移动到绘制区域，在起始点长按左键拖动鼠标，在目的位置释放鼠标，弹出添加设备对话框，依次选择断路器所在的变电站、电压等级、间隔(以上三项在数据库配置界面已添加)、设备类型，填写设备名称、设备编号，点击确定即完成断路器的绘制；断路器名称的修改参照限流电抗器。

(7)普通隔离刀闸。

首先在工具栏中选中绘制普通隔离刀闸按钮，将鼠标移动到绘制区域，在起始点长按左键拖动鼠标，在目的位置释放鼠标，弹出添加设备对话框，依次选择普通隔离刀闸所在的变电站、电压等级、间隔(以上三项在数据库配置界面已添加)、设备类型，填写设备名称、设备编号，若要用作接地刀，则在"是否接地刀闸"打钩，点击确定即完成普通隔离刀闸的绘制；普通隔离刀闸名称的修改参照限流电抗器。

(8)菱形隔离刀闸。

首先在工具栏中选中绘制菱形隔离刀闸按钮，将鼠标移动到绘制区域，在起始点长按左键拖动鼠标，在目的位置释放鼠标，弹出添加设备对话框，依次选择菱形隔离刀闸所在的变电站、电压等级、间隔(以上三项在数据库配置界面已添加)、设备类型，填写设备名称、设备编号，若要用作接地刀，则在"是否接地刀闸"打钩，点击确定即完成菱形隔离刀闸的绘制；菱形隔离刀闸名称的修改参照限流电抗器。

(9)圆形隔离刀闸。

首先在工具栏中选中绘制圆形隔离刀闸按钮，将鼠标移动到绘制区域，在起始点长按左键拖动鼠标，在目的位置释放鼠标，弹出添加设备对话框，依次选择圆形隔离刀闸所在的变电站、电压等级、间隔(以上三项在数据库配置界面已添加)、设备类型，填写设备名称、设备编号，若要用作接地刀，则在"是否接地刀闸"打钩，点击确定即完成圆形隔离刀闸的绘制；圆形隔离刀闸名称的修改参照限流电抗器。

(10)单推车刀闸。

首先在工具栏中选中绘制单推车刀闸按钮，将鼠标移动到绘制区域，在起始点长按左键拖动鼠标，在目的位置释放鼠标，弹出添加设备对话框，依次选择单推车刀闸所在的变电站、电压等级、间隔(以上三项在数据库配置界面已添加)、设备类型，填写设备名称、设备编号，若要用作接地刀，则在“是否接地刀闸”打钩，点击确定即完成单推车刀闸的绘制；单推车刀闸名称的修改参照限流电抗器。

(11)双箭头刀闸。

首先在工具栏中选中绘制双箭头刀闸按钮，将鼠标移动到绘制区域，在起始点长按左键拖动鼠标，在目的位置释放鼠标，弹出添加设备对话框，依次选择双箭头刀闸所在的变电站、电压等级、间隔(以上三项在数据库配置界面已添加)、设备类型，填写设备名称、设备编号，点击确定即完成双箭头刀闸的绘制；双箭头刀闸名称的修改参照限流电抗器。

注意：双箭头刀闸上下连接时，不可将断路器的两个端子连接到双箭头刀闸的两个端子。

(12)双推车刀闸。

首先在工具栏中选中绘制双推车刀闸按钮，将鼠标移动到绘制区域，在起始点长按左键拖动鼠标，在目的位置释放鼠标，弹出添加设备对话框，依次选择双推车刀闸所在的变电站、电压等级、间隔(以上三项在数据库配置界面已添加)、设备类型，填写设备名称、设备编号，点击确定即完成双推车刀闸的绘制；双推车刀闸名称的修改参照限流电抗器。双推车刀闸之间可连接断路器。

(13)电容器。

首先在工具栏中选中绘制电容器按钮，将鼠标移动到绘制区域，在起始点长按左键拖动鼠标，在目的位置释放鼠标，弹出添加设备对话框，依次选择电容器所在的变电站、电压等级、间隔(以上三项在数据库配置界面已添加)、设备类型，填写设备名称、设备编号，点击确定即完成电容器的绘制；电容器名称的修改参照限流电抗器。

(14)等值电源。

首先在工具栏中选中绘制等值电源按钮，将鼠标移动到绘制区域，在起始点长按左键拖动鼠标，在目的位置释放鼠标，弹出添加设备对话框，依次选择等值电源所在的变电站、电压等级、间隔(以上三项在数据库配置界面已添加)、设备类型，填写设备名称、设备编号，点击确定即完成等值电源的绘制；等值电源名称的修改参照限流电抗器。

(15)等值负荷。

首先在工具栏中选中绘制等值负荷按钮，将鼠标移动到绘制区域，在起始点长按左键拖动鼠标，在目的位置释放鼠标，弹出添加设备对话框，依次选择等值负荷所在的变电站、电压等级、间隔(以上三项在数据库配置界面已添加)、设备类型，填写设备名称、设备编号，点击确定即完成等值负荷的绘制；等值负荷名称的修改参照限流电抗器。

(16)特殊设备。

首先在工具栏中选中绘制特殊设备按钮，将鼠标移动到绘制区域，在起始点长按左键拖动鼠标，在目的位置释放鼠标，弹出添加设备对话框，依次选择特殊设备所在的变电站、电压等级、间隔(以上三项在数据库配置界面已添加)、设备类型，填写设备名称、设备编号，点击确定即完成特殊设备的绘制；特殊设备名称的修改参照限流电抗器。

(17)三工位刀闸。

首先在工具栏中选中绘制三工位刀闸按钮，将鼠标移动到绘制区域，在起始点长按左键拖动鼠标，在目的位置释放鼠标，弹出添加设备对话框，依次选择特殊设备所在的变电站、电压等级、间隔(以上三项在数据库配置界面已添加)、设备类型，填写设备名称、设备编号，点击确定即完成三工位刀闸的绘制；三工位刀闸名称的修改参照限流电抗器。

(18)特殊设备－全站事故总。

首先在工具栏中选中绘制特殊设备－全站事故总按钮，将鼠标移动到绘制区域，在起始点长按左键拖动鼠标，在目的位置释放鼠标。点击“修改显示属性”工具，依次选择特殊设备所在的变电站、电压等级、间隔(以上三项在数据库配置界面已添加)、设备类型，填写设备名称、设备编号，点击确定即完成特殊设备的绘制；特殊设备名称的修改参照限流电抗器。

(19)小电流接地选线符。

首先在工具栏中选中绘制小电流接地选线符按钮，将鼠标移动到绘制区域，在起始点长按左键拖动鼠标，在目的位置释放鼠标。点击“量测信息”工具，在小电流接地选线符图元上双击，选择进线或出线的“小电流接地告警”离散量进行映射。

(20)消弧线圈。

首先在工具栏中选中绘制消弧线圈按钮，将鼠标移动到绘制区域，在起始点长按左键拖动鼠标，在目的位置释放鼠标。

(21)状态图元工具栏。

①功能硬压板出口硬压板。

首先在工具栏中选中绘制硬压板按钮，将鼠标移动到绘制区域，在起始点长按左键拖动鼠标，在目的位置释放鼠标，弹出添加设备对话框，依次选择硬压板所在的变电站、电压等级、间隔(以上三项在数据库配置界面已添加)、设备类型(选择硬压板)，填写设备名称、设备编号，点击确定即完成硬压板的绘制；硬压板名称的修改参照限流电抗器。

②光字牌。

从左往右依次为：光字牌1、光字牌2、光字牌3、圆形光字牌。区别为：光字牌1有边框，光字牌3不显示映射的量测名称、圆形光字牌不显示映射的量测名称。下面以光字牌1为例进行说明。

首先在工具栏中选中绘制光字牌1按钮，将鼠标移动到绘制区域，在起始点长按左键拖动鼠标，在目的位置释放鼠标，生成无文本的矩形框；接下来为光字牌添加量测信息，点击功能设置工具栏中的量测信息按钮，双击该光字牌弹出量测配置窗口，如图3－2－4－26所示。

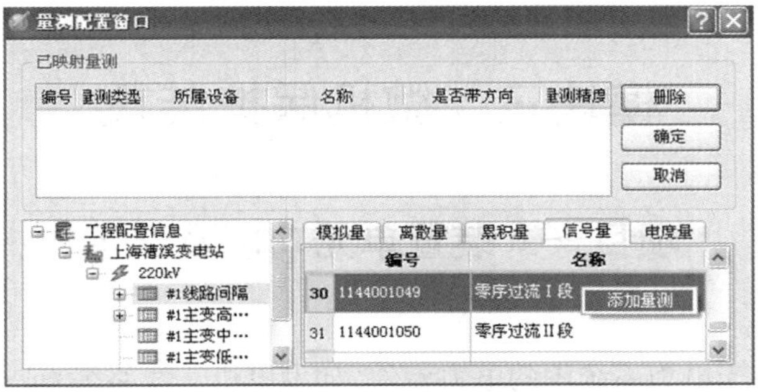


图 3－2－4－26　量测配置窗口

光字牌用来映射状态信息，如离散量、信号量。在图 3－2－4－26 的左下方树形节点中选择要映射的设备节点，右方显示该设备的具体信息，在“离散量”和“信号量”选项卡下选择要映射的状态量，右键选择“添加量测”，则该条记录添加到上方“已映射量测”表中，点击确定按钮，光字牌矩形框上显示添加的量测名称(图 3－2－4－27)。

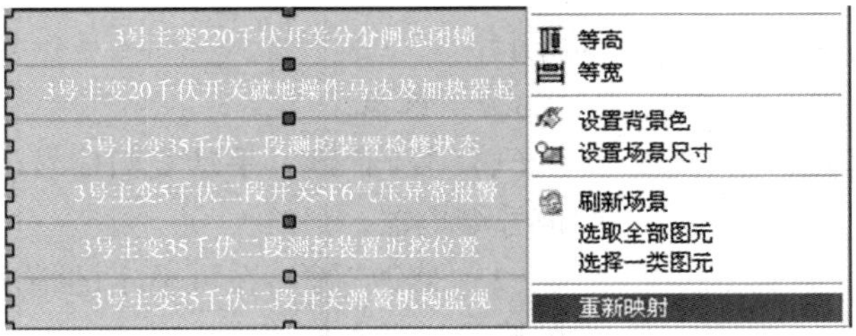


图 3－2－4－27　添加量测名称图

③通信状态图元  。

首先在工具栏中选中绘制双位置把手  按钮，将鼠标移动到绘制区域，在起始点长按左键拖动鼠标，在目的位置释放鼠标，生成通信状态图元；接下来为图元添加量测信息，点击功能设置工具栏中的量测信息按钮 ，双击该图元弹出量测配置窗口，找到要映射的量测，右键选择“添加量测”，点击确定按钮完成配置。

④二次设备工作状态图元  。

首先在工具栏中选中绘制二次设备工作状态  按钮，将鼠标移动到绘制区域，在起始点长按左键拖动鼠标，在目的位置释放鼠标，生成二次设备状态图元；接下来为图元添加量测信息，点击功能设置工具栏中的量测信息按钮 ，双击该图元弹出量测配置窗口，找到要映射的量测，右键选择“添加量测”。在“量测配置窗口”中依次将“正常”“异常”“故障”“检修”“失电”5 个信号拖拽至“已映射量测”窗口，完成映射后点击“确定”按钮。5 个信号触发的图元颜色分别为：绿色、黄色、红色、暗黄色、灰色。

**4　注意事项**

4.1　删除变压器时，要从最低层删除，即删除顺序为：分接头、绕组、变压器。

4.2　在数据库配置界面中，完成二次设备到变压器挡位的映射后，在人机界面中不能打开变压器调挡界面，原因是没有为变压器挡位映射量测信息。

# 模块三　微机保护装置

## 项目一　装置单元功能及显示

### 1　项目简介

微机保护装置，当电力系统中的电力元件(如发电机、线路等)或电力系统本身发生了故障危及电力系统安全运行时，能够向运行值班人员及时发出警告信号，或者直接向所控制的断路器发出跳闸命令以终止这些事件发展。该项目适用于从事继电保护工作人员了解保护装置的基本功能。

### 2　操作前准备

PSL690U 微机保护装置、记录本、铅笔。

### 3　操作步骤

3.1　装置面板如图 3－3－1－1 所示。

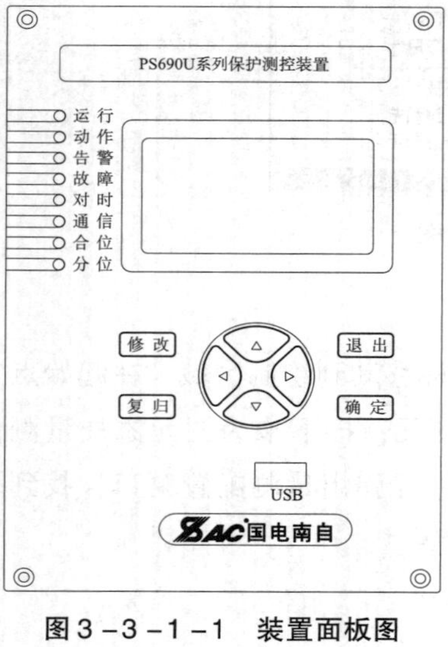


**图 3－3－1－1　装置面板图**

3.2　键盘。

(1)“复归”键：手动复归信号(指示灯、液晶)、复归信号继电器。

(2)“修改”键：在可整定的情况下，按下出现光标或可选项，进入修改态。

(3)“确定”键：确认当前修改或执行当前选择，或进入下一级菜单。

(4)“退出”键：退出某项菜单或窗口并返回其上一级菜单，或取消某项修改。

(5)“∧”键：光标上移一行或数值增加。

(6)“∨”键：光标下移一行或数值减少。

(7)“＜”键：光标左移一列或上翻一页。

(8)“＞”键：光标右移一列或下翻一页。

3.3　信号灯。

装置共有 8 个信号灯，分别是：运行、动作、告警、故障、对时、通信、分位及合位。

(1)运行(绿)：指示装置是否正常运行，运行时该灯处于闪烁状态。

(2)动作(红)：装置有保护跳闸元件动作时，该指示灯亮。

(3)告警(红)：装置发告警信号时，该指示灯亮。

(4)故障(红)：当装置有硬件故障或不正常时，该指示灯亮。

(5)对时(绿)：当装置有 GPS 对时脉冲时，该指示灯处于闪烁状态。

(6)通信(绿)：通信功能正常时，该指示灯闪烁。

(7)分位(绿)：当装置带有操作回路时，如开关在分位，该指示灯亮。

(8)合位(红)：当装置带有操作回路时，如开关在合位，该指示灯亮。

3.4　串行接口。

通过该串行接口可升级装置程序，并可通过该串行口对装置调试监视和读取保护故障录波数据。

3.5　USB 接口。

通过该 USB 接口外插 U 盘可升级装置程序，并可通过该接口导出动作录波信息。

3.6　自动关背光说明。

为延长装置液晶显示屏的使用寿命，装置使用了自动关背光功能。装置正常运行时，超过 5min 无键盘操作则会回到主画面屏，并关闭液晶背光；此状态下按任意键，可触发背光显示。

3.7　主画面显示说明。

在非菜单状态下，主要显示一次侧的测量值，若无测量值，则显示一次侧的保护值。

**4　操作要点**

4.1　掌握装置键盘各按键的功能。

4.2　熟悉不同信号灯含义。

**5　注意事项**

装置信号灯与现场设备运行状态不符合时，可初步判断有缺陷存在。

## 项目二　保护装置的操作

**1　项目简介**

本项目适用于变电站运行人员熟悉掌握调取故障信息、查看运行数据、切换定值区等工作，适用于检修人员掌握修改定值、设置相关参数等工作。

**2　操作前准备**

PS690U 微机保护装置、记录本、铅笔。

**3　操作步骤**

装置正常运行时，按“确定”键进入菜单界面，在主菜单中按“退出”键返回正常运行显示界面。装置菜单由主菜单和多级子菜单项构成。各级菜单操作权限有所不同，其中在进入子菜单【运行设置】中的【区号切换】【定值整定】【压板投退】【元件出口】【出口属性】进行参数修改时，要求口令验证，以防止意外修改装置的重要运行参数，造成装置运行异常或保护误动、拒动，装置默认密码为：1000。

3.1　查看运行工况。

(1)进入主菜单，选择子菜单项【运行工况】按“确定”键进入运行工况菜单界面，在运行工况中可查看保护值、测量值、电度值、遥信状态、运行区号、运行压板投退、调阅各区对应的定值。

(2)保护值显示的操作步骤如下：

①进入主菜单。

②在主菜单中选择【运行工况】子菜单项，按“确定”键进入运行工况菜单界面，然后将光标移至【保护值】子菜单项处。

③按“确定”键进入保护值显示窗口，如图 3－3－2－1 所示。

④在保护值显示窗口中，用“∧”键或“∨”键来滚动要显示的内容。

⑤按“退出”键逐级退回主菜单。

(3)测量值显示的操作步骤如下：

①进入主菜单。

②在主菜单中选择【运行工况】子菜单项，按“确定”键进入运行工况菜单界面，然后将光标移至【测量值】子菜单项处。

③按“确定”键进入测量值显示窗口，如图3－3－2－2所示。

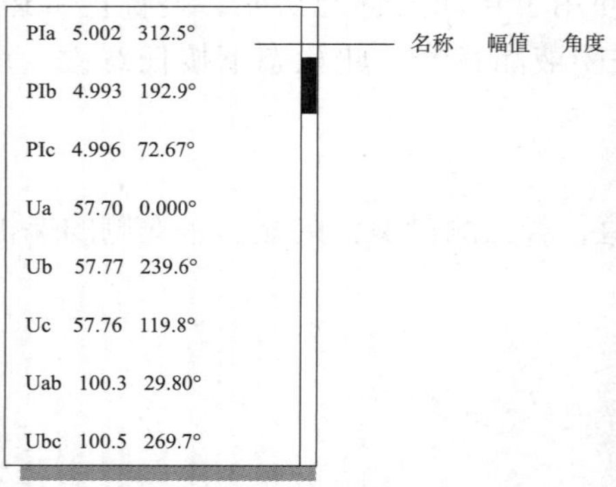


图3－3－2－1　保护值模拟量图

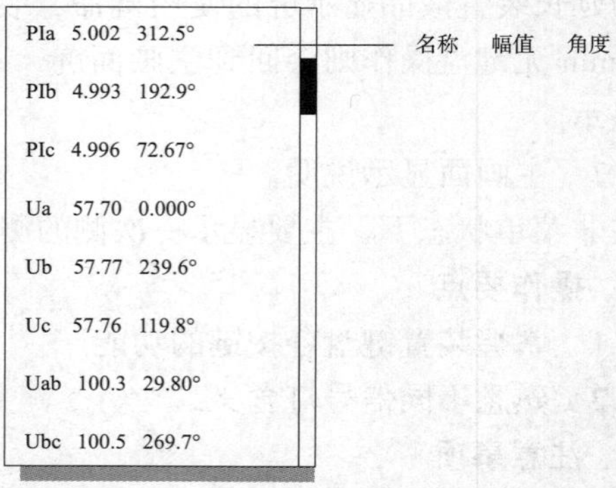


图3－3－2－2　测量值模拟量图

④在测量值显示窗口中，用“∧”键或“∨”键来滚动要显示的内容。

⑤按“退出”键逐级退回主菜单。

(4)遥信状态显示的操作步骤如下：

①进入主菜单。

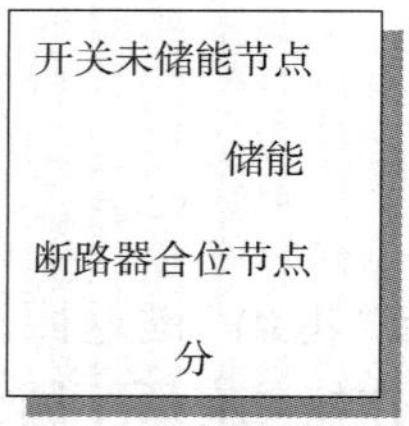


图3－3－2－3　测量值模拟量图

②在主菜单中选择【运行工况】子菜单项，按“确定”键进入运行工况菜单界面，然后将光标移至【遥信状态】子菜单项处。

③按“确定”键进入遥信状态显示窗口，如图3－3－2－3所示。

④在遥信状态显示窗口中，用“∧”键或“∨”键来滚动要显示的内容。

⑤按“退出”键逐级退回主菜单。

3.2　时间顺序记录查看(SOE)。

PS690U系列数字式保护装置中可记录多达1000条最近发生的事件，事件采用循环式指针记录方式存储在保护模件的RAM中，该系列事件可通过通信上传到监控后台保存，在装置掉电后下次重启时不可见。顺序事件查看的操作步骤如下：

①进入主菜单。

②在主菜单中选择【报告管理】子菜单项，按“确定”键进入报告管理菜单界面，然后将光标移至【顺序事件】子菜单项处。

③按“确定”键进入时间顺序事件显示窗口，如图3－3－2－4所示。

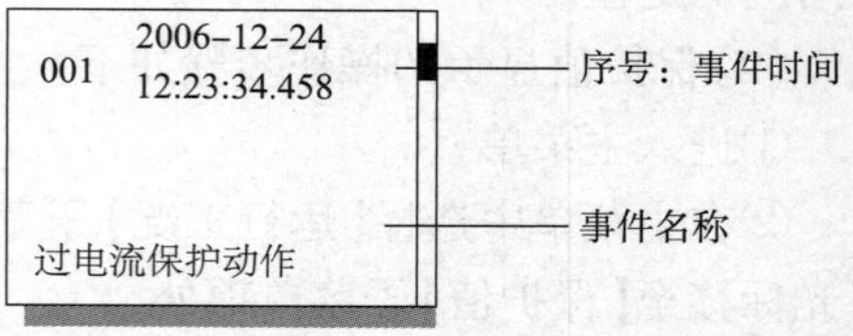


图3－3－2－4　SOE显示示意图

④在顺序事件显示窗口中，用“∧”键或“∨”键来滚动要显示的内容。

⑤按“退出”键逐级退回主菜单。

3.3 动作报告。

PS690U 系列数字式保护装置中可记录最近 9 次系统故障时保护动作所产生的事件报告，报告中的事件显示用相对时间标识。动作报告查看的操作步骤如下：

①进入主菜单。

②在主菜单中选择【报告管理】子菜单项，按“确定”键进入报告管理菜单界面，然后将光标移至【动作报告】子菜单项处。

③按“确定”键进入动作报告列表显示窗口，显示出系统故障录波的保护元件动作绝对时间同时显示本次动作的故障序号，其中故障序号用以识别和继电保护功能有关的一个事件，每次保护动作元件启动时故障序号加 1，该值不用复位或预置。如图 3－3－2－5 所示。

④在动作报告列表显示窗口中，用“∧”键或“∨”键来滚动要显示的内容。

⑤按“确定”键进入本次报告的顺序事件显示窗口，如图 3－3－2－6 所示。

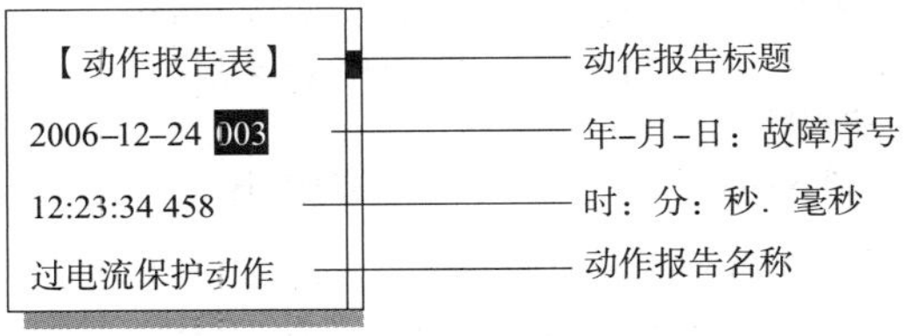


图 3－3－2－5 动作报告示意图

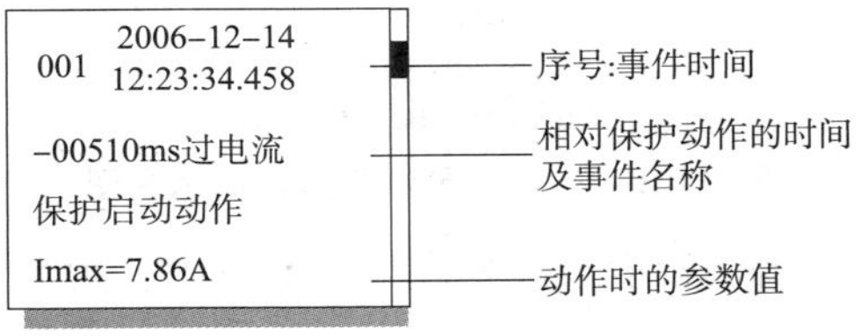


图 3－3－2－6 顺序报告示意图

⑥按“退出”键逐级退回主菜单。

3.4 录波查看。

(1) PS690U 系列数字式保护装置可记录 9 条故障录波和 2 条电机启动录波。故障录波分采样点和幅值录波，录波最长时间为 1.9s，其中采样点录波间隔为 1ms，幅值录波间隔为 5ms；启动录波为电机启动时的幅值录波，记录电机启动前 1s，启动后 29s，共 30s 的启动幅值，其录波间隔为 100ms。

(2) 录波采用多段记录方式，录波段分启动段、第一次跳闸段及第二次跳闸段。录波规则具体如下：

①启动前 0.3s，启动后 0.2s。第一次跳闸前 0.5s，第一次跳闸后 0.2s。第二次跳闸前 0.5s，第二次跳闸后 0.2s。例如：PSL691U 线路保护过流动作过程：启动（任一相超过过流定值），第一次跳闸（过流动作），第二次跳闸（重合闸动作）。第一次跳闸和第二次跳闸至少 0.2s，否则不启动第二次跳闸录波，若 3.0s 后无第二次跳闸，则录第一次跳闸前 1.2s，第一次跳闸后 0.2s。采样点录波最长 1.9s，每周波 20 个点。幅值录波最多 380 点，每 5ms 一个点。

②若录波为一段，说明所有的录波点是连续的，即启动段和第一次跳闸段有重合部分，无第二次跳闸段。

③若录波为二段，说明录波点有一个不连续处，有两种情况：

a) 无第二次跳闸段，启动段与第一次跳闸段独立。

b) 有第二次跳闸段，启动段与第一次跳闸段不独立。

④若录波为三段，说明录波点有两个不连续处，启动段、第一次跳闸段、第二次跳闸

段相互独立。

(3)查看幅值录波操作步骤如下：

①进入主菜单。

②在主菜单中选择【报告管理】子菜单项，按“确定”键进入报告管理菜单界面，然后将光标移至【故障录波】子菜单项处。

③按“确定”键进入故障录波类型选择显示界面。将光标移至【幅值录波】子菜单项处，录波类型选择示意图如图3－3－2－7所示。

④按“确定”键进入幅值录波列表显示窗口，若有录波则列表窗口显示出系统故障录波的保护元件动作绝对时间，同时显示本次动作的故障序号。其中故障序号用以识别和继电保护功能有关的一个事件，每次保护动作元件启动时故障序号加1，该值不用复位或预置，否则提示无录波，录波表示意幅值图如图3－3－2－8所示。

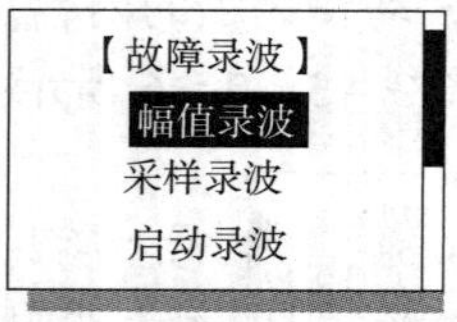


图3－3－2－7　录波类型选择示意图

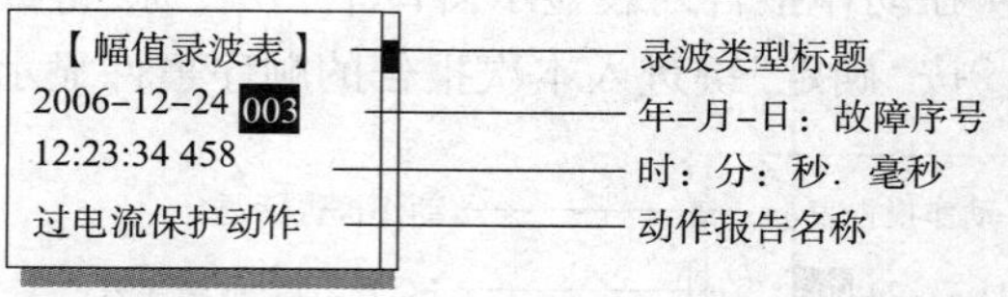


图3－3－2－8　录波表示意幅值图

⑤在幅值录波列表显示窗口中，用“∧”键或“∨”键来滚动要显示的录波。

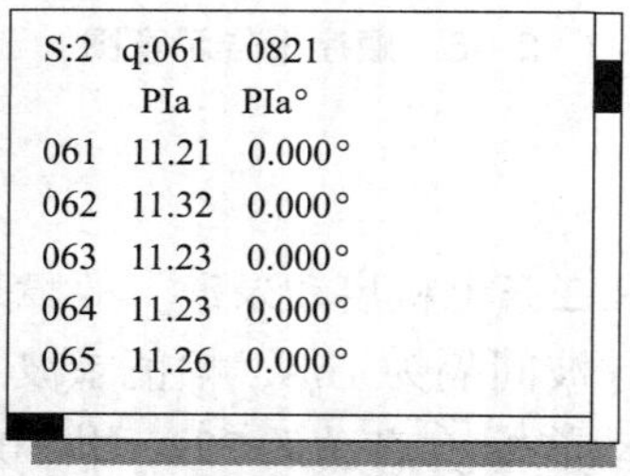


图3－3－2－9　幅值录波显示示意图

⑥按“确定”键进入本次录波记录的显示窗口。第一次进入录波值界面时录波值的显示定位在保护元件启动点处，幅值录波显示示意图如图3－3－2－9所示。

⑦按“退出”键逐级退回主菜单。

(4)以上步骤执行过程中，请注意以下几点：

①在第(3)步中，可选择进入幅值录波或采样录波或启动录波。

②在第(3)步中，在录波记录窗口中，按“∧”、“∨”键来选择要显示的录波记录。按“<”“>”键来选择要显示录波的不同相别或角度。按组合键“确定”和“∨”键可切换至第一次跳闸点处；按组合键“确定”和“∧”键可切换至启动点处。

③画面显示为各模拟量的值。如“PIa”为A相保护电流的幅值，“PIa°”为A相保护电流的角度。

④由于录波点太多，查看较烦琐，推荐在上位机通过录波分析软件来查看，画出波形图，比较直观，方便分析。

3.5　区号切换。

(1)PS690U系列数字式保护装置最多含4套定值，用户可根据不同的运行方式选择不同的定值区。区号切换的操作步骤如下：

①进入主菜单。

②在主菜单中选择【运行设置】子菜单项，按“确定”键进入运行设置菜单界面，然后将光标移至【区号切换】子菜单项处。

③按“确定”键进入区号切换窗口，区号切换示意图如图3－3－2－10所示。

④在区号切换窗口中输入合法的目标定值区的区号。用“<”键或“>”键移动光标的位置，并用“∧”键或“∨”键来增减区号值。

⑤按“确定”键进行区号切换，装置显示密码输入窗口；若按“退出”键则返回第②步，密码验证示意图如图3－3－2－11所示。

⑥在密码窗口中输入密码“1000”，“<”键或“>”键可以用来移动多位数字的输入位置，“∧”键或“∨”键输入密码。

⑦按“确定”键固化区号，装置显示固化区号消息窗口；若按“退出”键则放弃区号切换并返回第②步，固化过程示意图如图3－3－2－12所示。

图3－3－2－10　区号切换示意图

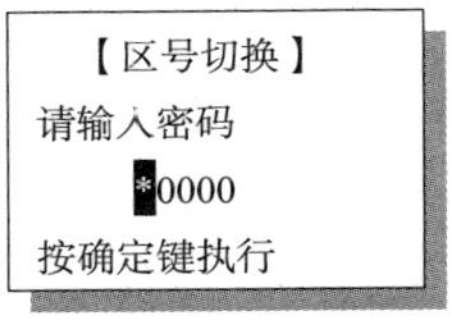


图3－3－2－11　密码验证示意图

图3－3－2－12　固化过程示意图

⑧按“确定”或“退出”键退出消息窗口，并返回至第②步。

⑨按“退出”键逐级退回主菜单。

(2)以上步骤执行过程中，请注意以下几点：

①在第(1)步中，若区号不正确，则弹出非法区号消息窗口，操作跳至第⑧步。

②在第(1)步中，若输入密码错误，液晶显示屏上会提示密码错误，需重新输入正确密码。重复执行第⑥步，输入密码后继续执行固化命令。

③在输入正确的密码并按“确定”键之前，区号不会固化到保护模件中，按“退出”键可以逐级退回主菜单并放弃所做的修改。同样，若在这之前，停止键盘操作5min也会自动放弃区号切换而退回正常显示画面。

3.6　定值整定。

(1)在PS690U系列数字式保护装置中，“定值整定”的概念即输入、修改整定值。在定值整定中，定值显示分浏览和修改两种状态。在浏览态下，通过按“修改”键可切换至修改态；在修改态下按“确定”或“退出”键可返回浏览态。定值整定的操作步骤如下：

①进入主菜单。

②在主菜单中选择【运行设置】子菜单项，按“确定”键进入运行设置菜单界面，然后将光标移至【定值整定】子菜单项处。

③按“确定”键进入定值整定窗口，定值整定浏览态示意图如图3－3－2－13所示，定值整定修改态示意图如图3－3－2－14所示。

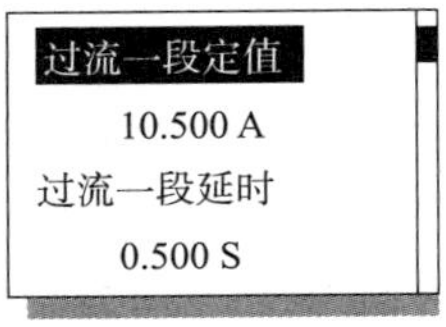


图3－3－2－13　固化过程示意图

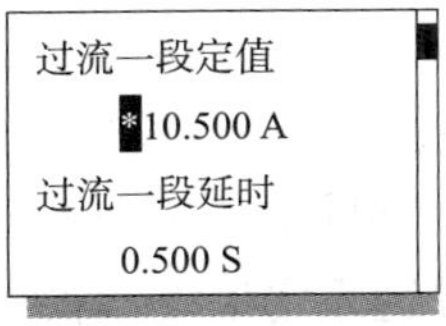


图3－3－2－14　固化过程示意图

④在浏览态下，用“∧”键或“∨”键来滚动要选择修改的定值项，若选中的定值项需要修改，则按“修改”键将需要修改的定值项切换至修改态。在修改态下，用“ < ”键或“ > ”键来改变光标的位置，并用“∧”键或“∨”键来增减阿拉伯数字，修改完毕后，按“确定”键保存当前定值项的修改，并返回浏览态；若按“退出”键取消当前定值项的修改，并返回浏览态。

⑤重复执行第④步的操作，直至修改定值完毕。

⑥在定值浏览态下，按“退出”键退出定值整定窗口并弹出密码验证窗口，如图3－3－2－15所示。

⑦在密码窗口中输入密码“1000”，“ < ”键或“ > ”键可以用来移动多位数字的输入位置，“∧”键或“∨”键输入密码。

⑧按“确定”键固化定值，装置显示固化定值消息窗口；若按“退出”键则放弃定值整定并返回第②步，固化示意图如图3－3－2－16所示。

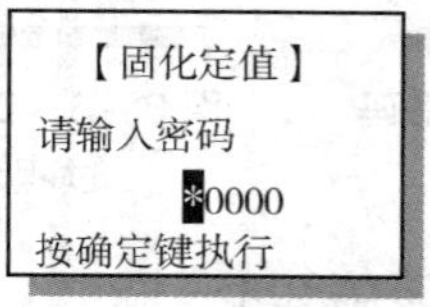


图3－3－2－15　密码验证窗口

图3－3－2－16　固化示意图

⑨按“确定”或“退出”键退出消息窗口，并返回至第②步。

⑩按“退出”键逐级退回主菜单。

(2)以上步骤执行过程中，请注意以下几点：

①在定值操作的第④步中，修改态下，修改定值完毕后，按“确定”键则保存本次定值项的修改，按“退出”键则取消本次定值项的修改。

②在定值操作的第⑥步中，若定值无更改，则弹出无更改消息窗口，操作跳至第⑨步。

③在定值操作的第⑦步中，若输入密码错误，液晶显示器上会提示密码错误，需重新输入正确密码。重复执行第⑦步，输入密码后继续执行固化命令。

④在输入正确的密码并按“确定”键之前，定值不会固化到保护模件中，按“退出”键可以逐级退回主菜单并放弃所做的修改。同样，若在这之前，停止键盘操作5min也会自动放弃定值修改而退回正常显示画面。

3.7　定值复制。

(1)PS690U系列数字式保护装置可以将保存在保护模件中的当前运行定值区的整个定值全部复制到另一个定值区中，当运行的两套定值相差不大时，可以先将已输入的定值复制到另一个需要整定的定值区，然后再进行修改，这样可以很方便地输入多套适用于不同运行方式的整定值。定值复制的操作步骤如下：

①进入主菜单。

②在主菜单中选择【运行设置】子菜单项，按“确定”键进入运行设置菜单界面，然后将光标移至【定值复制】子菜单项处。

③按“确定”键进入定值复制窗口，定值复制示意图如图3－3－2－17所示。

④在定值复制窗口中输入合法的目标复制定值区的区号。用“ < ”键或“ > ”键移动光

标的位置，并用“∧”键或“∨”键来增减区号值。

⑤按“确定”键进行定值复制，装置显示密码输入窗口；若按“退出”键则返回第②步，密码验证示意图如图3-3-2-18所示。

⑥在密码窗口中输入密码“1000”，“<”键或“>”键可以用来移动多位数字的输入位置，“∧”键或“∨”键输入密码。

⑦按“确定”键进行定值复制，装置显示固化复制定值消息窗口；若按“退出”键则放弃定值复制并返回第②步，固化过程示意图如图3-3-2-19所示。

图3-3-2-17 定值复制示意图

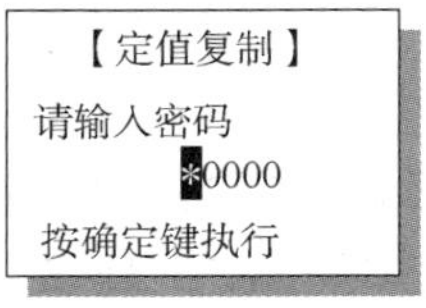


图3-3-2-18 密码验证示意图

图3-3-2-19 固化过程示意图

⑧按“确定”或“退出”键退出消息窗口，并返回至第②步。

⑨按“退出”键逐级退回主菜单。

(2)以上步骤执行过程中，请注意以下几点：

①在定值复制操作步骤第③步中，左边是源区号，右边是待复制的目标区号。

②在定值复制操作步骤第⑤步中，若区号不正确，则弹出非法区号消息窗口，操作跳至第⑧步。

③在定值复制操作步骤第⑥步中，若输入密码错误，液晶显示屏上会提示密码错误，需重新输入正确密码。重复执行第⑥步，输入密码后继续执行固化命令。

④在输入正确的密码并按“确定”键之前，定值不会复制操作并固化到保护模件中，按“退出”键可以逐级退回主菜单并放弃复制。同样，若在这之前，停止键盘操作5min也会自动放弃定值复制而退回正常显示画面。

3.8 压板投退。

(1)在PS690U系列数字式保护装置中，“压板投退”的概念即输入、修改整定值。在压板投退中，压板显示分浏览和修改两种状态。在浏览态下，通过按“修改”键可切换至修改态；在修改态下按“确定”或“退出”键可返回浏览态。压板投退的操作步骤如下：

①进入主菜单。

②在主菜单中选择【运行设置】子菜单项，按“确定”键进入运行设置菜单界面，然后将光标移至【压板投退】子菜单项处。

③按“确定”键进入压板投退窗口，压板投退浏览态示意图和压板投退修改态示意图如图3-3-2-20、图3-3-2-21所示。

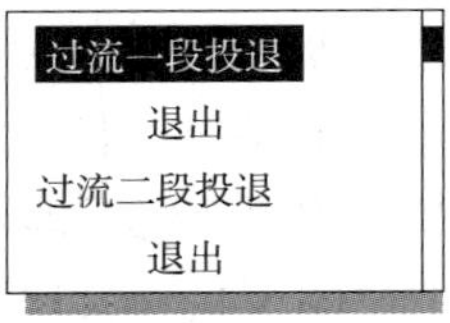


图3-3-2-20 压板投退浏览态示意图

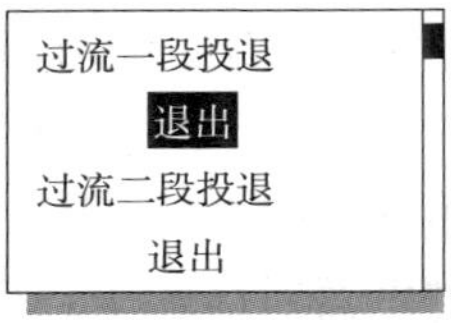


图3-3-2-21 压板投退修改态示意图

④在浏览态下，用“∧”键或“∨”键来滚动要选择修改的压板项，若选中的压板项需要修改，则按“修改”键将需要修改的压板项切换至修改态。在修改态下，用“∧”键或“∨”键来改变要设定的压板值，修改完毕后，按“确定”键保存当前压板项的修改，并返回浏览态；若按“退出”键取消当前压板项的修改，并返回浏览态。

⑤重复执行第④步的操作，直至修改完毕压板。

⑥在压板浏览态下，按“退出”键退出压板投退窗口并弹出密码验证窗口，密码验证示意图如图 3－3－2－22 所示。

⑦在密码窗口中输入密码“1000”，“＜”键或“＞”键可以用来移动多位数字的输入位置，“∧”键或“∨”键输入密码。

⑧按“确定”键固化软压板，装置显示固化软压板消息窗口；若按“退出”键则放弃压板投退并返回第②步。固化过程示意图如图 3－3－2－23 所示。

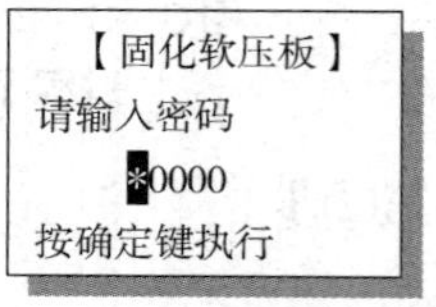


图 3－3－2－22　密码验证示意图

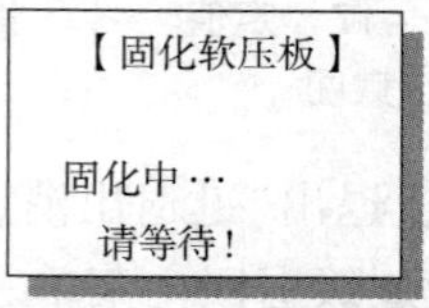


图 3－3－2－23　固化过程示意图

⑨按“确定”或“退出”键退出消息窗口，并返回至第②步。

⑩按“退出”键逐级退回主菜单。

(2)以上步骤执行过程中，请注意以下几点：

①在压板投退操作的第④步中，修改态下，修改压板项完毕后，按“确定”键则保存本次的压板项的修改，按“退出”键则取消本次的压板项的修改。

②在压板投退操作的第⑥步中，若压板无更改，则弹出无更改消息窗口，操作跳至第⑨步。

③在压板投退操作的第⑦步中，若输入密码错误，液晶显示屏上会提示密码错误，需重新输入正确密码。重复执行第⑦步，输入密码后继续执行固化命令。

④在输入正确的密码并按“确定”键之前，压板不会固化到保护模件中，按“退出”键可以逐级退回主菜单并放弃所做的修改。同样，若在这之前，停止键盘操作 5min 也会自动放弃压板修改而退回正常显示画面。

3.9　元件出口整定。

(1)本装置各保护元件跳闸方式采用整定方式，即哪个保护元件动作时跳闸开关可以按需自由整定。

(2)一个保护元件由若干个出口整定项组成，其中保护元件出口整定项含出口继电器对应端子和信号灯，单个保护元件中的出口整定项的投退由一个控制字完成，所有保护元件对应的控制字组合以跳闸矩阵的方式设定。使用中，一个保护元件控制字占用一个存储单元(32－bit)，“1”为启动，“0”为不启动；当某一保护元件的某一时限投入特定的功能时，将其相应位置“1”或“启动”，不用时，则将此单元置“0”或“不启动”即可。

(3)出口继电器对应端子：出口 1(4×1，4×13)、出口 2(4×1，4×14)、出口 3(4×22，4×23)、出口 4(4×22，4×24)，等。

(4)信号灯：动作灯、告警灯。

(5)跳闸矩阵如表 3 –3 –2 –1 所示：

表 3 –3 –2 –1　跳闸矩阵

| 出口<br>元件 | 4×1，4×13 | 4×1，4×14 | 4×22，4×23 | 4×22，4×24 | 动作灯 | 告警灯 |
| --- | --- | --- | --- | --- | --- | --- |
| 过流Ⅰ段 | 不启动 | 启　动 | 不启动 | 不启动 | 启　动 | 不启动 |
| 过流Ⅱ段 | 不启动 | 启　动 | 不启动 | 不启动 | 启　动 | 不启动 |
| 过流Ⅲ段 | 不启动 | 不启动 | 启　动 | 不启动 | 启　动 | 不启动 |
| 过负荷 | 不启动 | 不启动 | 不启动 | 启　动 | 不启动 | 启　动 |
| TV 断线 | 不启动 | 不启动 | 不启动 | 启　动 | 不启动 | 启　动 |
| 操作回路断线 | 不启动 | 不启动 | 不启动 | 启　动 | 不启动 | 启　动 |

(6)整定方法：在保护元件与要动作的出口继电器对应端子和信号灯的空格处选“启动”，其他空格选“不启动”，则可得到跳闸方式。如此上述跳闸矩阵表对应的二进制位串为：

①过流Ⅰ段　　010010

②过流Ⅱ段　　010010

③过流Ⅲ段　　001010

④过负荷　　000101

⑤TV 断线　　000101

⑥操作回路断线　　000101

(7)在 PS690U 系列数字式保护装置中，每个元件出口按十六进制的格式存储，为使整定直观、方便，整定时切至按位整定模式。在元件出口按位整定模式中，保护元件出口位显示分浏览和修改两种状态。在浏览态下，通过按“修改”键可切换至修改态；在修改态下按“确定”或“退出”键可返回浏览态。元件出口整定的操作步骤如下：

①进入主菜单。

②在主菜单中选择【运行设置】子菜单项，按“确定”键进入运行设置菜单界面，然后将光标移至【跳闸矩阵】子菜单项处，按“确定”键进入跳闸矩阵菜单界面，接着将光标移至【元件出口】子菜单项处。

③按“确定”键进入元件出口整定窗口，元件出口选择示意图如图 3 –3 –2 –24 所示。

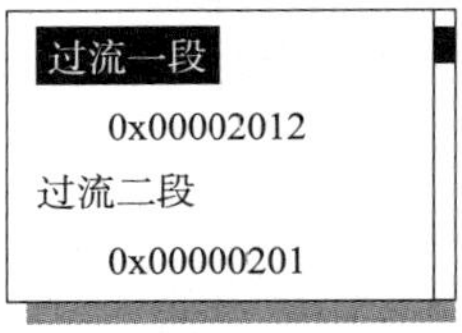


图 3 –3 –2 –24　元件出口选择示意图

④用“∧”键或“∨”键来滚动保护元件，将光标移至要修改的保护元件项。

⑤按“确定”键进入元件出口按位整定模式窗口，元件出口位浏览态示意图、元件出口

位修改态示意图如图 3－3－2－25、图 3－3－2－26 所示。

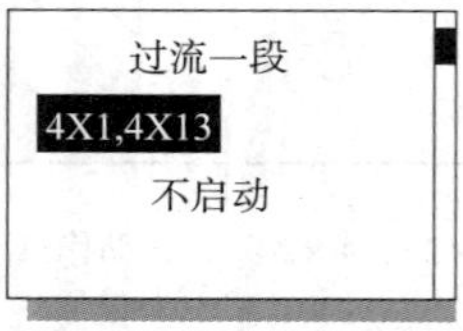


图 3－3－2－25　元件出口位浏览态示意图

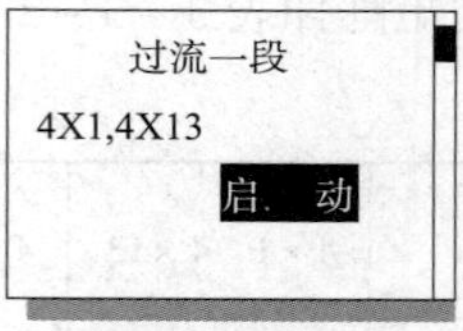


图 3－3－2－26　元件出口位修改态示意图

⑥在元件出口位模式的浏览态下，用“∧”键或“∨”键来滚动要选择修改的元件出口位，若选中的元件出口位项需要修改，则按“修改”键将需要修改的元件出口位项切换至修改态。在修改态下，用“∧”键或“∨”键来改变要设定的元件出口位值，修改完毕后，按“确定”键保存当前元件出口位项的修改，并返回浏览态；若按“退出”键取消当前元件出口位项的修改，并返回浏览态。

⑦重复执行第⑥步的操作，直至元件出口位修改完毕。

⑧在元件出口位浏览态下，按“退出”键退出元件出口位整定窗口，并返回第③步。

⑨重复执行第③至第⑧步的操作。

⑩所有保护元件出口修改完毕后，按“退出”键退出元件出口整定窗口并弹出密码验证窗口，密码验证示意图如图 3－3－2－27 所示。

⑪在密码窗口中输入密码“1000”，“＜”键或“＞”键可以用来移动多位数字的输入位置，“∧”键或“∨”键输入密码。

⑫按“确定”键固化保护元件出口，装置显示固化元件出口消息窗口；若按“退出”键则放弃保护元件出口整定并返回第②步，固化过程示意图如图 3－3－2－28 所示。

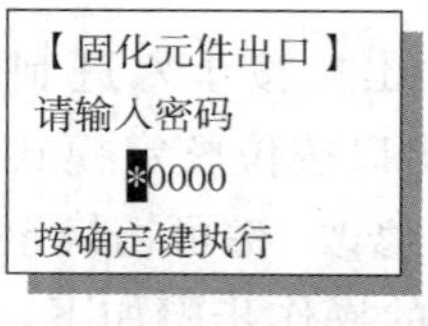


图 3－3－2－27　密码验证示意图

图 3－3－2－28　固化过程示意图

⑬按“确定”或“退出”键退出消息窗口，并返回至第②步。

⑭按“退出”键逐级退回主菜单。

(8) 以上步骤执行过程中，请注意以下几点：

①在元件出口整定操作的第⑥步中，修改态下，元件出口位修改完毕后，按“确定”键则保存本次元件出口位项的修改，按“退出”键则取消本次元件出口位项的修改。

②在元件出口整定操作的第⑩步中，若元件出口无更改，则弹出无更改消息窗口，操作跳至第⑬步。

③在元件出口整定操作的第⑪步中，若输入密码错误，液晶显示屏上会提示密码错误，需重新输入正确密码。重复执行第⑪步，输入密码后继续执行固化命令。

④在输入正确的密码并按“确定”键之前，元件出口矩阵不会固化到保护模件中，按“退出”键可以逐级退回主菜单并放弃所做的修改。同样，若在这之前，停止键盘操作 5min 也会自动放弃元件出口整定而退回正常显示画面。

3.10　出口属性整定。

(1)在 PS690U 系列数字式保护装置中，保护出口可定义，同时出口的动作属性也可定义，即出口是跳闸还是发信可定义。在出口属性整定中，出口属性显示分浏览和修改两种状态。在浏览态下，通过按“修改”键可切换至修改态；在修改态下按“确定”或“退出”键可返回浏览态。出口属性整定的操作步骤如下：

①进入主菜单。

②在主菜单中选择【运行设置】子菜单项，按“确定”键进入运行设置菜单界面，然后将光标移至【跳闸矩阵】子菜单项处，按“确定”键进入跳闸矩阵菜单界面，接着将光标移至【出口属性】子菜单项处。

③按“确定”键进入出口属性整定窗口，出口属性整定浏览态示意图、出口属性整定修改态示意图如图 3－3－2－29、图 3－3－2－30 所示。

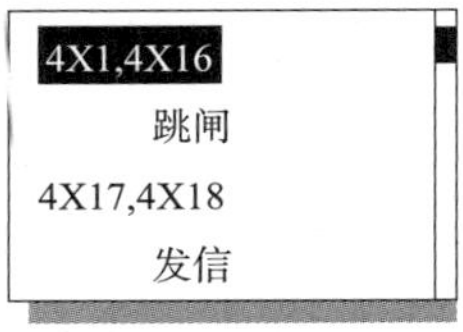


图 3－3－2－29　出口属性整定浏览态示意图

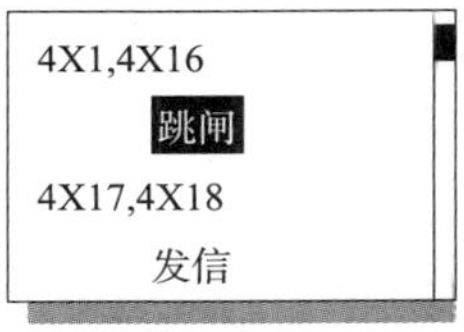


图 3－3－2－30　出口属性整定修改态示意图

④在浏览态下，用“∧”键或“∨”键来滚动要选择修改的出口属性项，若选中的出口属性项需要修改，则按“修改”键将需要修改的出口属性项切换至修改态。在修改态下，用“∧”键或“∨”键来改变要设定的出口属性值，修改完毕后，按“确定”键保存当前出口属性项的修改，并返回浏览态；若按“退出”键取消当前出口属性项的修改，并返回浏览态。

⑤重复执行第④步的操作，直至出口属性修改完毕。

⑥在出口属性浏览态下，按“退出”键退出出口属性整定窗口并弹出密码验证窗口，密码验证示意图如图 3－3－2－31 所示。

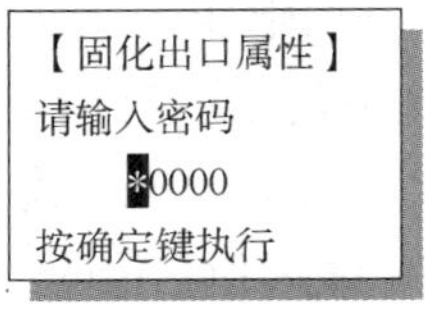


图 3－3－2－31　密码验证示意图

⑦在密码窗口中输入密码“1000”，“<”键或“>”键可以用来移动多位数字的输入位置，“∧”键或“∨”键输入密码。

⑧按“确定”键固化出口属性，装置显示固化出口属性消息窗口；若按“退出”键则放弃出口属性整定并返回第②步。

⑨按“确定”或“退出”键退出消息窗口，并返回至第②步。

⑩按“退出”键逐级退回主菜单。

(2)以上步骤执行过程中，请注意以下几点：

①在出口整定操作的第④步中，修改态下，出口属性修改完毕后，按“确定”键则保存本次出口属性项的修改，按“退出”键则取消本次出口属性项的修改。

②在出口整定操作的第⑥步中，若出口属性无更改，则弹出无更改消息窗口，操作跳至第⑨步。

③在出口整定操作的第⑦步中，若输入密码错误，液晶显示屏上会提示密码错误，需重新输入正确密码。重复执行第⑦步，输入密码后继续执行固化命令。

④在输入正确的密码并按“确定”键之前，出口属性不会固化到保护模件中，按“退

出”键可以逐级退回主菜单并放弃所做的修改。同样，若在这之前，停止键盘操作 5min 也会自动放弃出口属性整定而退回正常显示画面。

3.11　装置参数整定。

(1)装置参数含设置 CT、PT 变比、GPS 对时、开入量去抖时间、4～20ms 对应最大值、电度脉冲宽度、零序量程及打印服务器 IP 等参数，装置参数表如表 3－3－2－2 所示。

表 3－3－2－2　装置参数表

| 序号 | 装置参数名称 | 功能说明 |
| --- | --- | --- |
| 1 | 一次电压 | 一次侧额定线电压，单位 kV |
| 2 | 二次电压 | 二次侧额定线电压，单位 V；选项含 100V 或 380V |
| 3 | 一次电流 | 一次侧额定电流，单位 A |
| 4 | 二次电流 | 二次侧额定电流，单位 A；选项含 5A 或 1A |
| 5 | GPS 对时 | 设置装置硬对时方式 |
| 6 | 开入去抖 | 开入量去抖动的时间，单位 ms |
| 7 | 4～20mA 最大值 | 设置装置输出的直流模拟量类型，如电流、电压、功率 |
| 8 | 电度脉冲宽度 | 设置每千分之一度电导通的时间，单位 s |
| 9 | 零序量程 | 设置零序电流的最大量程 |
| 10 | 语言设置 | 设置界面显示的语言体 |
| 11 | 打印服务器 IP | 通过 IP 地址指定打印内容输出至那台打印服务器 |

(2)一次电压、一次电流若整定不正确，会影响主画面一次侧值的正确显示；二次电压、二次电流出厂时设定，若更改，需更换交流插件和重新调整通道系数。

(3)装置 4～20ms 输出接口可自定义测量电流、电压或功率，不同的测量类型设定的“4～20ms 最大值”不同。若输出 A 相测量电流时，整定范围为(0，10]；输出电压时，整定范围为(10，200]；输出功率时，整定范围为(200，100000]。

(4)电度脉冲宽度为每千分之一度电(3×4，3×5)导通的时间。

(5)零序量程为出厂调试时设定且与装置的硬件有关，用户不要更改。

(6)装置打印可指定某个服务器或任意打印服务器打印，若打印服务 IP 设置全零，即 000.000.000.000 时，装置打印信息会输出到网络上的任意打印服务器，而当设定 IP 地址时，则将打印信息输出至指定的服务器。

3.12　通信参数设置。

(1)进入主菜单，选择子菜单项【装置设置】按“确定”键进入装置菜单界面，然后选择【通信设置】按“确定”键进入通信设置界面。在通信设置界面选择【串口设置】时，可设置装置中的两个 RS485 串行口参数，其中第一个 RS485 串行口对应【串口 1 设置】菜单选项，而第二个 RS485 串行口对应【串口 2 设置】菜单选项；选择【网络设置】时，可设置装置的以太网参数。

(2)通信参数设置显示分浏览和修改两种状态，在浏览态下，通过按“修改”键可切换至修改态，在修改态下按“确定”或“退出”键可返回浏览态。

(3)浏览态下用“∧”“∨”来滚动要选择修改的通信参数子项。

(4)修改态下用“<”“>”键来改变光标的位置，用“∧”“∨”键来改变通信参数值，修改完毕后，按“确定”键保存当前通信参数项的修改；按“退出”键取消当前通信参数项的修改。

(5)通信参数修改完毕后，在浏览态下，按“退出”键退出通信参数设置界面并弹出密码验证窗口，进入密码验证窗口后，输入正确密码，然后按“确定”键固化通信参数，若放弃固化通信参数则按“退出”键。

3.13　通道系数校准。

(1)进入主菜单，选择子菜单项【出厂设置】按“确定”键进入出厂设置菜单界面，然后选择【通道校准】按“确定”键进入通道系数校准显示界面。

(2)通道系数校准显示分浏览和修改两种状态，在浏览态下，通过按“修改”键可切换至修改态，在修改态下按“确定”或“退出”键可返回浏览态。

(3)浏览态下用“∧”“∨”来滚动要选择修改的通道系数项。

(4)修改态下用“<”“>”键来改变光标的位置，用“∧”“∨”键来增减阿拉伯数字，修改完毕后，按“确定”键保存当前通道系数项的修改；按“退出”键取消当前通道系数项的修改。

(5)通道系数修改完毕后，在浏览态下，按“退出”键退出通道系数校准界面并弹出密码验证窗口，进入密码验证窗口后，输入正确密码，然后按“确定”键固化通道系数，若放弃固化通道系数则按“退出”键。

3.14　时间设置。

在时间设置中，时间显示分浏览和修改两种状态。在浏览态下，通过按“修改”键可切换至修改态；在修改态下按“确定”或“退出”键可返回浏览态。时间设置的操作步骤如下：

(1)进入主菜单。

(2)在主菜单中选择【出厂设置】子菜单项，按“确定”键进入出厂设置菜单界面，然后将光标移至【时间设置】子菜单项处。

(3)按“确定”键进入时间设置窗口，当前时间示意图如图3-3-2-32所示。

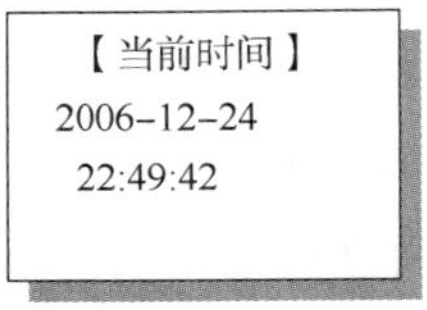


图3-3-2-32　当前时间示意图

(4)在浏览态下，按“修改”键进入时间设置状态。在修改态下，用“<”键或“>”键移动光标的位置，并用“∧”键或“∨”键来增减时间值；在前导符“*”处，按“∧”键或“∨”键可在日期设置和时间设置间进行切换，日期设置示意图、时间设置示意图如图3-3-2-33、图3-3-2-34所示。

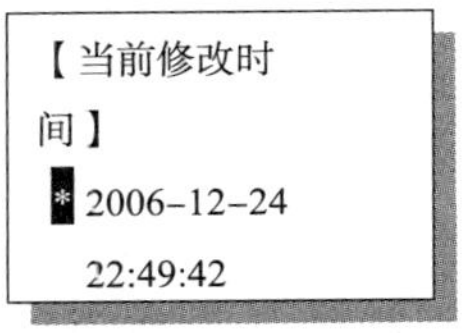


图3-3-2-33　日期设置示意图

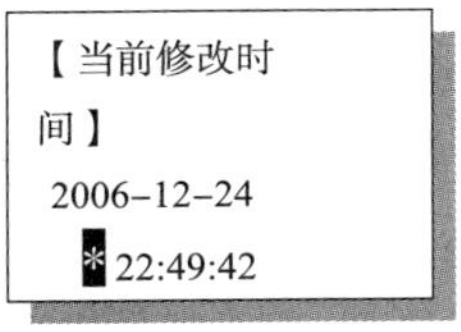


图3-3-2-34　时间设置示意图

(5)按“确定”键保存设定时间；若按“退出”键则取消设定时间。执行后返回第(3)步。

(6)按“退出”键逐级退回主菜单。

(7)以上步骤执行过程中，请注意以下几点：

①在第(3)步中，显示的时间为当前运行时间。

②在第(4)步中，按“修改”键后，首先光标定位在日期设定行，若要切换至时间设定行时，需先将光标移至前导符“＊”后，按“∧”键或“∨”键则切换至时间设置状态。

3.15　密码修改。

(1)为防止未经授权人员使用默认密码“1000”修改装置的重要运行参数，装置操作密码可重新设定。

(2)密码修改的操作步骤如下：

①进入主菜单。

②在主菜单中选择【出厂设置】子菜单项，按“确定”键进入出厂设置菜单界面，然后将光标移至【密码修改】子菜单项处。

③按“确定”键进入密码修改登录窗口，密码修改登录示意图如图3－3－2－35所示。

④在密码修改登录窗口中输入当前密码，“＜”键或“＞”键可以用来移动多位数字的输入位置，“∧”键或“∨”键输入密码。

⑤按“确定”键进入密码修改窗口。其中两行密码分别为新密码和确认密码，当两行密码相同时，才允许保存新密码，固化新密码示意图如图3－3－2－36所示。

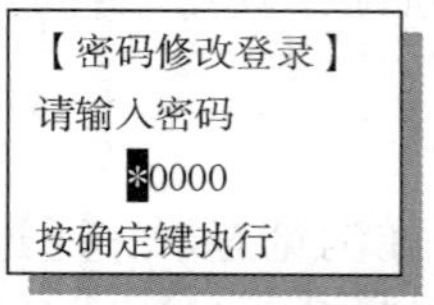


图3－3－2－35　密码修改登录示意图

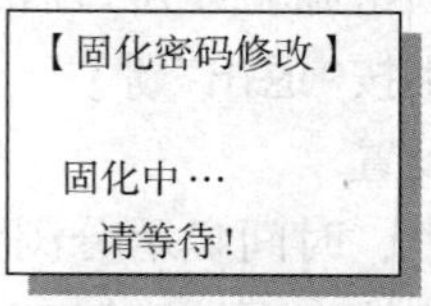


图3－3－2－36　固化新密码示意图

⑥按“确定”或“退出”键退出消息窗口，并返回至第②步。

⑦按“退出”键逐级退回主菜单。

(3)以上步骤执行过程中，请注意以下几点：

①在密码修改操作步骤第③步中，若输入密码错误，液晶显示屏上会提示密码错误，需重新输入正确密码。重复执行第③步，输入密码后继续执行密码修改操作。

②在密码修改操作步骤第⑤步中，首次登录密码修改窗口后，光标定位在新密码行，若要切换至密码确认行时，需先将光标移至前导符“＊”后，按“∧”键或“∨”键则切换至密码确认行。

③在密码修改操作步骤第⑤步中，若新密码与确认密码不一致，则提示“当前修改的新密码与确认密码不一致”。

3.16　恢复备份。

(1)装置运行整定的区号、定值、压板、保护元件跳闸矩阵、通道系数和通信参数等数据分主、备存储，主存储数据位于CPU板中，备存储数据位于MMI面板中。若使用过程中更换CPU时，通过恢复备份功能可将存储在MMI面板的备份数据转存至CPU板中，从而无须重新逐步整定定值、压板和保护元件跳闸矩阵等重要数据。

(2)恢复备份整定数据具体操作如下：

进入主菜单，选择子菜单项【出厂设置】按“确定”键进入出厂设置菜单界面，然后选择【缺省设置】按“确定”键进入缺省设置界面。在缺省设置界面选择【恢复备份】选项，按“确定”键进入密码认证界面，正确密码认证后，进入自动恢复备份数据过程。

3.17　程序升级。

在 PS690U 系列数字式保护装置中，装置程序可通过 U 盘升级，为保证升级安全，操作过程中要进行数字签名认证和密码认证。升级程序完毕后，装置程序会自动重启。程序升级的操作步骤如下：

(1)将 U 盘插入装置的 USB 接口。

(2)进入主菜单。

(3)在主菜单中选择【出厂设置】子菜单项，按“确定”键进入出厂设置菜单界面，然后将光标移至【程序升级】子菜单项处。

(4)按“确定”键进入 U 盘列表窗口，有 U 盘示意图、无 U 盘示意图如图 3－3－2－37、图 3－3－2－38 所示。

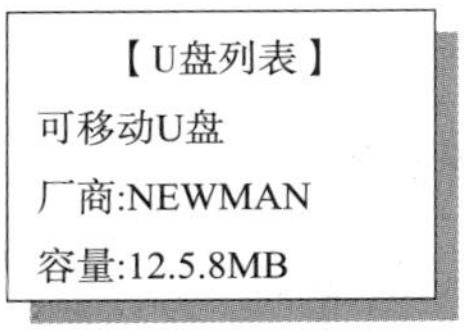


图 3－3－2－37　有 U 盘示意图

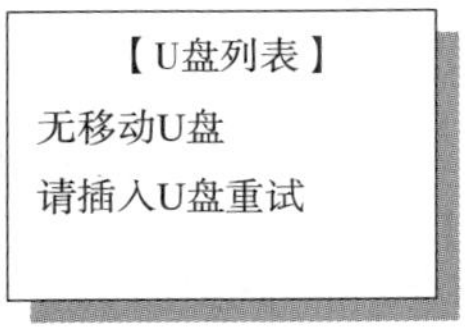


图 3－3－2－38　无 U 盘示意图

(5)按“确定”键进入出口 U 盘文件列表窗口，升级文件后缀名为 bin，U 盘升级程序文件列表示意图如图 3－3－2－39 所示。

(6)用“∧”键或“∨”键来滚动选择升级程序，将光标移至要升级的程序处。

(7)按“确定”键进入密码验证窗口，密码验证示意图如图 3－3－2－40 所示。

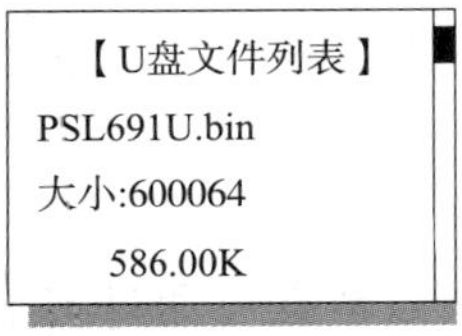


图 3－3－2－39　U 盘升级程序文件列表示意图

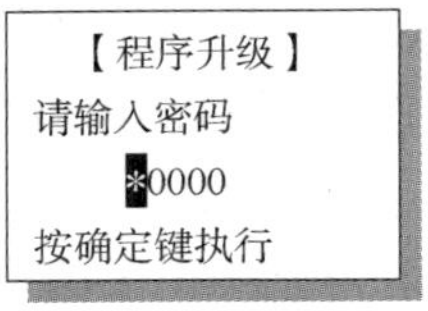


图 3－3－2－40　密码验证示意图

(8)在密码窗口中输入密码“1000”，“＜”键或“＞”键可以用来移动多位数字的输入位置，“∧”键或“∨”键输入密码。

(9)按“确定”键进入自动程序升级过程；若按“退出”键则放弃升级并返回第(5)步。

(10)自动升级过程中，先读签名文件，再读升级程序，读签名文件示意图、读升级程序示意图如图 3－3－2－41、图 3－3－2－42 所示。

图 3－3－2－41　读签名文件示意图

图 3－3－2－42　读升级程序示意图

（11）自动升级过程中，读完升级程序后，再将升级程序固化至 CPU 板中，固化时，先擦除待写 Flash 区的内容，再将新程序写入 CPU 板中。固化升级程序擦示意图、固化升级程序写示意图如图 3－3－2－43、图 3－3－2－44 所示。

图 3－3－2－43　固化升级程序擦示意图

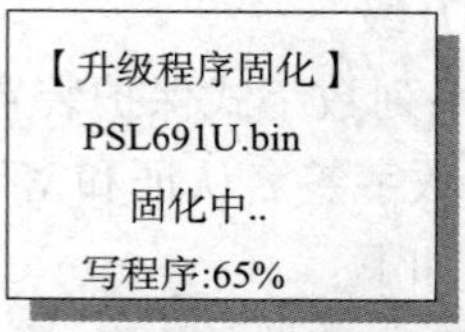


图 3－3－2－44　固化升级程序写示意图

（12）自动升级完毕后，弹出升级程序消息窗口。程序升级完毕示意图如图 3－3－2－45 所示。

图 3－3－2－45　程序升级完毕示意图

（13）按“确定”或“退出”键退出升级程序窗口，并重启装置。

（14）以上步骤执行过程中，请注意以下几点：

①在程序升级操作步骤的第（1）步中，若插入的不是 FAT 文件系统格式的 U 盘，则不能进行后续操作。

②在程序升级操作步骤的第（8）步中，若输入密码错误，液晶显示屏上会提示密码错误，需重新输入正确密码。重复执行第（8）步，输入密码后继续执行固化命令。

③在输入正确的密码并按“确定”键之前，升级程序不会固化到保护模件中，按“退出”键可以逐级退回主菜单并放弃程序升级。同样，若在这之前，停止键盘操作 5min 也会自动放弃程序升级而退回正常显示画面。

3.18　导出录波数据。

在 PS690U 系列数字式保护装置中，保护动作时的录波数据可通过 U 盘导出，导出的录波文件是二进制文件，该文件可通过 PC 机软件 Trial9801. exe 转换成 Comtrade 格式的录波文件。导出录波的操作步骤如下：

（1）将 U 盘插入装置的 USB 接口。

（2）进入主菜单。

（3）在主菜单中选择【出厂设置】子菜单项，按“确定”键进入出厂设置菜单界面，然后将光标移至【数据导出】子菜单项处，按“确定”键进入数据导出菜单界面，然后将光标移至【导出录波】子菜单项处。

（4）按“确定”键进入出口 U 盘列表窗口，有 U 盘示意图、无 U 盘示意图如图 3－3－2－46、图 3－3－2－47 所示。

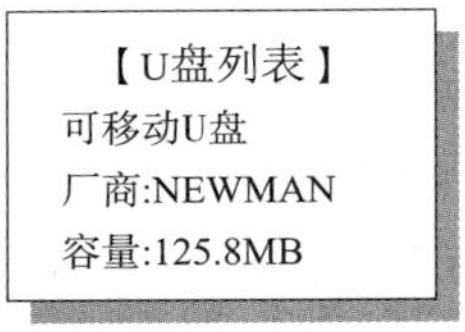


图 3－3－2－46　有 U 盘示意图

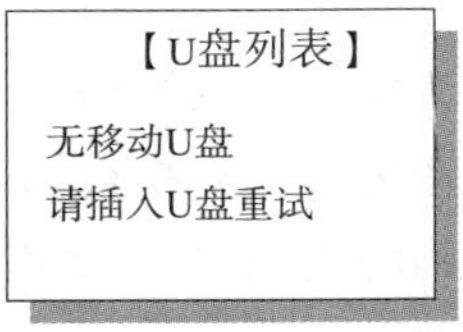


图 3－3－2－47　无 U 盘示意图

(5)按“确定”键进入 U 盘文件列表窗口，U 盘导出数据文件列表示意图如图 3－3－2－48 所示。

(6)按“确定”键进入密码验证窗口，密码验证示意图如图 3－3－2－49 所示。

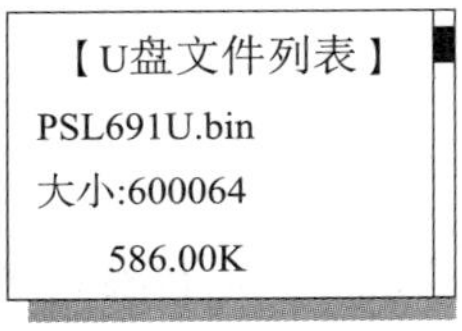


图 3－3－2－48　U 盘导出数据文件列表示意图

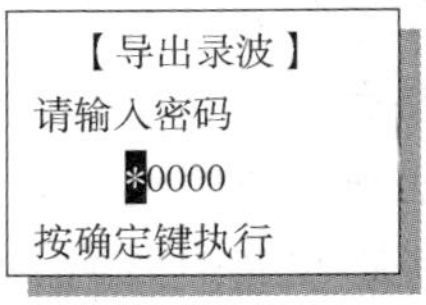


图 3－3－2－49　密码验证示意图

(7)在密码窗口中输入密码“1000”，“＜”键或“＞”键可以用来移动多位数字的输入位置，“∧”键或“∨”键输入密码。

(8)按“确定”键进入自动导出录波数据过程；若按“退出”键则放弃导出录波数据并返回第(5)步。

(9)自动导出录波数据中，先创建录波文件名，文件名的格式为：LUBO_ X. bin，其中 X 可取阿拉伯数字 1～32；创建文件名后再接着导出录波数据。创建录波文件名示意图、导出录波数据示意图如图 3－3－2－50、图 3－3－2－51 所示。

图 3－3－2－50　创建录波文件名示意图

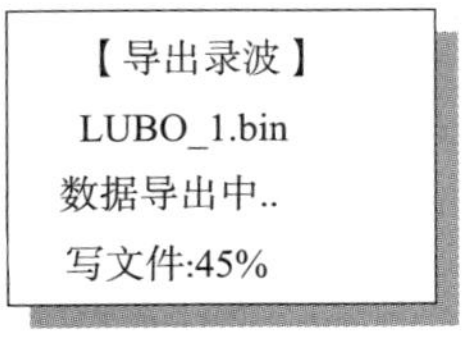


图 3－3－2－51　导出录波数据示意图

(10)自动导出数据完毕后，弹出导出数据完毕提示消息窗口，导出录波完毕示意图如图 3－3－2－52 所示。

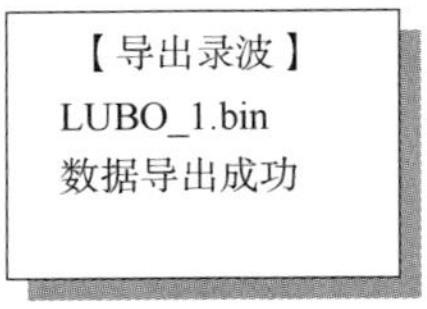


图 3－3－2－52　导出录波完毕示意图

(11)按“确定”或“退出”键退出消息窗口，并返回至第(5)步。

(12)按“退出”键逐级退回主菜单。

(13)以上步骤执行过程中，请注意以下几点：

①在导出录波操作步骤第(1)步中，若插入的不是 FAT 文件系统格式的 U 盘，则不能

进行后续操作。

②在导出录波操作步骤第(7)步中，若输入密码错误，液晶显示屏上会提示密码错误，需重新输入正确密码。重复执行第(7)步，输入密码后继续执行固化命令。

③在输入正确的密码并按“确定”键之前，录波数据不会保存到U盘中，按“退出”键可以逐级退回主菜单并放弃导出录波数据。同样，若在这之前，停止键盘操作5min也会自动放弃导出录波数据而退回正常显示画面。

3.19　版本信息。

(1)进入主菜单，选择子菜单项【出厂设置】按“确定”键进入出厂设置菜单界面，然后选择【版本信息】按“确定”键进入版本信息显示界面。

(2)版本信息显示程序的版本号及校验码结果。

**4　操作要点**

4.1　根据操作说明进行装置设置的练习。

4.2　每项修改完毕后均要输入密码，当密码为四位数时，国电南自的设备密码通常设置为1000。

**5　注意事项**

严禁在运行设备上进行操作。

# 单元四　仪器操作与保护调试

## 模块一　仪器操作

### 项目一　全自动互感器测试仪操作

**1　项目简介**

全自动互感器测试仪可以完成的试验包括：CT 伏安特性试验、CT 极性试验、CT 变比试验等。本项目适用于学习掌握该仪器各结构的功能和使用方法。

**2　操作前准备**

全自动互感器测试仪、电流互感器、试验线、接线插头。

**3　操作步骤**

3.1　全自动互感器测试仪主要技术参数如表 4－1－1－1 所示。

表 4－1－1－1　主要技术参数

| | 输入电压/V | 输出电压/V | 输出电流/A | 测量精度 |
|---|---|---|---|---|
| 单机伏安测试 | 220 | 0～500 | 0～20 | <0.5% |
| 单机伏安测试 | 380 | 0～1000 | 0～20 | <0.5% |
| 外接升压器(选配) | 220 | 0～2000 | 0～1.5 | <0.5% |
| 单机变比测试 | 220 | | 0～400 | 变比测量精度<1% |
| 单机变比测试 | 380 | | 0～600 | 变比测量精度<1% |

3.2　仪表面板主要结构内容。

(1)设备接地端子；

(2)设备微型打印机；

(3)PC 上传；

(4)U 盘通信；

(5)外接数据；

(6)光电旋转鼠标；

(7)电源开关；

(8)保护器＋漏电保护；

(9)设备液晶显示器；

(10)二次直阻输出口；

(11)PT 二次输入口；

(12)伏安特性输出/负载测试输出口/PT 一次输出/CT 二次输入口；

(13)CT 一次输入口；

(14)机箱右侧电源输入。

3.3　旋转鼠标的使用方法。

(1)旋转鼠标的功能类似计算机上使用的鼠标，它有三种操作：左旋、右旋、按下选定。使用鼠标的这三种操作可以用来移动光标、数据输入和操作选定等。

(2)移动光标：可以通过旋转鼠标移动光标位置，当光标移到某一选项上需要选定时，按下旋钮即可选定此项。

(3)数据输入：当需要修改数据时，将光标移动到需要修改数据的选项上，按下鼠标，即进入数据的百位或十位修改操作(光标缩小至被修改的这一位上)，左旋或右旋鼠标即进行该位的增减操作。按下鼠标确认该位的修改，并进入下一位的修改，同样左旋或右旋鼠标进行该位的增减。逐位修改完毕后，光标增大为全光标，即退出数据的修改操作，此时旋转鼠标可将光标移走。

3.4　主菜单。

(1)连接好装置侧板上的～220V 电源，打开面板上的电源开关，液晶屏蓝色背光亮，装置进行自检，自检完毕进入伏安特性测试仪汉化主菜单。

(2)主菜单有 CT 伏安特性、变比极性、数据查询、U 盘转存、系统设置。旋动旋转鼠标将光标移到某一项上，按下旋钮即可进入此项试验。

**4　操作要点**

4.1　试验时等到有画面出现后再推漏电保护器。

4.2　操作时只需要左旋、右旋、点击，便可完成所有操作。

4.3　设备电源输出全部为真实电压和电流值。

**5　注意事项**

5.1　勿将本仪器置于不平稳的平台或桌面上以防仪器跌落受损。

5.2　不要让任何异物掉入机箱内，以免发生短路。

5.3　主机 CTP 每项功能可保存 1000 个，共 200 组数据。仪器掉电后数据永不丢失。

5.4　数据快存满时请及时打印或上传至 U 盘或电脑保存。

5.5　用 U 盘转存试验数据时，须等保存完毕方能拔出 U 盘，否则数据转存不成功，可能导致数据遗失。

5.6　切勿随意删除主机保存的历史试验记录，避免造成试验数据丢失。

5.7　在试验中不要插拔试验线，发现不正常现象时应及时关闭电源重启仪器。

## 项目二　全自动互感器测试仪 CT 测试

**1　项目简介**

该项目适用于学习掌握全自动互感器测试仪 CT 测试方法和操作步骤。

**2　操作前准备**

全自动互感器测试仪、电流互感器、试验线、接线插头。

**3　操作步骤**

3.1　进入主界面后选择“CT 测试”选项后，出现子菜单选项：“参数设置”、“二次直阻”、“CT 伏安”、“CT 变比”、“二次负载”五个功能菜单。

(1)储存时：参数设置的内容将作为存储表头。

(2)打印时：参数设置的内容将作为打印表头。

3.2　二次直阻。

(1)测试线接好后选择主菜单界面的“CT 测试”，按下旋转鼠标选择“二次直阻”，即可进入二次直阻试验界面。

3.3　CT 伏安试验。

(1)在主菜单界面，旋转鼠标将光标移动到“CT 测试”选项上，按下旋转鼠标选择“CT 伏安”即可进入伏安特性试验设置界面，将光标移动至“返回上层”，按下鼠标即可返回主菜单。

(2)界面说明：

①最大输出电流：将要输出的最大电流，范围 0～15A。

②最大输出电压：将要输出的最大电压，范围 30V、110V、220V、600V、1000V；单机选择。

③自动试验：自动取点绘制曲线图，按此键选择确定开始试验。

④手动试验：手动取点绘制曲线图，按此键选择确定开始试验。

(3)试验方法。

取出导线包中的红、黑二次线，一头插在 CT 的二次侧，另一头插在仪器的伏安特性输出口上。

(4)自动试验时，设定好最大输出电流和电压后单击“自动试验”选择“确定”试验开始。

①此时装置将自动按照设定值进行升压升流，并记录其数值。

②当达到设定值后试验结束，并进行简单的退磁，当退磁结束后便进入试验结果界面。

③试验过程中，光标会显示在“停止”选项上不停闪烁，直至试验完毕或人为按下旋转鼠标终止试验。

(5)手动试验。

①手动试验时可以手动控制，采集电压和电流值进行曲线图的绘制，在试验中顺时针旋转鼠标便可采集到自己想要的一组电压和电流值，直到试验结束，旋转鼠标的频率不要过快。

②设置最大输出电压和最大输出电流可对电流互感器进行保护，在试验过程中，一旦电压或电流超出设定值，测试仪将自动结束试验以保护电流互感器。

(6)试验界面说明。

①单击鼠标取点后便可移动图形上的坐标，并显示对应的电压电流值，初始显示的是计算机给出的拐点电压和电流值。

②单击功能选择后出现功能选择画面，主要功能有：“保存”“数据”“打印”“误差曲线”“返回”。

——保存：当数据需要保存时点击此项，仪器将自动以“参数设置”的信息为表头存储数据。

——数据：点击此项可查看仪器此次试验采集到的所有数据。

——打印：点击此项后出现“曲线”“标准数据”“全部数据”。

③打印曲线时只打印此次试验的曲线图；打印标准数据时以每十毫安、百毫安、安为标准打印此次试验的数据（不含曲线图）。打印全部数据时，可打印此次试验的全部数据（不包含曲线图）。

④点击“误差曲线”后出现：“5%”“10%”“15%”。点击需要的曲线后输入二次阻抗值和额定二次后点确定，便可出现误差曲线。

3.4　CT 变比试验。

(1)在主菜单界面，旋转鼠标将光标移动到“CT 测试”选项上，按下旋转鼠标选择“CT 变比”即可进入变比试验设置界面，光标移动至“返回上层”，按下鼠标即可返回主菜单。

(2)界面说明：

①一次输出电流：将要输出的最大一次电流，范围 0 ~ 600A。

②自动试验：设定好输出电流后，按此键开始自动试验。

③误差试验：按额定一次的 1%、5%、20%、100%、120% 取值，同时显示出角差与比差。

④二次回路：输出所设定的一次电流（最高 200A），保持 5min。

⑤试验前检查“参数设置”里的额定变比是否与被测 CT 额定变比一致，不一致时将导致比值与比差出现错误。

(3)接线方法。

①用导线包中的红、黑大电流线一端接 CT 一次，另一端接仪器的 L1 和 L2 上。

②用导线包中的红、黑二次线一端接 CT 二次，另一端接仪器的 K1 和 K2 上。

③CT 上不用的二次要用短接线短接。

④误差试验的接线方法与自动试验一样。

(4)自动试验

①设定好一次输出电流后单击“自动试验”选择“确定”，试验开始，仪器将自动按设定值升流，试验停止后自动计算出比值、角差、比差、极性。

②保存：存储当前试验数据，点击后选择确定即可。

③打印：打印出试验结果。

(5)误差试验。

误差试验升流是根据参数设置里的额定一次的 1%、5%、20%、100%、120% 取值，并显示角差、比差结果，接线方法与自动试验一样。

(6)二次回路。

在设定值保持输出电流（最高为 200A）5min。

3.5　二次负载。

接好线后选择“二次负载”，设定二次额定后选择“确定仪器”将自动计算出阻抗和负载。

## 4　操作要点

4.1　试验前设置 CT 基本参数。

4.2　电流互感器多余抽头在试验前应短接。

4.3　伏安特性试验初始显示的是计算出的拐点电压和电流值。

4.4　CT 变比试验中额定参数先在参数设置里设好。

**5　注意事项**

5.1　勿将本仪器置于不平稳的平台或桌面上以防仪器跌落受损。

5.2　不要让任何异物掉入机箱内，以免发生短路

5.3　主机 CTP 每项功能可保存 1000 个，共 200 组数据。仪器掉电后数据永不丢失。

5.4　数据快存满时请及时打印或上传至 U 盘或电脑保存。

5.5　用 U 盘转存试验数据时，须等保存完毕方能拔出 U 盘，否则数据转存不成功，可能导致数据遗失。

5.6　切勿随意删除主机保存的历史试验记录，避免造成试验数据丢失。

5.7　在试验中请不要插拔试验线，发现不正常现象时应及时关闭电源重启仪器。

5.8　做试验时应确保 CT 的接线与原有接线断开且不接地。

5.9　做 CT 变比试验时，应确保二次绕组的接地线断开，其他二次绕组均短接。

5.10　做伏安特性试验或变比试验时，如连续试验时间太长，应适当予以休息冷却，以免装置过热烧坏，仪器左/右侧壁面的圆孔为通风散热而设，为保证仪器正常工作，切勿堵塞。

5.11　作为安全措施，该仪器配有保护接地端子，试验之前应将装置面板上接地端子可靠接地。

## 项目三　全自动互感器测试仪 PT 测试

**1　项目简介**

该项目适用于掌握全自动互感器测试仪 PT 测试方法和操作步骤。

**2　操作前准备**

全自动互感器测试仪、电压互感器、试验线、接线插头。

**3　操作步骤**

3.1　进入主界面后选择[PT 测试]选项后，出现子菜单选项：[参数设置]、[二次直阻]、[PT 伏安]、[PT 变比]四个功能菜单。

3.2　PT 伏安试验。

(1)在主菜单界面，旋转鼠标将光标移动到[PT 测试]选项上，按下旋转鼠标选择[PT 伏安]即可进入伏安特性试验设置界面，将光标移动至[返回上层]，按下鼠标即可返回主菜单。

(2)界面说明。

①最大输出电流：将要输出的最大电流，范围 0 ~ 3A。

②最大输出电压：将要输出的最大电压，范围 0 ~ 330V，单机选择。

③自动试验：自动取点绘制曲线图，按此键选择确定开始试验。

④手动试验：手动取点绘制曲线图，按此键选择确定开始试验。

(3)试验方法。

设定好最大输出电流和电压后单击[自动试验]选择[确定]试验开始。

3.3 PT变比。

(1)在主菜单界面，旋转鼠标将光标移动到[PT测试]选项上，按下旋转鼠标选择[PT变比]即可进入变比极性试验设置界面，光标移动至[返回上层]，按下鼠标即可返回主菜单。

(2)界面说明。

①一次电压输出：将要输出的最大一次电压，范围0～1000V。

②自动试验：设定好输出电压后，按此键开始自动试验。

③二次耐压：输出所设定的一次电压，并保持5min。

(3)试验方法。

①被测PT的一次端用红、黑二次线接到交流输出口。

②二次端用黄、绿二次线接到a和x。

(4)二次耐压。

在设定值(最高为1000V)保持输出5min。

## 4 操作要点

4.1 仪器的一次输出和二次输入不能接反。

4.2 PT测试主界面功能参考CT测试主界面功能。

4.3 伏安特性试验初始显示的是计算出的拐点电压和电流值。

## 5 注意事项

5.1 勿将本仪器置于不平稳的平台或桌面上以防仪器跌落受损。

5.2 不要让任何异物掉入机箱内，以免发生短路

5.3 主机CTP每项功能可保存1000个共200组数据。仪器掉电后数据永不丢失。

5.4 数据快存满时应及时打印或上传至U盘或电脑保存。

5.5 用U盘转存试验数据时，须等保存完毕方能拔出U盘，否则数据转存不成功，可能导致数据遗失。

5.6 切勿随意删除主机保存的历史试验记录，避免造成试验数据丢失。

5.7 在试验中不要插拔试验线，发现不正常现象时应及时关闭电源重启仪器。

5.8 做试验时应确保PT的接线与原有接线断开且不接地。

5.9 做PT变比试验时，应确保二次绕组的接地线断开，其他二次绕组均断开。

5.10 做伏安特性试验或变比试验时，如连续试验时间太长，应适当予以休息冷却，以免装置过热烧坏，仪器左/右侧壁面的圆孔为通风散热而设，为保证仪器正常工作，切勿堵塞。

5.11 做PT伏安特性试验时，要确保一次绕组有足够的电气安全距离。

5.12 作为安全措施，该仪器配有保护接地端子，试验之前应将装置面板上接地端子可靠接地。

# 项目四　全自动互感器测试仪数据查询与系统设置

## 1　项目简介

该项目适用于学习掌握全自动互感器测试仪数据查询、系统设置的方法和操作步骤。

## 2　操作前准备

全自动互感器测试仪、移动电源。

## 3　操作步骤

3.1　数据查询功能。

(1)进入主界面后选择[数据查询]选项后，出现子菜单选项：[CT查询]、[PT查询]选项。

(2)CT查询。

①以编号查询：只查询符合编号的数据。

②以编号和日期查询：查询符合编号和日期的数据。

(3)PT查询。

参考CT查询操作步骤。

3.2　U盘转存。

需要将数据转存到U盘时，在面板上插入U盘，再点击U盘转存，便可将仪器内的所有数据转存到U盘内。

3.3　系统设置。

(1)进入主菜单后选择[系统设置]选项后，出现子菜单选项：[产品信息]、[系统设置]、[精度对比]三个功能选项：

①产品信息：记录本仪器的软件版本号、仪器型号、仪器编号。

②系统设置：进入后可以设置仪器的时间、日期、背光的对比度、清空数据功能。

③精度对比：此项可检查仪器的精度。

④输出电压：所要检测电压值范围0～1000V。

⑤电流精度：在面板上的K1和K2接线口上加入标准电流(0～15A)，观察加入的电流是否与仪器上显示的一致。

⑥电压精度：设定好输出电压后点击此项，仪器将自动升压至设定的电压并保持。此时可用高精表测量仪器面板交流电压输出口的电压是否和仪器显示的一样。

## 4　操作要点

4.1　当U盘转存失败时，拔出U盘，然后再插入重复以上动作。

4.2　测试电流精度，试验电流为10～15A时，试验时间在1min以内。

## 5　注意事项

5.1　进行精度对比试验时不要接测试线。

5.2　进行电流精度试验时不要合漏电保护器。

5.3　进行电压精度对比时，应检查输出电压和高精表的电压测量范围。

5.4　试验结束后要关机。

# 项目五 继保之星模块功能说明

## 1 项目简介

该项目适用于了解继保之星各模块功能。

## 2 操作前准备

继保之星-1600、移动电源。

## 3 操作步骤

3.1 旋转鼠标操作方法。

(1)旋转鼠标的功能类似计算机上使用的鼠标，它有三种操作：左旋、右旋、按下选定。使用鼠标的这三种操作可以用来移动光标和修改数据。

(2)移动光标：当屏幕显示操作界面时用来移动光标位置，当光标移到某一项上需要选定时，按下旋钮即选定打开或切换此项。若选定打开的是某一数据项，则表示进入此数据的修改过程，此时用左旋、右旋对数据进行增减修改；若打开的是某一切换项(如“手动试验/自动试验”两种状态)，则按动一次旋钮即切换另一种状态。

(3)旋转鼠标的数据输入法：每一个数据一般都分两部分进行修改，对于电流、电压、频率等量分整数部分和小数部分，对于相角分百位、十位部分和个位部分。修改数据时，将光标移动到该数据上，按下旋钮选定打开该数据项，光标将缩小聚焦到整数部分(第一部分)，首先进行该部分修改，使用左旋、右旋对该部分增减(每旋一格加减1，如需快速增减可用“▲”“▼”，每按一次加减10)；修改完此部分后按动旋钮光标将聚焦到小数部分(第二部分)，即进入第二部分修改，方法相同；修改完后再次按动旋钮光标恢复为大光标形状，即表示完成此数据修改。光标此时可以移走。

3.2 屏幕显示功能符号。

(1)“变化量”标志。试验时，某一量若需要按所设定的步长进行增减，则打开此标志。

(2)输入开关量的接点指示，状态“断开”。

(3)输入开关量的接点指示，状态“闭合”。

3.3 测试仪软件从PC通信状态退回到单机操作状态。

如果软件界面在PC机通信状态，按下旋钮3s后，软件自动退回到单机操作界面。

3.4 主菜单。

(1)连接好装置的电源线和输入输出线，打开电源开关，电源指示灯(绿色)亮，显示屏蓝色背光亮，装置自检完毕进入继电保护测试仪汉化主菜单。

(2)旋动旋转鼠标将光标移到某一项上，按一下旋转鼠标即进入此项试验。

3.5 面板装置。

(1)电源开关。

(2)旋转鼠标控制器，试验时需设定的所有数据及过程控制均由其完成。

(3)“▲”“▼”按键，试验状态时，每按一次，各可变量按其所设定的步长加、减1个步长量；在设置数据时，每按一次，所修改的数加、减10。

(4)连接PC机通信口。

(5)UA、UB、UC、UN、UX为电压输出端子，其中UX为多功能电压项，可设为4种

3U0 或检同期电压，或任意某一电压值的情况输出。

(6)IA、IB、IC、IN 为电流输出端子，各电流端子(IA、IB、IC)右侧的小信号灯指示该路电流输出是否存在波形畸变或负载开路。

(7)开关量输入端子，空接点和 0～250V 电位兼容输入，702 为 7 路，703 为 10 路，正端为公共端。

(8)开关量空接点输出。空接点容量：DC 220V/0.2A；AC 220V/0.5A。

(9)3U0 输出。

(10)通风孔进风口。

(11)直流电源输出，110V 和 220V 两挡可选，幅值 80%～110% 由电位器可调。

(12)220V 电源插座和保险，分别为独立直流与面板电压输出保险。

(13)开入量，可以接空接点或者带电位的接点，装置可自动识别，进行备自投试验时用。

(14)散热风扇。

3.6　软件菜单栏。

(1)打开参数：快捷键是 Ctrl + O，用于从指定文件夹中调出已保存的试验参数，将参数放到软件界面上。点击该功能，指向当前模块的试验参数保存的默认路径：E:\ 继保之星 \ Para \ 当前模块名 \ 。

(2)保存参数：快捷键是 Ctrl + S，用于将软件界面上用户所设定的试验参数保存进某一文件中，以便将来可以用"打开参数"再次调出使用。数据将保存在当前模块默认的文件夹下。

(3)试验报告：快捷键是 Ctrl + R，用于从指定文件夹中调出已保存的试验报告。在打开的试验报告窗口中，将显示试验报告内容，并且可以在该窗口中修改和打印试验报告。每次试验结束，系统将弹出一保存试验报告对话框以便用户保存试验报告。报告保存的默认路径：E:\ 继保之星 \ 试验报告 \ 当前模块名 \ 。

(4)退出：快捷键是 Ctrl + X，用于退出当前试验模块。

(5)开始试验：同键盘上的运行键，用于开始试验。

(6)停止试验：同键盘上的 ESC 取消键，用于正常结束试验或中途强行停止。

(7)短路计算：点击后将打开一个"短路计算"对话框，该对话框用于故障时的短路计算，并将计算结果自动填入到界面上。需要特别注意的是：当故障类型为接地故障时，零序补偿系数要设置正确。

3.7　工具条。

(1)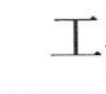打开试验参数按钮。

(2)保存试验参数按钮。

(3)数据复归按钮：用于将参数恢复到试验前的初始值，能极大地方便多次重复性试验。

(4)打开试验报告按钮。

(5)试验开始按钮。

(6) 试验停止按钮。

(7) 短路计算按钮。

(8) 启动功率显示界面按钮。在“交流试验”模块中，可在试验期间打开功率显示界面，对比测试仪实际输出的功率与现场表计测量的功率。

(9) 同步指示器。在“同期试验”模块中，可在试验期间打开同步指示器直观地观察试验的进行。

(10) 变量步增按钮。“手动”试验方式时，按此键手动增加变量的值一个步长量，其功能与测试仪键盘上的“↑”按钮相同。该按钮在自动试验时无效，会自动成灰色。

(11) 变量步减按钮。“手动”试验方式时，按此键手动减小变量的值一个步长量，其功能与测试仪键盘上的“↓”按钮相同。该按钮在自动试验时无效，会自动成灰色。

(12) 矢量图。有些测试模块因排版原因，放不下电压电流矢量图的显示，则可通过此按钮打开。

(13) 放大镜。用于放大和缩小各模块界面上的电流电压矢量图。

(14) 帮助按钮。用于查看当前测试模块的版本信息。

(15) 对称输出按钮。此按钮的作用是使电流电压量按对称输出，也就是说只需要改变任一相的值，其他的几相会自动地根据对称的 3 相交流量输出幅值和相位，如果一相选择可变的话，那么其他相也会相对应为可变量。

(16) 恢复出厂参数设置。点击该按钮，将删除“Para”文件夹中所有参数数据。再次进入各功能试验时，试验界面上数值将恢复为出厂的初始参数。

(17) 切换到序分量输出。点击此按钮将切换到专门的序分量测试功能界面，此时系统会提示“是否真的进入另一个测试程序”，选择“确定”进入序分量测试界面。

(18) 6 相电压测试界面(1000/1200 型)。点击此按钮进入 6 相电压测试界面。

(19) 6 相电流测试界面(1000/1200 型)。点击此按钮进入 6 相电流测试界面。

(20) 12 相测试界面(1000/1200 型)。点击此按钮进入 12 相(6 相电流 6 相电压)测试界面。

**4　操作要点**

4.1　本试验设备可外接鼠标进行选择操作。

4.2　掌握英文按键的中文释义。

**5　注意事项**

5.1　仪器操作时应将试验仪器接地点可靠接地。

5.2　关闭仪器时应按照正常关机步骤操作，禁止直接关电源。

5.3　如果在使用过程中出现界面数据出错或无法正确输入等问题，可以在综合功能栏中执行“恢复出厂参数设置”功能，将 Windows 系统中“E：\ 继保之星 \ ”下的“Para”文件夹删除，再启动运行程序，则界面所有数据均恢复至默认值。

# 项目六 继保之星交流试验

## 1 项目简介

该项目适用于学习掌握继保之星交流试验操作方法。

## 2 操作前准备

继保之星－1600、移动电源、试验线包。

## 3 操作步骤

3.1 交流量设置。

(1)键入电压、电流的有效值后，按“确认”键或将鼠标点至其他位置，被写入的数据将自动保留小数点后三位有效数字。电压的单位默认为V，电流的单位默认为A。设置相位时，可键入－180°～360°范围内的任意角度。若写入的角度超出以上范围，系统会将其自动转换至该范围内。例如输入“－181°”，则自动转换成“179°”。在矢量图窗口中能实时观察到所设置的各个交流量向量的大小和方向的效果图。

(2)交流电压单相最大输出120V。当需要输出更高电压时，可将任意两路电压串联使用，它们的幅值可不同，但相位应反向。例如：设Ua输出120V、0°，Ub输出120V、180°，则Uab输出的有效值为240V。

(3)交流电流单相最大输出达到40A(1000型6相电流同时输出时，每相最大20A，1200型6相每相最大30A)。若要输出更大电流，可将多路电流并联使用，并联使用时各相的相位应相同。采用大电流输出时，应尽量用较粗、较短的导线，并且输出的时间尽可能短。

(4)交流量设置有效值旁边上的“变”一栏是用于选择该输出量是否可变的，如果在某相的有效值或相位后面的“变”栏上点击鼠标打“√”，则说明该输出相是可以变化的，同时“步长”一栏也由灰色变成高亮色，即“步长”允许设置。幅值的变化步长最小值为0.001，角度的变化步长最小值为0.1。

(5)“上限”一栏是设置各相最大允许输出的有效值。试验时如果担心某相会不小心输出太大而损坏继电器，可为该相设一“上限值”，则在试验过程中该相将永远不会超限，可确保继电器安全。“上限值”在软件出厂的默认值是电压电流的最大输出幅值。

3.2 手动、半自动、全自动方式。

(1)手动方式：各变量的变化完全由手动控制，手动按一下工具条上的或键或者面板键盘上的“↓”或“↑”键，各变量将加、减一个步长量。保护动作时，测试仪发出“嘀”声，并记录下所需记录的动作值。如果还需要测保护的返回值，这时反方向减小或增加变量至保护接点返回，装置“嘀”声消失，记录下所需记录的返回值，并自动计算出返回系数。

(2)半自动方式：该方式下，当选择“递增”或“递减”时，开始试验后各变量将自动按步长递增或递减，增减的时间间隔可以设定。当保护动作，测试仪自动记录所需记录的量并维持输出但暂停变化，同时弹出一对话框，请求给定下一步的变化方向是“增加”“减小”还是直接“停止”试验，按照试验的要求选定一个变化的方向。

(3)全自动方式：该方式下，当选择“递增”或“递减”时，开始试验后各变量将自动按步长递增或递减，增减的时间间隔可以设定。当保护动作时，自动记录所需记录的量。如果已选“仅测接点动作”，装置测得动作值后将自动停止试验；如果选择“测动作值和返回值”，在测得动作值后，装置将自动转换方向，反向变化各变量，直到装置接点返回，从而测量出返回值，记录下返回值并计算返回系数。

3.3　开入量。

(1)“继保之星”系列测试仪各开入量是共用一个公共端的。接入保护的动作接点的时候，一端接测试仪公共端，另外一端接开入 A、B、C、R、a、b、c 中任一个。需要注意的是当接点是带电位的时候，一定要把正电位接入公共端。

(2)在本测试模块中，开入量 A、B、C、R、a、b、c 均默认有效，互为“或”的关系，不需要某个开入量时，可选择关闭。试验时，保护的跳、合闸接点可接至任一路开入量中(在线路保护中，软件默认开入 R 为重合闸信号接入端)。开入公共端(红色端子)在接有源接点时，一般接电源的正极端。只要测试仪接收到某路开入量的变位信号，即在该开入量栏中记录下一个时间。

(3)如果有多路开入量变位，各路中将会记录各自的时间。

3.4　输出复合电压。

(1)复合电压是指低电压和负序电压。在闭锁过流时，这两种电压是“或”的关系。可以理解为是“低电压闭锁(方向)过流”和“负序电压闭锁(方向)过流”两套保护的组合。一般保护提供了两组电压输入端子，一组用于输入低电压(正序电压)，一组用于输入负序电压，因此，试验时电压的接线不同。

(2)保护定值单中，“低电压”和“负序电压”常常指线电压，可将其除以 1.732，转换成相电压，由测试仪输出三相电压进行试验。低电压试验时，在“交流试验”中设置三相电压相位为：0°、-120°、120°；负序电压试验时，在“交流试验”中设置三相电压相位为：0°、120°、-120°。

3.5　电流电压配合输出。

(1)如果采用三相电压同时输出，则试验时可任意取其中一相电流输出。

(2)如果采用两相电压输出，则需要通过阅读保护说明书，查看保护是采用什么接线方式。比如，采用 90°接线，则按“UAB，IC”“UBC，IA”“UCA，IB”方式进行输出；采用 0°接线，常常按“UAB，IA”“UBC，IB”“UCA，IC”方式进行输出。

3.6　方向测试。

假设某保护采用 90°接线方式，低电压定值为 60V，试验时可在“交流试验”中进行如下设置：UA = 60V，相位为 0°；UB = 0V，相位为 0°。这样，UAB 即为 60V，0°。然后固定电压，改变电流 IC 的相位来测试两条动作边界。

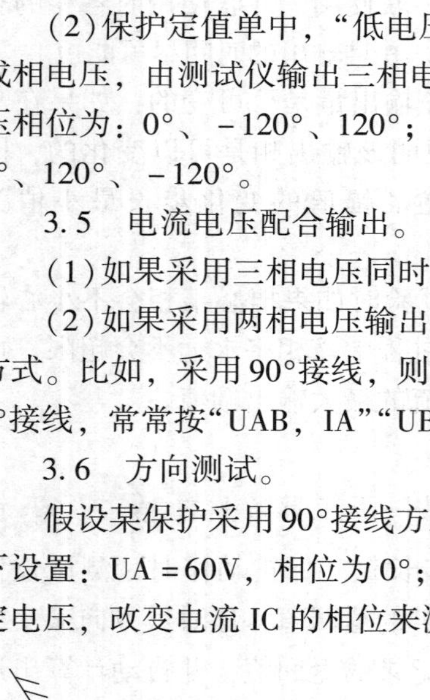


图 4-1-6-1　灵敏角示意图

3.7　最大灵敏角。

保护定义：电压超前电流的角度为正，反之为负。如图 4-1-6-1 所示的 IC 为灵敏角指向，UAB 为参考方向 0°，则该保护的灵敏角为：-45°，两动作边界分别为 45°、-135°(阴影部分为动作区)。

3.8　输出期间置数改变。

(1)有些保护要求在输出故障之前先输出正常状态量(电压为 57.735V，电流为 0A)，以便让保护的“PT 断线”信号消失，或让重合闸充电指示灯亮。还有些保护是需要“突变量起动”的，要求在试验时先输出正常状态量然后突变到故障状态。这些都要求软件能在试验期间直接修改数据，改变测试仪的输出量，突变到另一输出态。下面举例说明：

①选择“手动”试验方式，先设置各相输出为正常状态量(电压为57.735V，电流为0A)，按“RUN”键输出。

②在输出状态，依次直接修改各相的数据(幅值和相位)至所需改变的值，注意修改各数据后不要按“确认”键，此时尽管数据已经修改，但测试仪实际输出仍是以前量，待全部各相数据均修改完后再按“确认”键，测试仪的各相输出才同时改变为修改后的值。由于这种改变是各相同步改变的，所以能适应某些突变量起动的保护的输出要求，界面修改图如图4－1－6－2所示。

| 参量 | 有效值 | 变 | 步长 | 上限 | 相位 | 变 | 步长 |
|---|---|---|---|---|---|---|---|
| UA | 30.000 | | 1.000 | 120 | 0.0 | | 1.0 |
| UB | 10.000 | | 1.000 | 120 | -120.0 | | 1.0 |
| UC | 10.000 | | 1.000 | 120 | 120.0 | | 1.0 |
| IA | 5.000 | | 1.000 | 40 | 0.0 | | 1.0 |
| IB | 0.000 | | 1.000 | 40 | -120.0 | | 1.0 |
| IC | 0.000 | | 1.000 | 40 | 120.0 | | 1.0 |
| Ux | 10.000 | | 1.000 | 120 | 0.0 | | 1.0 |
| Hz | 50.000 | | 0.000 | 1000 | | | |

**图4－1－6－2 界面修改图**

③界面修改数值后，若还未按“确认”键，当前测试仪实际输出仍为三相电压57.735V，三相电流0A。

④只有按“确认”键后，测试仪的输出才同时改变为当前界面显示的值。

(2)若界面上的“步长”参量不能输入。点击其前面的“Change”框使其打“√”则开放步长修改，即可输入。

**4 操作要点**

4.1 UA、UB、UC和Ua、Ub、Uc六相电压输出，其中第四相Ua兼作Ux特殊相。在程序设计时，程序指定Ua为Ux特殊相。

4.2 “手动”试验中，快到保护动作值时，增、减变量的速度不能太快，以保证变量在每个步长停留足够时间让动作出口，这样测得的结果才更准确。

4.3 在自动试验中，每变化一步时，内部计时器将自动清零。在测量继电器的动作时间时，若时间较长，可用“手动”试验方式，并缓慢变化。

**5 注意事项**

5.1 在测试常规继电器时，“开关变位确认时间”应设置得大一点，比如20ms左右；若测试的返回值误差过大，可能是由于继电器接点抖动过大，这时可以选择“手动”方式来完成；在测试继电器的动作时间时，测试仪输出的交流量应大于1.2倍整定动作值以上，以确保保护可靠动作。

5.2 在测试多段式过流保护时，一般是一段一段地分别进行试验。也就是说，做Ⅰ段定值的时候，把Ⅱ段、Ⅲ段都退出，然后逐步递升电流直到保护动作。在这种方式下测出的动作时间往往是不准确的。测动作时间时，最好是由测试仪直接输出1.2倍及以上的整定动作值(低电压保护为0.8倍及以下)，确保保护能够可靠动作，这样测出来的动作时间就比较准确。

5.3 测试距离保护时，短路阻抗在小于整定定值的时候保护才会出口，所以一般取定值的0.95倍来做试验，可保证保护能够可靠出口；在模拟接地距离故障的时候，零序补偿系数一定要设置正确。

5.4 校验零序电流定值时，要注意区分定值单里给出的是3I0的定值，还是I0的定值。如果是I0的定值，在测试模块的左下角会有显示，如果是3I0的定值，则将左下角显示的I0的值乘3，看是不是和定值一样。对于距离和零序保护定值的校验，后面有专门的校验模块，测试会更方便，关于这部分软件会在后面介绍。

5.5 测试低周保护时，选择频率可变。频率变化的步长根据精度的要求来设置，最好是选择自动的方式来完成，因为低周有df/dt的闭锁值，用手动方式的话不好控制。频率从50开始下降一直降到保护动作为止，需要注意的是，间隔时间应该大于保护的动作时间。

# 项目七　继保之星直流试验

## 1 项目简介

该项目适用于学习掌握继保之星直流试验操作方法。

## 2 操作前准备

继保之星－1600、移动电源、试验线包。

## 3 操作步骤

直流试验模块提供专门的直流电压和电流输出，主要是为了满足做直流电压继电器、时间继电器以及中间继电器等试验的要求。直流模块主界面如图4－1－7－1所示。

3.1 参数设置。

(1)每相电压最大输出为±160V，当需要输出更高的电压时，可采用两相电压输出，数值上一正一负，这样输出电压最高可达320V。比如UA＝110V，UB＝－110V，则UAB＝110－(－110)＝220V，如图4－1－7－2所示。线电压的幅值显示在主界面的左下角。UA和UB的值不一定要求相等，但需注意正、负极性。

(2)单相最大电流输出为10A，如需要输出更高的电流，可采用两路或三路电流并联输出的方式，每相幅值应基本相等，参数设置图如图4－1－7－2所示。

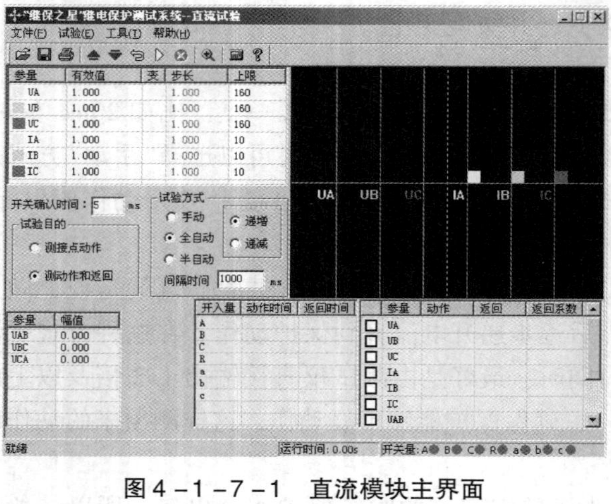

图4－1－7－1　直流模块主界面

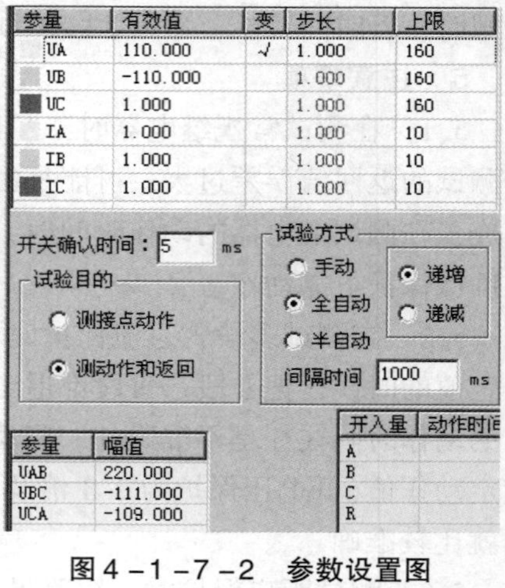


图4－1－7－2　参数设置图

3.2 独立的直流输出。

(1)除继保之星－1600型机器以外，其他型号装置的后面板上都有一路独立的大功率直流输出电源。现场试验时，若需要为保护提供一路直流电源，可以采用该直流电源。该电源提供了 110V 或 220V 两个挡位输出，并且在一定范围内可调。

(2)使用时先从保护说明书中弄清楚其额定直流工作电压。然后正确拨好 110V 或 220V 挡位，并用万用表测量输出，手调调节旋钮将输出电压调节至所需电压值后，再接入保护装置的电源回路中。

(3)如果保护的显示不正常，先用万用表测量测试仪输出的直流工作电压，看是不是电压不对，或保险管烧坏。

3.3　时间继电器测试。

(1)设 UA＝110V，UB＝－110V，将测试仪的 UA、UB 分别接在继电器的电压线圈的两端，此时测试仪对外输出的直流电压为 220V。测试仪的开入量应接在继电器的延时接点上。

(2)选择“手动”试验方式。开始输出一定时间后，就能测试出其动作时间。

(3)如果要测试继电器的动作电压，可将 UA、UB 中的某个电压设置为变量，按一定步长从小到大改变 UAB 的大小至保护动作。做该试验时，测试仪的开入量应接在继电器的瞬时接点上。

(4)试验接线图如图 4－1－7－3 所示。

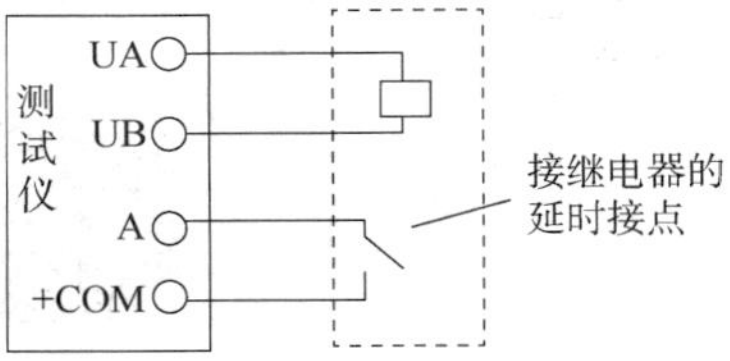


图 4－1－7－3　试验接线图

3.4　交直流试验。

(1)“交直流试验”模块的设置方式和变化模式与“交流试验”模块类似，其具体参数的设置方式可参照“交流试验”和“直流试验”模块。本节仅对其不同之处加以说明。

(2)交直流的切换按钮在“交直”栏中，此栏可以进行交流与直流的切换。鼠标点击“交流”，则软件自动显示“直流”，此时其对应的输出端子则输出直流值；再点击“直流”，则软件自动显示“交流”，此时其对应输出端子则输出交流值。

(3)交流电压单相最大输出 120V。当需要输出更高电压时，可将任意两路电压串联使用，它们的幅值可不同，但相位应反向。例如：设 Ua 输出 120V、0°，Ub 输出 120V、180°，则 Uab 输出的有效值为 240V。

(4)交流电流单相最大输出达到 30A(在 4 电压 6 电流并联模式中单相最大可输出 60A)，若要输出更大电流，可将多路电流并联使用，并联使用时各相的相位应相同。采用大电流输出时，应尽量用较粗、较短的导线，并且输出的时间尽可能短。

(5)单相直流电压最大输出为 ±160V，当需要输出更高的直流电压时，可采用两相电压输出，数值上一正一负，这样输出电压最高可达 320V。比如 UA＝110V，UB＝－110V，则 UAB＝110－(－110)＝220V。UA 和 UB 的值不一定要求相等，但需注意正、负极性。

(6)单相直流电流最大输出为 10A，如需要输出更高的电流，可采用两路或三路电流并联输出的方式，每相幅值应基本相等。

**4　操作要点**

在做时间继电器试验时，由于一般动作时间较长，应选用“手动”试验方式，给继电器加上额定电压后不需变化，一直等待其动作。接线时，应将继电器的延时接点接至测试仪的开入量。

5　注意事项

该直流电源在测试仪通电后即有输出，注意用电安全。

# 项目八　继保之星谐波试验

1　项目简介

该项目适用于学习掌握继保之星谐波试验操作方法。

2　操作前准备

继保之星－1600、移动电源、试验线包。

3　操作步骤

3.1　“谐波叠加”测试可实现三相电压、电流的各次谐波分量叠加输出，用于测试电力系统的设备在各种谐波情况下的工作行为。常用来校验差动谐波制动系数。

(1)UA、UB、UC、IA、IB、IC 均可以叠加直流及 2～20 次谐波输出。

(2)各次分量可以按幅值显示和记录，也可以按基波的百分比方式显示和记录。

(3)可以选择自动变化，也可选择手动变化，幅值和相位均可变化。

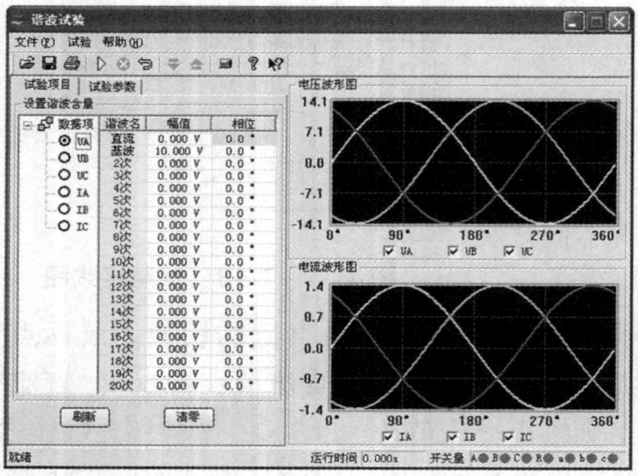


图 4－1－8－1　谐波试验界面

(4)可测量动作值、返回值以及动作时间、返回时间。

(5)谐波试验界面如图 4－1－8－1 所示。

3.2　谐波数据设置。

(1)谐波有两种显示模式。一是以幅值的方式，另外一种就是以基波的百分比来表示。此时，谐波的幅值就和基波的幅值有直接联系。而且，测试仪输出的叠加后的波形也和这个基波的幅值有关系。一般来说，在进行谐波制动试验时，基波的幅值应设置得大于保护的动作整定值(比如说差动保护的启动值)，以保证在谐波较小或为 0 的时候，保护能可靠动作。

(2)如图 4－1－8－2 所示，图上左边选中状态的数据相指的是将要叠加谐波的对应相的通道。幅值有两种方式表示，图中是以幅值的方式表示的，所以其单位是相对应的电流电压的单位，如果以基波的百分比来表示，则显示的是占基波的百分之多少。这里基波和谐波的相位对试验的结果影响不是很大，一般用默认的设置。如果需要设置的话，根据保护的定值设置其两者之间的相位就可以。

图 4－1－8－2　设置谐波含量图

(3)按钮功能。

①  数据复归按钮：试验前设置好的试验数据，在试验期间各量的幅值和相位可能

有变化，在试验结束后，按此键可以让数据复归到试验前的状态。这极大地方便了重复性试验。

②刷新 刷新按钮：该按钮对那些参与过前一个试验的参数不起作用，而只对进行下一个试验前修改的新数据有效。能将新修改的数据“刷新”至修改前的状态。

③清零 清零按钮：它将当前窗口中显示的各次波形(包括基波、直流，以及2～20次谐波)的幅值清零，相位回到其默认状态。即A相的相位回到0°，B相的相位回到－120°，C相的相位回到120°，该键仅对当前界面上显示的参数有效。

(4)如图4－1－8－3所示。可以选择3相都显示，也可以单独显示一相的波形。如图中所显示的就是A相电压叠加后的谐波波形。这个图形显示很方便与示波器的图形进行对比。

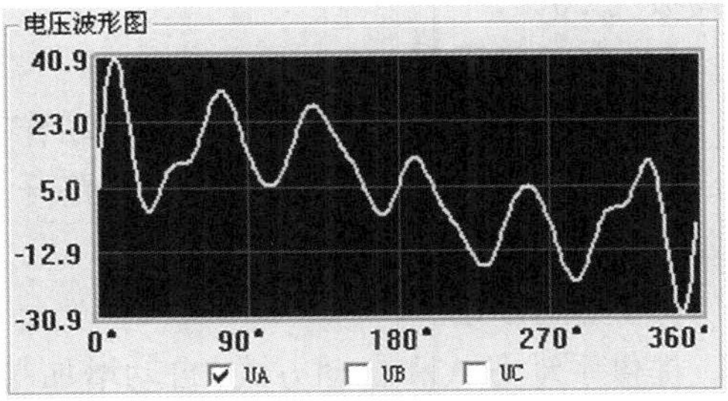

图4－1－8－3　电压波形图

(5)各相电压的直流输出范围是－160～160V，基波和谐波的输出范围是0～120V；各相电流的直流输出范围是－10～10A，基波和谐波的输出范围是0～40A。

(6)在同一个通道中叠加的波形有效值总和不能超过120V(40A)。若超出范围，软件将给出超出范围提示，此时需检查输入数值或检查数据变化后总幅值是否已经超过了120V(40A)。在数据输入时和输出变化中均要进行叠加幅值检查。

3.3　试验参数。

试验参数设置图如图4－1－8－4所示。

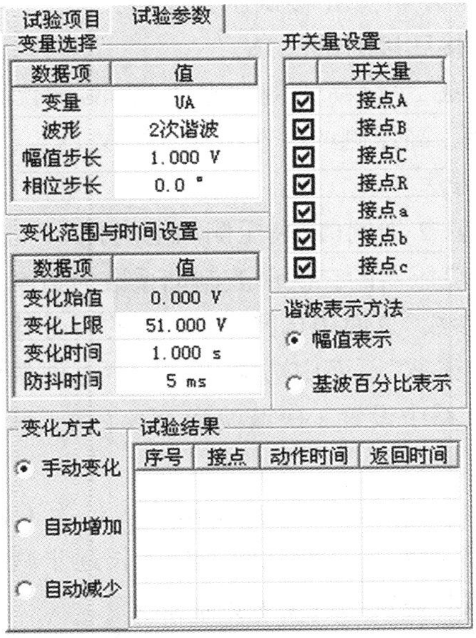

图4－1－8－4　试验参数设置图

(1)变量选择。

①变量：从下拉菜单中选择需要变化的通道，图4－1－8－4中选择的是A相电压作为变化量。

②波形：指的是那次谐波变化，从直流到20次谐波。

③幅值步长：这里的步长也与“谐波表示方法”相对应。当选择“以幅值表示”时，步长也以幅值表示，单位是A或V；而选择“以基波的百分比表示”时，则步长也是百分比。

(2)变化范围、时间。

①变化初值：变化初值是前面所设置好的谐波的值。初值是从前页的谐波数据页面中自动取来的，不能修改。要修改初值必须在谐波数据页中进行。初值在这里以幅值的方式表示。

②变化上限：变化量的输出上限值。该值可以确保输出的量值不至于太大，不会损坏保护装置。

③变化时间：变化时间指的是每变化一步的间隔时间，一般设置为稍大于保护的整定动作时间。

④防接点抖动时间：默认为5ms。做继电器试验时，如果接点抖动较大，应设置较大的防抖时间。

(3)谐波表示方法。

各相的谐波分量的数据可以选择“以幅值表示”，也可以选择“以基波的百分比表示”。当选“以基波的百分比表示”时，在“谐波”页面中各次谐波的值显示为相对于基波幅值的百分比，变量的幅值步长也以基波的百分比表示。例如，在“以幅值表示”时，某相电压2次谐波幅值为2V，基波幅值为10V，则当选择“以基波的百分比表示”时，此时显示的2次谐波为20%。

(4)开关量设置。

开关量页用来定义哪几路开入量动作有效。默认A、B、C、R、a、b、c七路开关量全部有效。试验时可自定义指定哪几路开关量有效(打“√”为有效)。各开关量的关系为“或”关系。

(5)变化方式。

提供手动方式和自动方式(自动增加与自动减少)两种变化方式，来实现试验过程各相谐波分量的变化。

3.4　谐波制动系数检验(以变压器差动保护为例)，设置谐波含量图如图4－1－8－5所示。

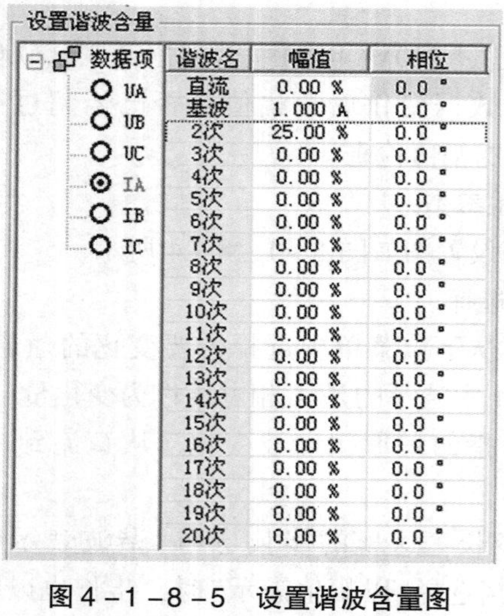


图4－1－8－5　设置谐波含量图

(1)试验接线。

①接线方法1(高、低压侧同时加电流)：测试仪IA接高压侧A相，IB接低压侧a相，高、低压侧的中性线短接后接测试仪IN。

②接线方法2(仅高压侧加电流)：测试仪IA接高压侧A相，高压侧的中性线接测试仪IN。

(2)试验方法。

以接线方法2为例(仅高压侧加电流)。

①假设某变压器的二次谐波制动系数为20%。

②先在“参数”页面中选择“以基波的百分比表示”。然后在“谐波”页面中选中IA，设置基波幅值为2A，并在表格中设置2次谐波为25%(大于谐波制动系数20%，使保护开始试验时不动作)。

③切换至“参数”页面，选择IA为变量，波形为“二次谐波”，并设幅值步长为1%，选择“手动变化”方式。设置好的参数如图4－1－8－5所示。开始试验，按步长逐步减小变量直至保护动作。将动作时IA的二次谐波百分比值与整定的制动系数对照。

## 4　操作要点

4.1　二次谐波试验时，“试验参数”中的“波形”应设置为“二次谐波”。

4.2　二次谐波试验时，“以基波的百分比表示”时一般设置为15%，具体参数按照定值单执行。

## 5　注意事项

试验时注意接线方式的正确性，以免造成误动。

# 项目九　继保之星频率及高低周试验

## 1　项目简介

该项目适用于学习掌握继保之星频率及高低周试验操作方法。

## 2　操作前准备

继保之星－1600、移动电源、试验线包。

## 3　操作步骤

3.1　“频率及高低周试验”测试主要用来测试低周减载和高周切机等保护的各项功能。频率可以下滑进行低周减载测试，也可以上滑进行高周试验，频率及高低周试验界面如图4－1－9－1所示。

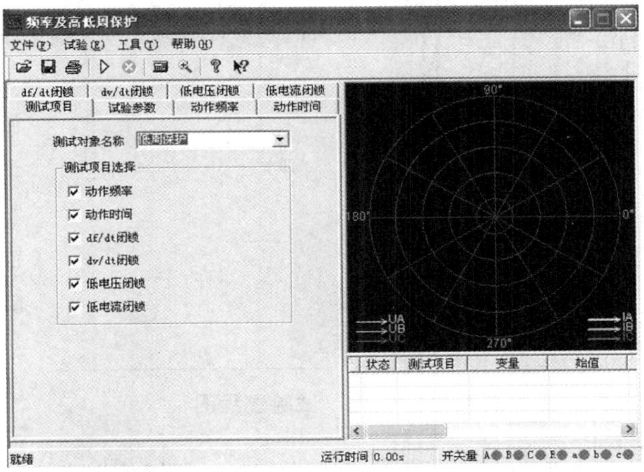


图4－1－9－1　频率及高低周试验界面

3.2　界面说明

(1)测试项目。

①有“动作频率”“动作时间”“df/dt闭锁”“dV/dt闭锁”“低电压闭锁”以及“低电流闭锁”六个测试项目。根据需要，可以选择其中的一个或者多个进行试验。选择多个测试项目时，在一个测试项目测试完毕后，会弹出相应对话框提示是否进行下一个测试项目。

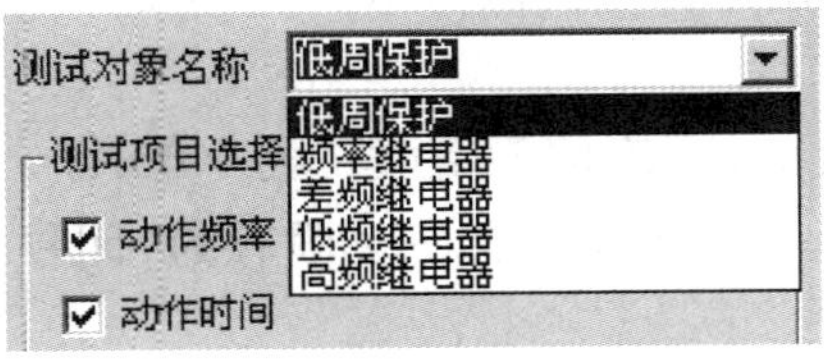


图4－1－9－2　下拉菜单

②测试对象名称中包含“低周保护”“频率继电器”“差频继电器”“低频继电器”以及“高频继电器”五种继电器。默认情况下选择“低周保护”。其下拉菜单如图4－1－9－2所示。

(2)试验参数。

①频率变化前延时：在变量的每个变化过程中，装置先以额定频率50Hz输出，维持至“频率变化前延时”结束，然后再开始变化。该项在有些保护测试时非常有用，可以用来等待保护频率闭锁后解除闭锁。

②测试间断时间：每一次试验结束后装置将停止输出至“测试间断时间”结束，再进入下一次试验。

③整定值：各测试功能页中均有整定值输入框，这些整定值大多在试验期间并不起作用，只是在试验后起到参考对比作用。根据需要自行设定“允许误差”。试验测得的“测试值”与“整定值”进行比较后，得出一个相对误差，从而反映保护的性能。

(3)动作频率。

①动作频率变化范围是频率从测试始值向终值变化。故应使动作频率位于测试始值和终值之间，当频率从始值向终值变化时，跨过动作频率，以使保护能动作。

②测试时频率分两阶段变化。开始以测试始值开始输出，经过变化前延时后，先按所设定的“df/dt”均匀下滑至比整定动作频率高0.2Hz处，然后按设定的步长以一定时间间

隔逐格降低频率。在逐格变频过程中如果保护动作，则测试出动作值。如果未动作，当变化至测试终值，即认为保护不会动作而结束该项目测试。

③这里逐格变频的时间间隔是根据整定的动作时间自动确定的，该时间间隔比整定动作时间长 0.2s。故整定动作时间应设置正确，以保证在变化时间间隔内保护有足够时间可以动作。整定动作频率也必须设置正确，以保证保护在第二阶段逐格变频时可以动作。

④例如：已知低周动作值为 48.5Hz，可以设定测试范围为 50 ~ 48Hz，步长为 0.05Hz。测试始值和终值不能设置得太小(一般应不低于 45Hz)，否则保护将闭锁。

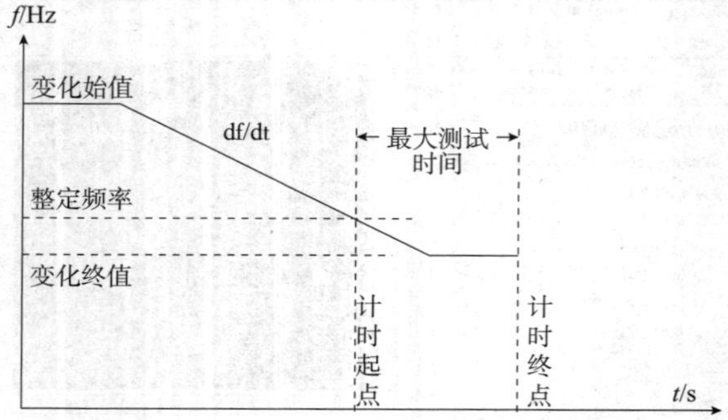


图 4-1-9-3 试验过程图

(4)动作时间。

动作时间测试的方法：频率从测试始值(一般为 50Hz)下滑至终值并等待动作。该终值应小于动作频率值以确保装置可以动作，但测试动作时间的计时器是从所设置的整定频率处开始计时，故整定频率若设置有偏差将影响时间测量精度。试验过程图如图 4-1-9-3 所示。

(5)“df/dt”闭锁。

①“df/dt”测试范围：测试“df/dt 闭锁值”时，在此范围内逐点进行试探测试，每次测试时都从频率始值下滑(或上滑)至终值，下滑(或上滑)的“df/dt”值在该范围内逐点变化，试探至某一轮试验时保护动作，则测试出此时的“df/dt”闭锁值。

②保护在大于整定的“df/dt”值下滑时闭锁，所以，一般变化始值应设置为大于保护整定的闭锁值，变化终值应设置为小于保护整定的闭锁值，即测试时保护从不动作到动作，即可测出保护的“df/dt”闭锁值。

③频率变化范围：每轮试验频率从始值下滑(或上滑)至终值。始值一般为 50Hz，变化终值应小于整定动作频率，但不能设置太小，因为一般装置都有一个固有的“闭锁频率”，频率太低了，装置将会被闭锁不出口。

(6)“dV/dt”闭锁。

这个测试页与上文中的“df/dt 闭锁”很相似，区别在于每轮测试变化的是“dV/dt”值。

①“dV/dt”测试范围：测试“dV/dt 闭锁值”时在此范围内逐点进行试探测试，每次测试时电压都从电压变化始值下滑至终值，下滑的“dV/dt”值在该范围内逐点变化，试探至某一轮试验如果保护动作，则测出“dV/dt”闭锁的边界值。

②因为装置在大于整定的“dV/dt”闭锁值时处于闭锁状态，所以，一般变化始值应设置为大于装置整定的闭锁值，变化终值应设置为小于装置整定的闭锁值。即试验从装置不动作做到动作，从而测出装置的“dV/dt”闭锁值。

③电压变化范围：为了模拟电压下降的过程，一般应设电压的“变化始值”大于“变化终值”。同时，为了保证低周装置不因低电压而闭锁，因此设置的电压“变化终值”应大于装置定值菜单中整定的低电压闭锁值。

④测试时“df/dt”值：在此测试单元里频率总是按所设置的“df/dt”变化，因此设置“df/dt”时，应保证其值小于装置所整定的“df/dt”闭锁值。

(7)低电压闭锁。

①电压测试范围：测试时电压在此范围内逐点进行试探测试，每轮测试时频率变化，但电压固定为某一值。电压值从始值逐渐增加，至某一值时装置解除闭锁正确动作，则该值即为低电压闭锁边界值。

②由于装置在电压小于闭锁值时处于闭锁状态，故一般变化始值应设置为小于装置整定的闭锁值，变化终值应设置为大于装置整定的闭锁值。即试验从装置不动作做到动作，从而测出装置的低电压闭锁值。

(8)低电流闭锁

该测试页与“低电压闭锁”试验方法非常相似。现场试验时，请参考“df/dt 闭锁”“dV/dt 闭锁”和“低电压闭锁”中的操作步骤。

3.3　试验操作。

(1)接线方法。

测试仪三相电压 UA、UB、UC 接保护三相电压，测试仪 UN 接保护的 UN；测试仪开入量 A、B 分别接保护的第一轮和第二轮甩负荷开出引线的一端，另一端短接后接测试仪开入量的公共端；最后接上装置的工作电源(如果装置需要直流工作电源，可以从测试仪后面板的独立直流电源引接)。

(2)选择。

打开“频率及高低周保护”测试模块，选择“低周保护”测试对象的“动作频率”测试项目。

(3)设置。

①切换到“动作频率”测试界面，设置试验数据，试验界面如图 4－1－9－4 所示。

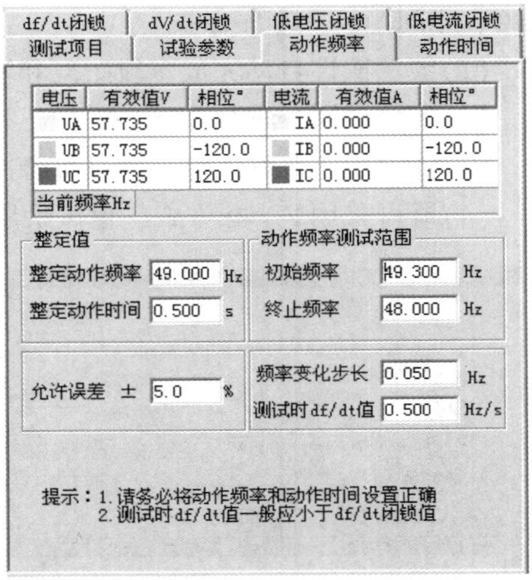


图 4－1－9－4　试验界面

②整定动作频率。按照保护的定值单或保护实际整定的定值设置。该设置项在试验期间只起参考作用，不影响试验结果。

③整定动作时间。保护的定值单上的整定动作时间。第二阶段逐格变频的时间间隔等于该值加 0.2s，该值如果设置太小，有可能会使保护在一个变频时间间隔内来不及动作，故该值应正确设置。

④动作频率测试范围。“初始频率”必须高于保护整定动作频率，并且“终止频率”必须低于整定动作频率，即将动作频率夹在二者之间。

⑤频率变化步长。“变化步长”依据对试验的精度要求而定，一般按默认的 0.05Hz 设置即可。

⑥测试时“df/dt”值。指频率下降过程中第一阶段的均匀变频速率，“df/dt”值应小于保护整定的闭锁值。

3.4　试验开始。

(1)检查试验参数均设置正确后，即可开始试验。试验期间，界面上的“当前频率 Hz”

栏可以观察到当前测试仪输出的实时频率。测试仪未输出电压时，保护上的“异常”灯会亮。当测试仪输出的频率小于保护的“启动值”时，保护上的“启动”灯亮，即启动低周动作元件。

(2)试验的过程如下：输出 50Hz 电压电流，经过变化前延时——频率以“df/dt”速率均匀下滑至“测试初值”——按“变化步长”以“整定动作时间 + 0.2s”的时间间隔逐格下降频率并记录是否保护动作。

### 4　操作要点

做该试验时频率变化前延时一般不能太小，以使保护有足够时间解除闭锁状态。

### 5　注意事项

测试仪通电后即有输出，注意用电安全。

## 项目十　继保之星距离和零序保护

### 1　项目简介

该项目适用于学习掌握继保之星距离和零序保护试验操作方法。

### 2　操作前准备

继保之星 - 1600、移动电源、试验线包。

### 3　操作步骤

3.1　在 110kV 及以上线路保护中一般都设置距离和零序保护作为线路的主保护，而且经常集中在一套保护装置中。距离和零序保护测试模块能够一次性自动测试完各种接地距离、相间距离和零序保护。

(1)能一次性自动完成多段距离和零序保护的各种故障定值的校验。

(2)能测试同一种故障下，保护三相同时或不同时跳闸的时间。

(3)能设置永久性故障，测试重合闸和永跳的时间。

(4)既可采用 Z、Φ 方式，也可采用 R、X 方式设置阻抗定值。

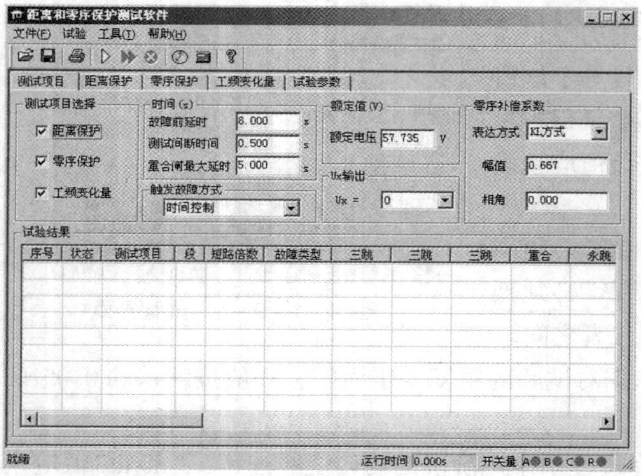


图 4 - 1 - 10 - 1　距离和零序保护测试界面

(5)通过设置“按键触发”的方式，能手动控制故障量的输出。

(6)距离和零序保护测试界面如图 4 - 1 - 10 - 1 所示。

3.2　界面说明。

(1)“距离保护”“零序保护”和“工频变化量”三个试验项目，既可以单选，也可以同时选择。

(2)故障前延时：该时间常用于等待每次动作后保护整组复归，或者“TV 断线”信号消失，或者等待重合闸充电。若仅做保护定值测试而不投入重合闸，这个时间一般设为 2 ~ 10s。如果同时做重合闸试验时，则一般设为 15 ~ 25s。每进行一次故障测试，测试仪都首先进入“故障前延时”状态，输出三相额定电压57.7V，三相电流为0，然后再进入故障状态，输出所设置的故障量。

(3)测试间断时间：每次故障试验结束后，测试仪停止输出，在该时间状态下等待保护接点复归，一般设0.5s即可，也可设为0。

(4)重合闸最大延时：如果投入重合闸，每次故障测试同时做重合闸试验，则在该时间内等待重合闸信号。该时间应大于整定重合闸延时时间。

(5)触发故障方式：从故障前状态到故障状态的触发方式有四种：时间控制、按键触发、开入c触发以及GPS触发。

(6)时间控制：在该触发方式下，故障前状态的持续时间由“故障前延时”确定，时间到，自动进入故障状态。时间控制下，完全由测试仪自动试验，试验期间只需要根据提示投切相应的压板即可。

(7)按键触发：在故障前状态，按面板键盘上任意键，或鼠标点击软件上的触发键即进入故障态。按键触发方式能方便地实现人工控制试验过程。可以方便在试验期间观察保护的报文或打印试验结果。

(8)开入c触发：测试仪开入量c接收到变位信号即进入故障态。该功能可以实现用于多装置同时试验。

(9)GPS触发：将GPS信号接入背板通信接口，通过GPS的PPM脉冲对空间不同的两台测试仪进行联调试验。PPM脉冲到时自动进入故障态。零序补偿系数提供了KL、Kr/Kx、Z0/Z1三种表达方式，详细说明请参照“交流试验”章节。在进行接地距离测试时，必须正确设置零序补偿系数。

3.3 距离保护。

只有选择了“距离保护”测试项目时，该页面才处于激活状态，允许设置相应参数。距离保护参数设置图如图4-1-10-2所示。

**图4-1-10-2 距离保护参数设置图**

(1)相间短路阻抗和接地距离阻抗。

①可以打“√”选择需要进行哪几段保护试验。

②直接将保护整定值输入阻抗数据框中。定值可以选择按Z-Φ方式还是按R-X方式输入。

③设置的每段试验电流必须大于保护的启动电流。并且相间距离试验中，其阻抗与电流的乘积为20~40V较好，不能超过57V；接地距离试验中，其阻抗与电流的乘积为20~30V较好，不能超过57V。一般还应遵守阻抗(或电抗)越小，电流越大的原则，才能保证测试更准确。

④设置的各段“试验时间”必须大于该段的整定动作时间。例如：假设Ⅰ段整定动作时间为0s，Ⅱ段为0.5s，Ⅲ段为1.0s。考虑到保护本身跳闸有一定的固定延时，可以设Ⅰ、Ⅱ、Ⅲ段的试验时间分别为0.2s、0.7s、1.2s，如图4-1-10-2所示。这样，测试的理

想结果将是：0.95倍时本段动作，1.05倍时本段不动，下一段时间不够也动作不了。也可以将上述三段的时间均设置得大于第三段动作时间。这样，测试的理想结果将是：0.95倍时本段动作，1.05倍时本段不动，下一段动作。

⑤将各段整定动作时间输入“整定时间”框内，该时间参量只起参考作用，不影响试验结果。

⑥在“方向”栏中，用鼠标单击，可在“正向”与“反向”之间切换，这样能方便测试一些方向性的距离保护。

⑦最后再选择需要测试的故障类型。其中单相接地故障用于接地距离阻抗校验，两相短路和三相短路用于相间距离阻抗校验。如果要做接地距离试验还需正确输入零序补偿系数。

(2)试验阻抗倍数。

根据保护校验的一般要求，软件提供了0.8倍、0.95倍、1.05倍和1.2倍四种默认的校验倍数，其数值可以修改。如果保护在0.95倍或1.05倍下动作不正确，此时可改选0.8倍或1.2倍，也可以自定义倍数进行测试。

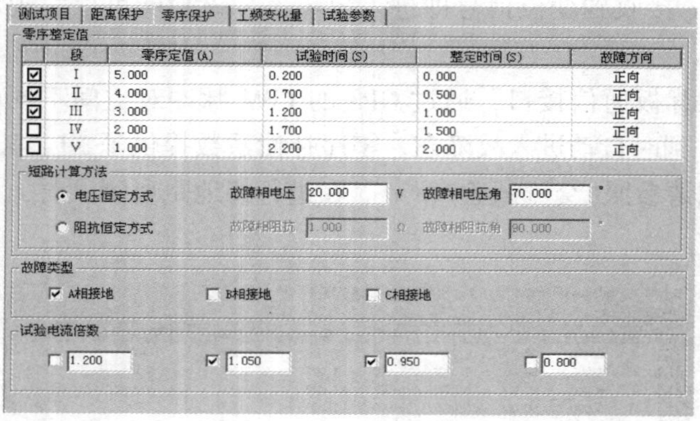


图4-1-10-3 零序保护参数设置图

3.4 零序保护。

只有选择了“零序保护”测试项目时，该页面才处于激活状态，允许设置相应参数。零序保护参数设置图如图4-1-10-3所示。零序保护的试验参数设置与距离保护的试验参数设置基本相同，设置时参考3.3的操作步骤。

(1)电压恒定方式：在这种方式下直接设置故障相电压。在试验时，无论故障电流多大，测试仪输出的故障相电压维持不变。“故障相电压角”指故障时故障电压与故障电流相位夹角。

(2)阻抗恒定方式：在这种方式下，试验时，由故障电流和故障阻抗计算故障相电压。

3.5 工频变化量阻抗元件定值校验。

(1)该测试项目用于测试工频变化量阻抗继电器的动作行为，可对某些线路保护的工频变化量距离保护的定值进行校验，工频变化量设置图如图4-1-10-4所示。

(2)本模块允许同时校验两段定值，并且一次性模拟所有故障类型。试验时，只需要勾选需要测试的项目，然后按定值单将各种定值参数依次进行设置即可。

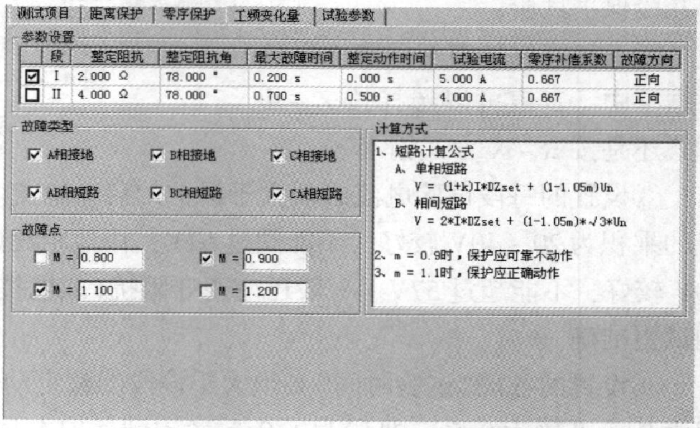


图4-1-10-4 工频变化量设置图

(3)$M$值默认情况下有0.9和

1.1 两种设置，一般地，$M=0.9$ 时，保护应可靠不动作，$M=1.1$ 时，保护应可靠动作。设置 $M=1.2$ 时，可以测出保护的动作时间。

(4)“短路电流”参数应设置得大一些，建议 10～20A，因为短路电流太小，计算出来的电压可能为负值。试验时，“距离保护”压板应投入。

(5)试验参数设置与距离保护的设置基本相同，请参考 3.3。

3.6　矢量图。

试验期间点击“矢量图”按钮，从打开的矢量图窗口中能观察到电压、电流矢量的幅值和相位的实时矢量图。矢量图如图 4－1－10－5 所示。

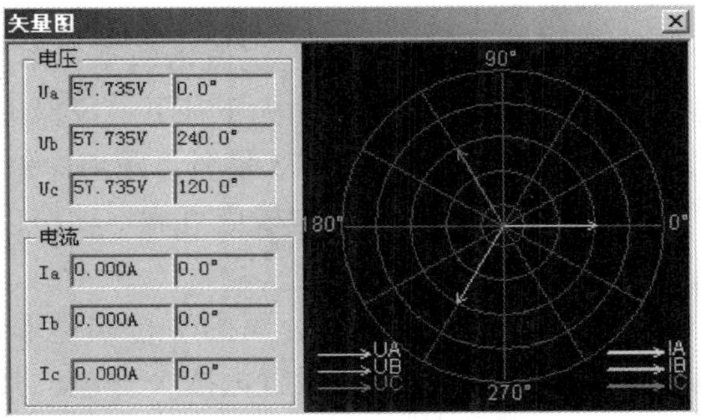

图 4－1－10－5　矢量图

3.7　试验操作。

(1)接线方法：分相跳闸时，保护的跳 A、跳 B、跳 C 和重合闸信号分别接到测试仪的开入端子 A、B、C、R；三跳时，跳闸信号接入开入 A、B、C 任何端子，重合闸接入 R 端子。

(2)投退压板：做哪个项目试验，就投入与该项目有关的保护压板。

(3)选择测试项目，并设置各项目试验参数。一般触发方式按默认的“时间控制”方式。开始试验后软件自动回到第一页，按列表中的试验数据顺序逐次进行试验，试验结果图如图 4－1－10－6 所示。

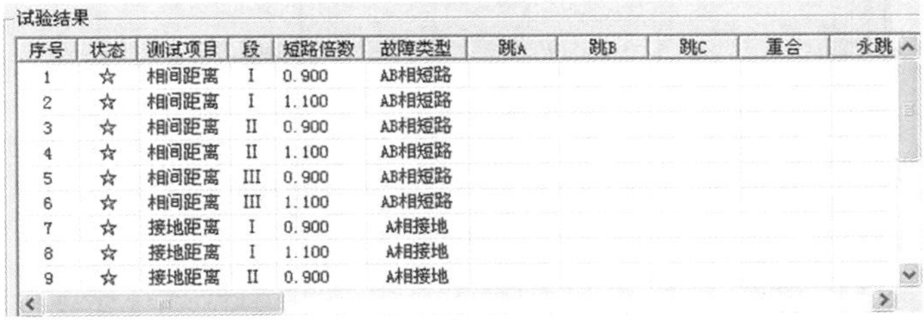
试验结果

| 序号 | 状态 | 测试项目 | 段 | 短路倍数 | 故障类型 | 跳A | 跳B | 跳C | 重合 | 永跳 |
|---|---|---|---|---|---|---|---|---|---|---|
| 1 | ☆ | 相间距离 | Ⅰ | 0.900 | AB相短路 | | | | | |
| 2 | ☆ | 相间距离 | Ⅰ | 1.100 | AB相短路 | | | | | |
| 3 | ☆ | 相间距离 | Ⅱ | 0.900 | AB相短路 | | | | | |
| 4 | ☆ | 相间距离 | Ⅱ | 1.100 | AB相短路 | | | | | |
| 5 | ☆ | 相间距离 | Ⅲ | 0.900 | AB相短路 | | | | | |
| 6 | ☆ | 相间距离 | Ⅲ | 1.100 | AB相短路 | | | | | |
| 7 | ☆ | 接地距离 | Ⅰ | 0.900 | A相接地 | | | | | |
| 8 | ☆ | 接地距离 | Ⅰ | 1.100 | A相接地 | | | | | |
| 9 | ☆ | 接地距离 | Ⅱ | 0.900 | A相接地 | | | | | |

图 4－1－10－6　试验结果图

(4)如果同时测试接地距离和零序保护，试验期间，做接地距离保护测试时，软件会提示“请退出零序保护压板，投入距离保护压板”，做零序保护测试时，软件会提示“请退出距离保护压板，投入零序保护压板”。

(5)试验结束后，按软件提示保存试验报告。0.95 倍和 1.05 倍是默认的两个测试边界点，0.8 倍和 1.2 倍是在用 0.95 倍和 1.05 倍测试不满足上述动作要求时，降低保护动作要求，对保护整定值的“容忍性”测试，如果仍不能正确动作，需检查保护原因并与保护厂家联系解决。

(6)测试期间如发现本应Ⅱ段或Ⅲ段保护动作的，而测试仪记录下的动作时间为Ⅰ段动作时间，应检查重合闸后加速是否误动作了，若是，先退出重合闸后加速压板或控制字再进行测试。

(7)测试时，如果保护的跳闸 A、B、C 分别接至测试仪的开入 A、B、C，而试验期间总会偶尔听见测试仪发出长鸣报警声，而实际上测试仪未能记录下保护的动作时间。这时，应检查此种情况下的故障相总与哪一相有关。例如，AC相间故障时出现过，BC相间故障时也出现过，则可初步判定，测试仪未能接收到保护跳闸C传来的开关变位信号，应检查保护侧跳闸C是否接触良好。也可将保护跳闸A、B、C三根信号线短接，一起接到测试仪的开入A中。

**4 操作要点**

4.1 若想让保护在某一定值倍数下，本段保护不动作而让下一段保护动作，需将该段的“最大故障时间”设置为大于其下一段保护动作时间0.2s及以上。

4.2 当校验倍数为0.95倍时，距离保护本段应可靠动作，零序保护本段应可靠不动作；1.05倍时，距离保护本段应可靠不动作，零序保护应可靠动作。

**5 注意事项**

5.1 有些保护如四方公司的平行四边形特性保护其定值以电抗XX1－XX4、XD1－XD4方式等给出的，则仅设置电抗X分量，其电阻R分量应设为0。

5.2 如果做接地距离保护试验，请按整定值清单给出的零序补偿系数类型和数值正确设置零序补偿系数。

# 模块二　保护调试

## 项目一　线路继电保护调试

### 1　项目简介

线路保护试验是变电站继电保护调试的最基本内容，主要用于变电站内线路保护、站用变等装置的保护试验。本项目通过操作微机保护试验仪器来掌握线路保护调试方法。

### 2　操作前准备

继保之星、微机保护装置、试验线、接线插头、定值单。

### 3　操作步骤

3.1　电流Ⅰ段。

(1)动作条件。

①试验电流达到Ⅰ段电流定值且达到整定的时间定值。

②以电流由母线流向线路为正方向，电流动作为90°～－30°。

(2)接线方法。

①测试仪输出的UA、UB、UC、UN(可不接)接对应保护装置后端子排上的电压端子UA、UB、UC。

②测试仪输出的电流IA(IB或IC)与IN接对应端子排上的保护电流IA(IB、IC)与IN。

(3)试验方法如表4－2－1－1所示。

表4－2－1－1　试验方法表

<table>
<tr><th>相别</th><th>电流</th><th>电压</th><th>备注</th></tr>
<tr><td rowspan="3">A相测试</td><td rowspan="3">逐步增大相电流值至Ⅰ段电流定值保护动作</td><td>UA＝57.74V　相位90°</td><td rowspan="9">1. 当测试仪输出电流大于电流保护定值时，通过改变相位来找出电流动作相位；<br>2. 当电流相位在动作区时，通过逐步增大相电流测出电流动作值；<br>3. 57.74V为相电压，57.74V×$\sqrt{3}$＝100V为线电压；<br>4. 说明书显示电流动作方向</td></tr>
<tr><td>UB＝57.74V　相位330°</td></tr>
<tr><td>UC＝57.74V　相位210°</td></tr>
<tr><td rowspan="3">B相测试</td><td rowspan="3">逐步增大相电流值至Ⅰ段电流定值保护动作</td><td>UA＝57.74V　相位210°</td></tr>
<tr><td>UB＝57.74V　相位90°</td></tr>
<tr><td>UC＝57.74V　相位330°</td></tr>
<tr><td rowspan="3">C相测试</td><td rowspan="3">逐步增大相电流值至Ⅰ段电流定值保护动作</td><td>UA＝57.74V　相位330°</td></tr>
<tr><td>UB＝57.74V　相位210°</td></tr>
<tr><td>UC＝57.74V　相位90°</td></tr>
</table>

3.2　电流Ⅱ段。

(1)动作条件。

①试验电流达到Ⅱ段电流定值且电压小于闭锁电压值，延时到时间定值保护动作。

②以电流由母线流向线路为正方向，电流动作为90°～－30°。

(2)接线方法。

①测试仪输出的UA、UB、UC、UN(可不接)接对应保护装置后端子排上的电压端子

UA、UB、UC。

②测试仪输出的电流 IA(IB 或 IC)与 IN 接对应端子排上的保护电流 IA(IB、IC)与 IN。

(3)试验方法如表 4－2－1－2 所示。

表 4－2－1－2　试验方法表

| 相别 | 电流 | 电压 | 备注 |
|---|---|---|---|
| A 相测试 | 逐步增大相电流值至Ⅱ段电流定值保护动作 | UA < 闭锁电压定值　相位 90° | 1. 当测试仪输出电流大于电流保护定值时，通过改变相位来找出电流动作相位；<br>2. 当电流相位在动作区时，通过逐步增大相电流测出电流动作值；<br>3. 电流和相位都达到了动作要求后，电压也要在闭锁电压定值以下，保护才能动作；<br>4. 所给闭锁电压值一般为线电压，除以 $\sqrt{3}$ 后为相电压；<br>5. 说明书显示电流动作方向 |
| | | UB < 闭锁电压定值　相位 330° | |
| | | UC < 闭锁电压定值　相位 210° | |
| B 相测试 | 逐步增大相电流值至Ⅱ段电流定值保护动作 | UA < 闭锁电压定值　相位 210° | |
| | | UB < 闭锁电压定值　相位 90° | |
| | | UC < 闭锁电压定值　相位 330° | |
| C 相测试 | 逐步增大相电流值至Ⅱ段电流定值保护动作 | UA < 闭锁电压定值　相位 330° | |
| | | UB < 闭锁电压定值　相位 210° | |
| | | UC < 闭锁电压定值　相位 90° | |

3.3　电流加速段。

(1)动作条件。

①压板投入。

②保护装置充电结束。

③断路器由分位变合位，加速功能开放 3s(也就是说，在此 3s 内给加速段故障电流，保护动作)。

④延时时间到。

(2)接线方法。

①测试仪输出的电流 IA(IB 或 IC)与 IN 接对应端子排上的保护电流 IA(IB，IC)与 IN。

(3)试验方法。

①断路器在开位，并且保护装置充电 30s 后，充电灯常亮该功能投入。

②在断路器合闸后 3s 内只给出三相或任一相高于加速电流定值并且延时到后，保护动作，断路器跳闸。

3.4　重合闸试验。

(1)动作条件。

①压板投入。

②故障跳闸后，故障消失，延时自动重合一次。

(2)接线方法。

根据保护方式的要求进行接线。

(3)试验方法。

给故障断路器跳闸，故障消失到重合闸时间定值后，断路器重合。

3.5　低电压保护。

(1)动作条件。

①三个线电压中的任意一个低于低电压整定值(有的保护装置低电压元件要求三相电

压都要低于低电压定值)。

②三相电流都低于0.25A；高于0.25A时报PT断线。

③从有压到欠压。

④DL在合位。

⑤延时时间到。

(2)接线方法。

测试仪输出的UA、UB、UC、UN(可不接)接对应保护装置后端子排上的电压端子UA、UB、UC上。电流可以不接线。

(3)试验方法。

①断路器在合位。

②给正常三相电压后逐渐减小电压幅值到保护动作。

③试验数据和定值对比。

3.6　过电压保护。

(1)动作条件。

①三相电压任一相高于整定值。

②DL在合位。

③延时时间到。

(2)接线方法。

测试仪输出的UA、UB、UC、UN(可不接)接对应保护装置后端子排上的电压端子UA、UB、UC上。电流可以不接线。

(3)试验方法。

①断路器在合位。

②给正常三相电压后逐渐增加电压幅值到保护动作。

③试验数据和定值对比。

3.7　不平衡电压(电流)保护。

(1)动作条件。

①单相不平衡输入量(电压或电流)或三相不平衡输入量中任一个大于不平衡电流或电压定值。

②DL在合位。

③延时时间到。

(2)接线方法。

①不平衡电压保护试验时，测试仪输出的UA、UB、UC、UN(可不接)接对应保护装置后端子排上的电压端子UA、UB、UC(本侧电压)。

②不平衡电流保护试验时，测试仪输出的电流IA(IB或IC)与IN接对应端子排上的保护电流IA(IB、IC)与IN。

(3)试验方法。

①断路器在合位。

②单相或三相从输入无压或无电流到大于不平衡电流或电压定值时；三相任一相到不平衡值时延时保护动作。

3.8 低周减载保护。

(1)动作条件。

①三相平衡电压(相位 UA90°、UB330°、UC210°或正相序)，且三相电压值大于低电压闭锁定值，电压不正常时自动退低周保护。

②自动滑差小于闭锁滑差定值。此保护为频率滑差闭锁(频率变化率“df/dt”小于闭锁滑差定值)以区分故障情况，电机反馈和真正的有功缺额。

③系统频率小于低频率定值。(即 $f<F$) 当频率下降到低周整定值以下时出口动作但频率太低时(45Hz 以下)装置将会被频率闭锁保护不出口。

④低周时间大于低周时间定值。

⑤本线路负荷电流大于 0.5A。

⑥有的保护还有 dV/dt 电压滑差闭锁——测试 dV/dt 电压滑差闭锁值时在闭锁值范围内逐点进行试探测试，每次测试时电压都从电压变化始值下滑到终值，下滑的 dV/dt 值在该范围内逐点变化，试探至某一轮试验如果保护动作，则测出 dV/dt 闭锁值。保护装置在大于整定的 dV/dt 闭锁值时保护处于闭锁状态。所以一般变化始值应设置为大于装置整定的闭锁值，变化终值应设置为小于装置整定的闭锁值。即试验从装置不动作到动作，从而测出装置的 dV/dt 电压滑差闭锁值；为了保证低周装置不因为低电压而闭锁，因此设置电压的“变化终值”时应大于装置定值菜单中整定的低电压闭锁值。“低电流闭锁”和“低电压闭锁”试验方法相似。

(2)接线方法。

①测试仪输出的 UA、UB、UC、UN(可不接)接对应保护装置后端子排上的电压端子 UA、UB、UC(本侧电压)。

②测试仪输出的电流 IA、IB、IC、IN 接对应保护装置后端子排上的 IA、IB、IC、IN。

(3)试验方法。

①断路器在合位。

②电压给三相大于低电压闭锁定值的平衡电压，三相电流大于 0.5A。

③测试时频率分两阶段变化：开始以 50Hz 输出，经过变化前延时(一般为 5s)，可以使低频保护解除闭锁状态，然后先按所设定的自动滑差值均匀下滑至“整定动作频率 + 0.1Hz”处，测试仪自动改为以“0.01Hz/每步时间”的速率逐格变频，直到保护动作，则测出频率动作值和动作时间，这里的“每步时间”等于“低周整定动作时间 +0.2s”。如未动作，当变化至测试终值，即认为保护不会动作而结束该项目测试。频率变化前延时一般不能太小，以使保护有足够的时间解除闭锁状态。这里逐格变频的时间间隔是根据整定的动作时间自动确定的，该时间间隔比整定动作时间长 0.2s，故整定动作时间应设置正确，以保证在变化时间间隔内保护有足够时间可以动作。设终止频率稍小于低周定值，变化终值不能设置得太小(一般应不低于 45Hz)，否则保护将闭锁。

④输出 50Hz 电压电流，经过变化前延时——频率以 df/dt 频率自动滑差(小于闭锁滑差值)的速率匀速下滑至“测试初值”——按“变化步长”(一般为 0.01Hz)以“整定动作时间 +0.2s”的时间间隔逐格下降频率并记录保护是否动作。

3.9 母联充电保护。

(1)动作条件。

①断路器在分位，并且保护装置充电 30s 后，该功能投入。

②有复合电压闭锁时，任一线电压低于低电压定值或高于三相夹角等于120°幅值相等的负序电压定值时开放保护，如果充电保护使用的是纯电流，也可以不接入母线电压，因为一般分段开关只测量电流，而不需要计算功率。开关由分到合后自动投入，经延时自动退出。

③在合闸后3s内给大于充电电流定值的电流，延时到后保护动作，断路器跳闸。

(2)接线方法。

①不平衡电压保护试验时，测试仪输出的UA、UB、UC、UN(可不接)接对应保护装置后端子排上的电压端子UA、UB、UC(本侧电压)。

②不平衡电流保护试验时，测试仪输出的电流IA(IB或IC)与IN接对应端子排上的保护电流IA(IB、IC)与IN。

③无复合电压闭锁时：测试仪输出的电流IA(IB或IC)与IN接对应保护装置后端子排上的IA(IB，IC)与IN。

(3)试验方法。

①断路器在开位，并且保护装置充电30s后，充电灯常亮以后该功能投入。

②有复合电压闭锁时，在断路器合闸后3s内保护装置给出三相或任一相低于低电压定值，或低于三相夹角等于120°幅值相等的负序电压定值的电压，和三相或一相高于充电电流定值的电流，保护动作，断路器跳闸。

③无复合电压闭锁时，在断路器合闸后3s内保护装置只给出三相或任一相高于充电电流定值的电流，保护动作，断路器跳闸。

**4　操作要点**

4.1　根据控制字查看保护装置说明书来判断电流某一段的保护功能。

4.2　做某段保护试验时，退出其他段压板。

4.3　试验详细步骤可参考附录一、附录二。

4.4　电机保护以及电容器保护试验方法与线路保护相似，可参考附录三。

**5　注意事项**

5.1　看懂图纸，熟知回路动作原理，做好回路动作调试的确认。

5.2　看保护装置说明书，了解装置硬件、保护装置的技术参数，熟知保护装置的各种保护动作原理及动作条件。

5.3　看保护定值单，掌握保护装置调试内容。

5.4　根据保护装置调试的保护内容画好试验接线图，试验方法得当，电压及电流回路接线要正确无误，测试仪器输出参数准确。

5.5　填好试验表格，保证试验数据正确。

## 项目二　变压器继电保护调试

**1　项目简介**

变压器保护试验是变电站继电保护调试的最基本内容，主要用于变电站内主变装置的保护试验，联合站注水电机保护装置试验也同样适用。本项目通过操作微机保护试验仪器来掌握变压器保护调试方法。

**2　操作前准备**

继保之星、变压器保护装置、试验线、接线插头、定值单。

3　操作步骤

3.1　差流越线保护。

(1)保护动作条件：差流≥差流越线值，延时告警。

(2)试验方法：用交流试验界面做试验(此保护和电流参数、平衡系数有关)。高、中、低三侧的A、B、C三相同时加或三相分别加差流越线电流定值，一般延时告警。

3.2　差动启动电流保护。

(1)保护动作条件：差流≥差流启动定值。

(2)试验方法。

①用交流试验界面做试验(此保护和电流参数、平衡系数有关)。高、中、低三侧的A、B、C三相同时加或三相分别加差流启动电流定值，0S差动动作。

②例：李拐变1#主变差动启动电流定值为2.38A(保护装置为PST640)，差动保护装置平衡系数显示(不同的主变平衡系数不一样)：110kV侧为1，35kV侧为1.105，6kV侧为0.99。所以，计算后三侧差动启动电流，110kV侧差动动作启动电流值为：2.38A÷1＝2.38A；35kV侧差动动作启动电流值为2.15A；6kV侧差动动作启动电流值为：2.38A÷0.99＝2.4A。有的差流值直接看装置内各侧的转换电流就可以了，转换电流是和变压器的联结组别有关。

3.3　差流速断保护。

(1)保护动作条件：差流≥差动速断电流定值。

(2)试验方法：用交流试验界面做试验(此保护和电流参数、平衡系数有关)。高、中、低三侧的A、B、C三相同时加或三相分别加差流速断电流定值，0S差动速断动作。

3.4　比例差动保护。

(1)比率差动保护是差动保护的一种。差动保护采取比率差动的原理，防止在变压器区外故障(穿越性故障)时，高低压侧CT传变特性不一致，导致差流的产生，并且超过定值而动作，当采用了带比率制动的差动保护后，随着穿越电流的增大，差动启动的门槛将会抬高，保证穿越性故障不误动。

(2)假设保护的差动电流为$I_d$，制动电流为$I_{zd}$，差动门槛定值为$I_{dzo}$，差动速断定值为$I_{sd}$，拐点1为$I_{g1}$，比率制动系数为$K_1$，拐点2为$I_{g2}$，比率制动系数为$K_2$。

则国内绝大部分保护的动作方程均为：

①当制动电流$I_{zd}$≤拐点$I_g$时，差流$I_d$≥差流启做定值$I_{dzo}$，差动保护动作；

②当制动电流$I_{zd}$>拐点$I_{g1}$而<拐点$I_{g2}$时，$I_d > I_{dzo} + K_1(I_{zd} - I_{g1})$；

③当制动电流$I_{zd}$>拐点$I_{g2}$时，$I_d > I_{dzo} + K_1(I_{g2} - I_{g1}) + K_2(I_{zd} - I_{g2})$；

④当差动电流$I_d$>差动速断定值$I_{sd}$。

⑤例：变压器连接组别为：Y/ Y/Δ，此试验方法对于三卷变，每次取两侧分别做，例如“高－低”“高－中”分别做。试验时所选参数应与相对应的变压器的接线方式一致。保护动作条件：当制动电流$I_{zd}$≤拐点$I_g$时，差流$I_d$≥差流启动定值$I_{dzo}$，差动保护动作；当制动电流$I_{zd}$>拐点$I_g$时，$I_d > I_{dzo} + K(I_{zd} - I_g)$，$K$为比率制动系数。

(3)110kV侧与6kV侧(Y/Δ)以A相为例。(假设拐点电流为3.34A；制动系数为0.5；速断电流为38.0A)因为变压器的110kV侧连接组别为Y，6kV侧连接组别为Δ，所以6kV侧有差流，因而从有差流相加一个等值的电流来作为高压侧补偿电流来平衡差流相，不加平衡电流差启会动作，而做不出比率制动保护。接线时测试仪的IA固定接差动保护装置高压侧电流输入端，IB 固定接保护低压侧电流输入端，而 IC 作为补偿电流用，在选高压侧相位调整时作为高压侧补偿电流，选低压侧相位调整时作为低压侧补偿电流。相位调整方式：

①当变压器接线为 Y/Y 时，两侧本是同相位，TA 接线一般为 Y/Y，选相位不调整。

②当变压器接线为 Y/Δ 时，两侧不同相位，对微机保护 TA 接线一般也为 Y/Y。如果保护设计为高压侧内部相位补偿，则选高压侧相位调整，如果保护设计为低压侧内部相位补偿(如南瑞的 RCS－978 型保护)，则选低压侧相位调整，如果保护设计为无内部相位补偿，靠 TA 外部接线补偿，则选不调整。

③平衡系数一般默认为 1，但常常又测得实际值为 1.732。按以下方法确定高压侧的平衡系数：在进行差动门槛和速断值测试时，如果实测的动作电流等于 1.732 的整数值时，则计算时高压侧平衡系数取 1.732。如果实测的动作电流等于整数值时，则计算时高压侧平衡系数取 1。

④以某 110kV 变电站 A 相为例，差动启动电流为 2.38A；拐点为 3.34A；制动系数为 0.5。试验步骤如表 4－2－2－1 所示。

**表 4－2－2－1 试验步骤**

| 试验次数 | | 1（选择最小电流要大于拐点定值） | 2 | 3 | 4（选择最大电流要小于差速电流） |
|---|---|---|---|---|---|
| 110kV 侧 | A 相 | 5A 0° | 8A 0° | 9A 0° | 10A 0° |
| 6kV 侧 | A 相 | 5A 180° ↓（减） | 8A 180° ↓（减） | 9A 180° ↓（减） | 10A 180° ↓（减） |
| | C 相 | 5A 0° | 8A 0° | 9A 0° | 10A 0° |
| 差动电流 $I_d$（保护装置显示） | | 3.215A | 4.683A | 5.170A | 5.678A |
| 制动电流 $I_{zd}$（保护装置显示） | | 4.995 A | 7.922A | 8.923A | 9.899A |

在 110kV 侧的 A 相加入大于拐点而小于差速电流的几个自设电流值，6kV 侧 C 相加一个同 110kV 侧的 A 相相等的电流值，6kV 侧 A 相加一个稍小于自设值的电流，该值慢慢减小直到比率差动动作。从保护装置“其他”中的“参数显示”里看“差动电流值”和“制动电流值”记录下来。

比例制动系数计算(方法一)：根据差动制动系数公式 $K=\tan\alpha=(I_{d2}-I_{d1})/(I_{zd2}-I_{zd1})$ 计算出 $K$ 值。

取上表中的第 4 次和第 2 次试验数据，则：

$$
\begin{aligned}
K &= (5.678-4.683)/(9.899-7.922)\\
&= 0.995/1.977\\
&= 0.503
\end{aligned}
$$

比例制动系数计算(方法二)：根据差动制动系数公式 $I_d=I_{dzo}+K(I_{zd}-I_g)$ 计算出 $K$ 值。

取上表中的第 2 次试验数据，则：

$K = (I_d - I_{dzo})/(I_{zd} - I_g)$
$= (4.683 - 2.38)/(7.922 - 3.34)$
$= 2.303/4.582$
$= 0.503$

(4)接线方法。

方法一(以A相为例)：

①当变压器接线类型为Y/Y(Y0)时。测试A相时，测试仪IA接保护高压侧的A相，测试仪IB接保低压侧的a相，IA，IB相位相差180°，保护高、低压侧的中性线短接后，接测试仪的IN，不存在补偿电流问题。测试B，C相时，接线类似。

②当变压器接线类型为Y/Δ－11时。测试A相时，测试仪IA接保护高压侧的A相，测试仪IB接保护低压侧的a相，测试仪IC接保护低压侧的c相，保护高、低压侧的中性线短接后，接测试仪的IN，其中IC作为补偿电流。测试仪IA设为0°，IB设为180°，IC设为0°。

测试B相时，测试仪IA接保护高压侧的B相，测试仪IB接保护低压侧的b相，测试仪IC接保护低压侧的a相，保护高、低压侧的中性线短接后，接测试仪的IN，其中IC作为补偿电流。测试仪IA设为0°，IB设为180°，IC设为0°。

测试C相时，测试仪IA接保护高压侧的C相，测试仪IB接保护低压侧的c相，测试仪IC接保护低压侧的b相，保护高、低压侧的中性线短接后，接测试仪的IN，其中IC作为补偿电流。测试仪IA设为0°，IB设为180°，IC设为0°。

③当变压器接线类型为Y/Δ－11时，考虑到加在低压侧的两个电流具有“大小相等，方向相反”的特性，试验时可只需给保护输入两路电流。

测试A相时，测试仪IA接保护高压侧的A相，测试仪IB接保护低压侧的a相，保护低压侧a、b相负极性端短接，低压侧的c相与保护高压侧的中性线短接后接测试仪的IN。测试仪IA设为0°，测试仪IB设为180°。

测试B相时，测试仪IA接保护高压侧的B相，测试仪IB接保护低压侧的b相，保护低压侧a、c相负极性端短接，低压侧的a相与保护高压侧的中性线短接后接测试仪的IN。测试仪IA设为0°，测试仪IB设为180°。

测试C相时，测试仪IA接保护高压侧的C相，测试仪IB接保护低压侧的c相，保护低压侧b、c相负极性端短接，低压侧的b相与保护高压侧的中性线短接后接测试仪的IN。测试仪IA设为0°，测试仪IB设为180°。

方法二(六路电流差动接线方法)：

六路电流差动方式接线非常简单，无论变压器是哪一种接线方式，试验时接线方法都是：将测试仪的第一组三相电流IA、IB、IC接入保护的高压侧电流IA、IB、IC，将测试仪的第二组三相电流Ia、Ib、Ic接入保护的低(中)压侧电流Ia、Ib、Ic即可，接线方式非常简单。对应相电流之间的相位差与变压器的接线方式如表4－2－2－2所示。

**表4－2－2－2 接线方式**

| 变压器接线方法 | 高压侧电流相位 | 低压侧电流相位 |
|---|---|---|
| Y/Y－12 | 0° | 180° |
| Y/Δ－11 | 0° | 210° |
| Y/Δ－1 | 0° | 150° |

方法三[110kV 侧与 35kV 侧(Y/Y)接线方法]：

当变压器接线类型为 Y/Y(Y0)时，测试 A 相时，测试仪 IA 接保护高压侧的 A 相，测试仪 IB 接保护低压侧的 a 相，保护高、低压侧的中性线短接后，接测试仪的 IN，不存在补偿电流问题。测试仪 IA 设为 0°，测试仪 IB 设为 180°(加在 A 相上的电流大小相等、方向相反)。

测试 B 相时，测试仪 IA 接保护高压侧的 B 相，测试仪 IB 接保护低压侧的 b 相，保护高、低压侧的中性线短接后，接测试仪的 IN，不存在补偿电流问题。测试仪 IA 设为 0°，测试仪 IB 设为 180°(加在 B 相上的电流大小相等、方向相反)。

测试 C 相时，测试仪 IA 接保护高压侧的 C 相，测试仪 IB 接保护低压侧的 c 相，保护高、低压侧的中性线短接后，接测试仪的 IN，不存在补偿电流问题。测试仪 IA 设为 0°，测试仪 IB 设为 180°(加在 C 相上的电流大小相等、方向相反)。

3.5 方向复流保护。

(1)保护动作条件。

①三相电压应遵循 90°接线，并且三相都应低于低电压定值或高于三相夹角等于 120°幅值相等的负序电压定值。

②故障电流大于复压过流电流定值且方向在 −60° ~ −120°。

③延时时间到。

(2)试验方法。

①测试仪输出的 UA、UB、UC、UN(可不接)接对应保护装置后端子排上的电压端子 UA、UB、UC(本侧电压)。

②测试仪输出的电流 IA(IB 或 IC)与 IN 接对应保护装置后端子排上的 IA(IB、IC)与 IN。

③A 相测试。

IA > 方向复流电流定值，UA < 低电压定值，或 UA > 负序电压定值相位 90°；UB < 低电压定值，或 UB > 负序电压定值，相位 330°。

UC < 低电压定值，或 UC > 负序电压定值，相位 210°。

④B 相测试。

IB > 方向复流电流定值，UA < 低电压定值，或 UA > 负序电压定值相位 210°。UB < 低电压定值，或 UB > 负序电压定值，相位 90°。

UC < 低电压定值，或 UC > 负序电压定值，相位 330°。

⑤C 相测试。

IC > 方向复流电流定值，UA < 低电压定值，或 UA > 负序电压定值相位 330°；UB < 低电压定值，或 UB > 负序电压定值，相位 210°。

UC < 低电压定值，或 UC > 负序电压定值，相位 90°。

⑥测试仪变量选“相位”，电流动作相位是(坐标里的角度) −60° ~120°(在第一、第二、第四象限)，此相位为正向动作区。改变电流相位找出保护动作边界。

⑦复压正向动作区保护线路(线路有故障时跳本侧开关而不跳变压器侧开关)；复压反向动作区保护主变。

⑧一般微机保护对角度的定义为：电压超前电流的方向为正，反之为负。并且常常默认电压的角度为 0°，即电流的角度是以电压为参考的。其最大灵敏度角 45°，两个动作边界分别为 $-135° \leqslant \Phi \leqslant 45°$(最大灵敏度角为 30°，两个动作边界分别为 $-120° \leqslant \Phi \leqslant 60°$)。这与 $X/Y$ 坐标里的角度概念正好相反。动作边界为灵敏度角向超前方向移动 90°。

3.6 过负荷报警。

(1)保护动作条件：当电流达到过负荷告警整定电流且达到整定时间后，过流保护出口(告警)。

(2)试验方法：用交流试验界面做试验(此保护与电压参数无关)，高、中、低三侧的A、B、C三相分别加单相过负荷电流定值，延时告警。

4　操作要点

4.1　对于微机差动保护，实际上比例制动和速断保护是两套保护，所以很多保护都设置了控制字，用于投、退这两种保护。无论是比例制动，还是速断保护，它们动作出口都很短，一般在30~60ms之间，而这两种保护往往又共用一个出口接点，这给测试工作带来一些不便。测试差动速断时，一般应将“比例制动”保护由控制字退出，如果不退出，或有些保护没有这种退出功能，则只有在比例制动保护动作后，继续增加输出电流，从保护指示灯或有关报文判断差动速断保护是否动作。

4.2　微机差动保护是相对比较复杂的一个保护，所以调试起来也难免会遇到问题，一般对试验结果影响较大的有以下几点：

(1)平衡系数的设置。平衡系数设置不对可能会使测试出来的曲线与整定的曲线偏差较大。

(2)制动公式选择不对会使测试出来的曲线以及计算出来的制动系数与保护的整定值有很大的偏差，甚至完全不对。

(3)用三相电流做试验时，若补偿电流未加进去，试验时往往是第一个动作点动作正确，而其后的动作点都是加上电流就动作。这是因为未加补偿电流，虽然要做的试验相没满足差动动作条件，但是补偿相的差流会超过差动整定值，所以保护很快会有出口。

5　注意事项

5.1　看懂图纸熟知回路动作原理，做好回路动作调试及非电量的确认。

5.2　看保护装置说明书，了解装置硬件、保护装置的技术参数，熟知保护装置的各种保护动作原理及动作条件。

5.3　看保护定值单，掌握保护装置调试内容。

5.4　根据保护装置调试的保护内容画好试验接线图，试验方法得当，电压及电流回路接线要正确无误，测试箱输出参数准确。

5.5　填好试验表格，保证试验数据正确。

## 项目三　距离与零序继电保护调试

1　项目简介

距离与零序保护试验主要用于变电站内110kV线路保护装置的保护试验。本项目通过操作微机保护试验仪器来掌握距离与零序保护调试方法。

2　操作前准备

继保之星、变压器保护装置、试验线、接线插头、定值单。

3　操作步骤

3.1　保护试验条件。

(1)在“压板定值”里，“投距离保护压板”和“投零序保护压板”置“1”，“投差动保护压板”置“0”。

(2)断路器状态：试验前应检查断路器处于合位。

(3)“TV断线”灯灭(故障前状态大于10s)。

3.2　定值核对。

根据定值单以及单元三中所学内容，核对保护装置中所输入定值是否与定值单一致。

3.3　试验方法。

(1)测试仪输出的 UA、UB、UC、UN 接对应保护装置后端子排上的电压端子 UA、UB、UC、UN(本侧电压)。测试仪输出的电流 IA、IB、IC 与 IN 接对应保护装置后端子排上的 IA、IB、IC 与 IN。

(2)将定值输入进保护试验仪器，故障前延时一般设置为 12s，能够保证 PT 断线返回。

(3)试验时间一般设置要比定值单中的定值大 0.1 ~0.2s。

(4)试验参数设定完毕后，将保护试验仪器运行，试验仪器将先输出空载状态，然后再输出故障状态，直到保护可靠跳闸，试验仪器将采集到动作时间。

(5)根据试验结果可得出：距离保护(接地故障与相间故障)在 0.95 倍短路倍数时可靠动作，1.05 倍短路倍数时可靠不动作，零序保护在 1.05 倍短路倍数时可靠动作，0.95 倍短路倍数时可靠不动作。

**4　操作要点**

4.1　单独对距离保护或零序保护试验时，应在装置中将另一项保护的软压板退出。

4.2　试验接线时，电压线 UN 要接入。

**5　注意事项**

5.1　因距离保护试验是在开关合位状态下进行，试验前应排除备自投逻辑，防止误合、误跳。

5.2　电压输出值为 57.74V，试验仪器已默认设置，不再进行手动设置。

5.3　待“TV 断线”灯灭后，试验方可进行。

## 项目四　电容器继电保护调试

**1　项目简介**

电容器保护试验是变电站继电保护调试的最基本内容，主要用于变电站内线路电容器保护装置的保护试验。本项目通过操作微机保护试验仪器来掌握电容器保护调试方法。

**2　操作前准备**

继保之星、微机保护装置、试验线、接线插头、定值单。

**3　操作步骤**

电容器保护与线路保护调试内容相似，本项目只介绍电容器特殊调试之处。

3.1　低电压保护。

(1)动作条件。

①三个线电压中的任意一个低于低电压整定值(有的保护装置低电压元件要求三相电压都要低于低电压定值)。

②三相电流都低于 0.25A；高于 0.25A 时报 PT 断线。

③从有压到欠压。

④DL 在合位。

⑤延时时间到。

(2)接线方法。

测试仪输出的 UA、UB、UC、UN(可不接)接对应保护装置后端子排上的电压端子 UA、UB、UC 上，电流可以不接线。

(3)试验方法

①断路器在合位。

②给正常三相电压后逐渐减小电压幅值直到保护动作。

③试验数据和定值对比。

3.2　过电压保护。

(1)动作条件。

①三相电压任一相高于整定值。

②DL 在合位。

③延时时间到。

(2)接线方法。

测试仪输出的 UA、UB、UC、UN(可不接)接对应保护装置后端子排上的电压端子 UA、UB、UC 上，电流可以不接线。

(3)试验方法。

①断路器在合位。

②给正常三相电压后逐渐增加电压幅值直到保护动作。

③试验数据和定值对比。

3.3　不平衡电压(电流)保护。

(1)动作条件。

①单相不平衡输入量(电压或电流)或三相不平衡输入量中任一个大于不平衡电流或电压定值。

②DL 在合位。

③延时时间到。

(2)接线方法。

①不平衡电压保护试验时，测试仪输出的 UA、UB、UC、UN(可不接)接对应保护装置后端子排上的电压端子 UA、UB、UC(本侧电压)。

②不平衡电流保护试验时，测试仪输出的电流 IA(IB 或 IC)与 IN 接对应端子排上的保护电流 IA(IB、IC)与 IN。

(3)试验方法。

①断路器在合位。

②单相或三相从输入无压或无电流到大于不平衡电流或电压定值时；三相任一相到不平衡值时延时保护动作。

**4　操作要点**

大多数电容器组有合闸回路闭锁或其他闭锁回路，试验前应仔细核对二次图纸，利用短接法等方式使断路器合闸，再进行试验，保证试验的有效性。

**5　注意事项**

5.1　看保护装置说明书，了解装置硬件、保护装置的技术参数，熟知保护装置的各种保护动作原理及动作条件。

5.2　看保护定值单，掌握保护装置调试内容。

5.3　根据保护装置调试的保护内容画好试验接线图，试验方法得当，电压及电流回路接线要正确无误，测试箱输出参数准确。

5.4　填好试验表格，保证试验数据正确。

# 单元五　设备常见故障分析及处理方法

## 模块一　直流系统故障

### 项目一　直流系统接地故障分析与处理

**1　故障现象**

直流电源系统正极或负极对地间的绝缘电阻值降低至某一整定值，这时称直流系统有正接地故障或负接地故障。直流系统分布范围广、外露部分多、电缆多且较长。所以，很容易受尘土、潮气的腐蚀，使某些绝缘薄弱元件绝缘降低，甚至绝缘破坏造成直流接地。

**2　故障原因**

2.1　控制电缆线芯细、机械强度小，一旦受到外力作用，容易造成损坏；二次回路绝缘材料绝缘性能低，或年久失修、严重老化，或存在某些损伤缺陷，如磨伤、砸伤、压伤、扭伤或过流引起的烧伤等。

2.2　环境因素造成接地也是一种常见的情况，如雨天或雾天可能导致室外的直流系统绝缘降低引发直流接地；室外端子箱、瓦斯接线盒进水引发直流接地；二次回路及设备严重污秽和受潮、接地盒进水，使直流对地绝缘严重下降。

2.3　小动物爬入或小金属零件掉落在元件上造成直流接地故障，如老鼠、蜈蚣等小动物爬入带电回路；某些元件有线头、未使用的螺丝、垫圈等零件，掉落在带电回路上。

2.4　设备安装中留下的隐患，如电缆有接头以及交、直流共用一根电缆。

2.5　因工作人员疏忽造成的接地，如在带电二次回路上工作将直流电源误碰设备外壳，造成直流瞬间接地。另外，检修人员检修质量的不良也会留下接地隐患，如室外设备未加防雨罩、二次回路接线裸露、误将控制电缆外皮绝缘损伤等，在一定外部条件下如潮湿或操作设备时就可能引发直流接地。

**3　直流系统接地故障的危害**

3.1　直流系统发生一点接地，不会对系统构成危害。直流接地故障中，危害较大的是两点接地，可能造成严重后果。直流系统发生两点接地故障，便可能构成接地短路，造成继电保护、信号、自动装置误动或拒动，或造成直流保险熔断，使保护及自动装置、控制回路失去电源。在复杂的保护回路中同极两点接地，还可能将某些继电器短接，不能动作于跳闸、致使越级跳闸。

3.2　直流正极接地，有使保护及自动装置误动的可能。因为一般跳合闸线圈、继电器线圈正常与电源负极接通，若这些回路再发生正极接地，就可能引起误动作。

3.3　直流负极接地，有使保护自动装置拒绝动作的可能。因为，跳、合闸线圈、保护继电器在这些回路再有一点接地时，线圈被接地点短接而不能动作。同时，直流回路短路电流会使电源保险熔断，可能烧坏继电器接点，并且保险熔断会失去保护及操作电源。

3.4 直流系统接地故障，不仅对设备不利，而且对整个电力系统的安全构成威胁。因此，出现直流接地时，应停止直流网络上的一切工作，进行选择查找接地点，防止造成两点接地。

**4 处理方法**

4.1 排除直流接地故障。首先要找到接地的位置，这就是我们常说的接地故障定位。直流接地大多数情况不是一个点，可能是多个点，或者是一片，真正通过一个金属点去接地的情况是比较少见的。更多的会由于空气潮湿、尘土粘贴、电缆破损，或设备某部分的绝缘降低，或外界其他不明因素所造成。大量的接地故障并不稳定，随着环境变化而变化。因此在现场查找直流接地是一个较为复杂的问题。

(1)瞬时停电法。利用瞬时停电的方法选择直流接地时，应按照下列顺序进行：

①断开现场临时工作电源；

②断合事故照明回路；

③断合通信电源；

④断合附属设备；

⑤断合充电回路；

⑥断合合闸回路；

⑦断合信号回路；

⑧断合操作回路；

⑨断合蓄电池回路。

(2)在进行上述各项检查选择后仍未查出故障点，则应考虑同极性两点接地。当发现接地在某一回路后，有环路的应先解环，再进一步采用取保险及拆端子的办法，直至找到故障点并消除。

4.2 直流接地选线装置监测法。这是一种在线监测直流系统对地绝缘情况的装置，该装置的优点是能在线监测，随时报告直流系统接地故障，并显示出接地回路编号。缺点是该装置只能监测直流回路接地的具体接地回路或支路，但对具体的接地点无法定位。技术上它受监测点安装数量的限制，很难将接地故障缩小到一个小的范围。而且该装置必须进行施工安装，对旧系统的改造很不便。此类装置还普遍存在检测精度不高、抗分布电容干扰差、误报较多的问题。如果能有一种在监测点上不受限制、检测精度较高、选线准确的直流接地选线装置，应是一种较好的选择。

4.3 查找接地故障时的注意事项：

(1)当直流系统一点接地时，禁止在二次回路上工作。

(2)禁止用灯泡查找接地点，以防直流回路短路。

(3)瞬停直流电源时，应经调度同意，时间不应超过3s，动作应迅速，防止失去保护电源及带有重合闸电源的时间过长。

(4)为防止误判断，观察接地现象是否消失时，应从信号、光字牌和绝缘监察表计指示情况综合判断。

(5)尽量避免在高峰负荷时进行。

(6)防止人为造成短路或另一点接地，导致误跳闸。

(7)按实际的图纸进行，防止拆错端子线头，防止恢复接线时遗留或接错；所拆线头应做好记录和标记。

(8)使用仪表检查时，表计内阻应不低于2000Ω/V。

(9)查找故障，必须二人及以上进行，防止人身触电，做好安全监护。

(10)防止保护误动作，必要时在顺断操作电源前，解除可能误动的保护，操作电源正常后再投入保护。

# 项目二　直流系统异常运行

## 1　故障现象

直流系统异常运行时会出现充电系统、馈线单元、蓄电池等方面故障现象。

## 2　故障原因

(1)操作不当。如某一开关位置不对，设备的运行参数设置不当等。

(2)外部原因。如输入电源消失、缺相等。

(3)设备本身。如某个器件损坏失灵、接触不良、保险熔断等。

## 3　处理方法

3.1　单个直流模块故障的处理，若无指示可能是内部保险熔断，可自行拆开检查，若无则返厂处理；若显示其他值只需对其控制模块的电源开关进行一次分合即可消除。若判定为模块故障，将其退出运行，同时检查其他是否正常、过负荷。

3.2　若为整套直流模块故障，将整套直流模块退出运行，短时间可由蓄电池组带直流负荷，长时间则由另一套直流模块带两段直流负荷运行。

3.3　母线电压升高降低的处理，过高则降低浮充电流，使母线电压恢复在正常值范围内；电压过低，运行人员应看浮充电流是否正常，直流负荷有无剧增，蓄电池有无故障等。若是直流负荷突然增大，应迅速调整放电调压器或分压开关，让母线电压维持在正常值。

3.4　若发生缺相情况，立即检查电源是否正常，有无缺相情况或电源开关是否故障，各接线有无松动、脱落、断线等。

3.5　触摸屏反应迟钝或不动。由于触摸屏长时间带电运行，可能造成某些参数出现偏差，从而使点击时反应不灵敏。进入装置运行触摸屏校准程序，重新校正触摸屏即可。如果触摸不动可能硬件出现故障或电源接触不良，检查电源是否有连接不良或直接更换。

3.6　如果计算机运行很长时间偶尔出现一次死机现象，应视为正常现象，如果频繁死机就要检查CPU风扇运行是否正常，风扇不转要及时更换。检查计算机内存条插接是否松动，重新拔插一次，一定要按原位插好，如果还死机就要联系重新安装驱动程序，硬件有损坏需要更换。

# 模块二 控制回路故障

## 项目一 控制回路断线

### 1 故障现象

当出现故障时，保护装置显示屏会出现“控制回路断线”告警信号。

### 2 故障原因

2.1 接线松动。

2.2 断路器机构的闭锁继电器损坏或其他闭锁触点未闭合。

2.3 断路器辅助触点异常。

2.4 保护操作箱的位置继电器损坏。

2.5 分、合闸线圈烧坏。

### 3 处理方法

3.1 应先查看操作箱上 HWJ 或 TWJ 灯是否亮，如灯亮说明控制回路完好，可能是 HWJ 或 TWJ 继电器提供的信号触点有问题，当然也不排除是信号回路的问题。

3.2 若灯不亮，则用万用表在保护屏端子排上测量跳闸回路对地电压(假设断路器在合闸状态)，如果跳闸回路(回路号一般为37或137)对地电压为110V，则说明从端子排到机构箱的跳闸回路完好，在排除是装置内部接线松动问题后，则问题在保护装置上，应换操作插件。

3.3 若用万用表在端子排上测量跳闸回路对地电压为+110V，则说明问题在端子排到机构箱的跳闸回路上。这时应根据控制回路图，从左往右在端子排处或接点连接处测量对地电压，当出现-110V电压时，则问题在前一个正电位和此负电位之间的回路上。

3.4 测量分、合闸线圈的阻值判断分、合闸线圈是否烧坏。

## 项目二 断路器拒合

### 1 故障现象

断路器就地/远方操作断路器时拒绝合闸。

### 2 故障原因

2.1 操作回路内故障。

2.2 操作机构卡住。

### 3 处理方法

3.1 操作回路内故障。如果操作把手置于合闸位置而信号灯的指示不发生变化，此时，可能是控制开关接点、断路器辅助接点或合闸接触器接点接触不好，中间继电器接点熔焊而烧坏合闸线圈，同期开关未投入等造成，待消除设备缺陷后，再行合闸。

3.2 操作机构卡住。如果控制开关和合闸线圈动作均良好，而断路器呈跳跃现象(跳闸绿灯熄灭后又重新点亮)，此时操作电压正常，这种现象说明操作机构有故障，例如操作机构机械部分不灵活或调整不准确、挂钩脱扣等，则应将操作机构修好或调整后，再行合闸。当操作把手置于合闸位置时，跳闸绿灯闪光或熄灭合闸红灯不亮，表计有指示，机械分合闸位置指示器在合闸位置，则断路器已合上。这可能是断路器辅助接点接触不好，例如常闭接点未断开，常开接点未合上，致使绿灯闪光和红灯不亮；也可能是合闸回路断线及合闸红灯烧坏。此时操作人员将断路器断开，消除故障后再合闸。断路器合闸后，跳闸绿灯熄灭，合闸红灯瞬时明亮又熄灭，跳闸绿灯闪光且有喇叭响，则是断路器合上后又立即自动跳闸了。这可能是操作机构拐臂的三点过高，因振动而使跳闸机构脱扣；也可能是操作电源的电压过高，在操作投弹手置于合闸位置时发生强烈冲击，使挂钩未能挂住或操作投弹手返回太快。此时，应调整好拐臂的三点位置和操作电压后，再行合闸。

# 模块三　二次设备更换

## 项目一　更换二次接线

### 1　更换原因

1.1　施工过程中二次接线的绝缘层出现破损影响设备投运后的正常运行，需要对二次接线进行更换。

1.2　设备运行过程中出现"直流接地"故障，需要对二次接线进行更换。

1.3　日常巡检及常规检修过程中发现接线裸露处锈蚀严重，会发生锈蚀断裂的后果，影响保护功能，需要对二次接线进行更换。

1.4　根据实际需求，增加保护功能时，需要增加二次接线。

### 2　处理方法

2.1　先将线芯抻直。

2.2　使用万用表进行对线，并将号头套入线芯上。

2.3　接线时通常采用"U"形弯处理，弧度一致，紧固牢固防止脱落。

### 3　注意事项

3.1　开关场的变压器、断路器、隔离刀闸和电流、电压互感器等设备至端子箱之间的二次电缆在端子箱处接地，一次接线盒处不接地。

3.2　备用芯处理：宜留至屏柜顶部，套电缆编号号头，并加装保护帽防止铜芯外露。

3.3　对于螺栓连接端子，线芯应顺时针弯曲，弯圈的大小与螺栓的大小相符，当接两根芯线时，中间应加平垫片。

## 项目二　更换端子排

### 1　更换原因

1.1　施工过程中发现端子排破损，影响设备投运后的正常运行，需要对端子排进行更换。

1.2　日常巡检及常规检修过程中发现端子排螺丝锈蚀严重，影响后期设备故障查找及试验调试，需要对二次线进行更换。

### 2　处理方法

2.1　端子排种类较多，更换前落实端子排类型，可靠备料。

2.2　使用万用表测量所要更换的端子排对应的接线是否带电，更换前确保所接二次线不带电。

2.3　依次拆除端子排两端接线，并做好标记。

2.4　将原端子排拆除，更换新的端子排，进行固定。

2.5　恢复接线，并试验验证此端子排所接接线对应的功能能够实现。

### 3　注意事项

3.1　更换端子排时，应在设备停电的状态下进行。

3.2　当端子排接线与设计图纸不对应时，先落实接线的正确性，再进行更换。

## 项目三　更换保护装置

**1　更换原因**

1.1　故障处理过程中发现保护装置某项功能故障，需要对保护装置进行更换。

1.2　根据实际需求增加保护功能，需要对保护装置进行更换。

1.3　当前运行的保护装置需要进行更新换代。

**2　处理方法**

2.1　更换相同型号保护装置时，将原装置的参数设置、定值、通信设置等进行记录。

2.2　将与保护装置连接的交、直流电源断开，与外部连接的电流线短接、电压线断开。

2.3　拆除保护装置背板接线，从保护屏中取下保护装置。

2.4　将新的保护装置安装好。若需调整面板布置时，进行开孔。

2.5　恢复接线。

2.6　装置上电，对装置进行设置。

2.7　进行后台监控系统设置。

2.8　进行保护传动试验。

**3　注意事项**

3.1　插拔插件时装置必须停电，防止因人身静电损坏集成电路。

3.2　装置上电之前，一定要确认直流电源极性正确。

3.3　验证保护动作时，严防误入间隔。

3.4　恢复接线后，应有专人进行检查。

3.5　检查时防止电流回路开路、电压回路断路。

## 项目四　更换集线器

**1　更换原因**

1.1　故障处理过程中发现与之连接的装置均通信中断，确定集线器损坏，需要更换。

1.2　为提高供电可靠性，将交流供电集线器更换为直流供电集线器。

**2　处理方法**

2.1　将集线器电源断开。

2.2　将与集线器连接的通信线拔出，并做记录。

2.3　取出原集线器，将新的集线器就位。若需调整面板布置时，进行开孔。

2.4　由交流供电集线器更换为直流供电集线器时，应通过直流空开引出集线器电源。

2.5　恢复通信线。

2.6　装置上电，查看各装置通信是否正常。

**3　注意事项**

装置上电之前，一定要确认直流电源极性正确。

# 单元六　消除器材维护使用

## 模块一　灭火器的维护使用方法

灭火器是由筒体、器头、喷嘴等部件组成，借助驱动压力将灭火剂喷出，达到灭火的目的，是扑救初起火灾的重要消防器材。灭火器按其移动方式可分为：手提式和推车式；按驱动灭火剂的动力来源可分为：储气瓶式、储压式、化学反应式；按所充装的灭火剂则又可分为：泡沫、干粉、卤代烷、二氧化碳、酸碱、清水等类型。

### 项目一　泡沫灭火器的维护使用

泡沫灭火器指灭火器内充装的是泡沫灭火剂，分为化学泡沫灭火器和空气泡沫灭火器。化学泡沫灭火器使用时，因化学反应生成泡沫，并在压力的作用下喷射出去进行灭火，它可分为：手提式、舟车式和推车式三种。

泡沫灭火器适用于扑救油类等液体火灾，如汽油、煤油、柴油等。针对水溶性溶液，如酒精、乙醚等，不宜用泡沫灭火器扑救。对一般固体物质如木头、棉花、纸张等火灾也有一定的效果，但对于面状物体，泡沫喷射后会很快流淌下来，灭火效果较差。泡沫中含有大量水分，所以不能扑救带电设备火灾。

**1　泡沫灭火器的维护保养**

1.1　灭火器存放在干燥、阴凉、通风并方便取用之处，温度在4～45℃，不可靠近高温或可能受到暴晒的地方；冬季要采取防冻措施，以防止冻结。

1.2　每月定期检查一次，查看喷枪、软管、滤网及安全阀等有无堵塞现象，并及时清除，使之保持通畅。

1.3　每年定期打开筒盖检查碳酸氢钠溶液是否失效，一旦发现失效应立即更换。

1.4　每次更换灭火器或使用两年后，应对筒体连同筒盖一起进行水压试验，合格后方可继续使用。

1.5　装入灭火器内的泡沫灭火药剂有效期为一年。

**2　泡沫灭火器的使用方法**

2.1　手提式化学泡沫灭火器。

(1)手提筒体上部的提环，迅速奔赴火场，这时应注意不得使灭火器过分倾斜，更不可横拿或颠倒，以免两种药剂混合而提前喷出。

(2)当距离着火点10m左右，即可将筒体颠倒过来，一只手紧握提环，另一只手扶住筒体的底圈，将射流对准燃烧物。

2.2　推车式化学泡沫灭火器。

(1)使用时，由两人操作。

(2)先将灭火器迅速推拉到火场，在距离着火点10m左右处停下，由一人施放喷射软管，双手紧握喷枪并对准燃烧处。

(3)另一人则先逆时针转动手轮，将螺杆升到最高位置，使瓶盖开启，然后将筒体向后倾倒，使拉杆触地，并将阀门手柄旋转90°，即可喷射泡沫进行灭火。

(4)如阀门装在喷枪处，则由负责操作喷枪者打开阀门。

2.3　灭火方法及注意事项。

(1)扑救可燃液体火灾时，如已呈流淌状燃烧，则将泡沫由远而近喷射，使泡沫完全覆盖在燃烧液面上。

(2)如在容器内燃烧，应将泡沫射向容器的内壁，使泡沫沿着内壁流淌，逐步覆盖着火液面。

(3)切忌直接对准液面喷射，以免由于射流的冲击，反而将燃烧的液体冲散或冲出容器，扩大燃烧范围。

(4)在扑救固体物质的火灾时，应将射流对准燃烧最猛烈处。

(5)灭火时，随着有效喷射距离的缩短，使用者应逐渐向燃烧区靠近，并始终将泡沫喷射在燃烧物上，直至熄灭。

(6)使用时，灭火器应始终保持倒置状态，否则会中断喷射。

## 项目二　干粉灭火器的维护使用

干粉灭火器以瓶内压缩的二氧化碳气体或氮气等气体为动力，将灭火器内干粉灭火剂喷出进行灭火。它适用于扑救石油制品、可燃液体、可燃气体、可燃固体物质的初起火灾，也能扑救带电设备的初起火灾。

### 1　干粉灭火器的维护保养

1.1　灭火器存放在干燥、阴凉、通风并取用方便之处，环境温度在－5～45℃。

1.2　灭火器应避免存放在高温、潮湿和有腐蚀的场合，防止干粉灭火器结块、分解。

1.3　每月定期检查其内部压力显示器的指针是否指在绿色区域，如指针已在红色区域，则说明内部压力已泄漏无法使用，应送维修部门检修。

1.4　干粉灭火器一经打开阀门使用，不论是否用完，都要重新充气、换粉。

1.5　推车式干粉灭火器应检查车架、车轮是否转动灵活，有喷射软管转盘的，应将喷射软管拉出，检查是否黏连、破损，无损坏的，应按原样盘绕在转盘上。

### 2　干粉灭火器的使用方法

2.1　灭火时，可手提或肩扛灭火器迅速奔赴火场，在距燃烧处5m左右，放下灭火器。

2.2　如在室外，应选择在上风方向喷射。

2.3　操作者一只手将开启把上的保险销拔下，然后握住喷射软管前端喷嘴根部，另一只手将开启压把压下，打开灭火器进行喷射灭火，当干粉喷出后迅速对准火焰的根部扫射，在使用时，一手始终压下压把，不能放开，否则会中断喷射。

2.4　如果可燃液体在容器内燃烧，使用者应对准火焰根部左右晃动扫射，使喷射出的干粉覆盖整个容器表面；应注意不能将喷嘴直接对准液面喷射，防止喷流的冲击力使可燃液体溅出而扩大火势，造成灭火困难。

## 项目三　二氧化碳灭火器的维护使用

二氧化碳灭火器是利用其内部充装的液态二氧化碳的蒸气压将二氧化碳喷出灭火，由于二氧化碳灭火剂具有灭火不留痕迹，并有一定的电绝缘性能等特点，因此适用于扑救600V以下的带电电器、贵重设备、图书资料、仪器仪表等场所的初起火灾，以及一般可燃液体的火灾。

### 1　二氧化碳灭火器的维护保养

1.1　灭火器存放在干燥、阴凉、通风并取用方便之处，不得接近火源，环境温度在-5～45℃。

1.2　灭火器每半年检查一次，用称量法检查，称出的质量与灭火器钢瓶肩部打的钢印总质量相比较，如果低于钢印所示量50g的，应送维修单位检修。

### 2　二氧化碳灭火器的使用方法

2.1　手提式二氧化碳灭火器。

(1)灭火时，将灭火器提到或扛到火场，在距燃烧物5m左右，放下灭火器，拔出保险销，一手握住喇叭喷筒根部的手柄，另一只手紧握启闭阀的压把。

(2)对没有喷射软管的二氧化碳灭火器，应把喇叭喷筒往上扳70°～90°。

2.2　推车式二氧化碳灭火器。

(1)使用时，一般由两人操作。

(2)先将灭火器迅速推拉到火场，在距离着火点10m左右处停下，由一人快速取下喇叭喷筒并展开喷射软管后，握住喇叭喷筒根部的手柄，另一人快速按顺时针方向旋转手轮，并开到最大位置。

2.3　灭火方法及注意事项。

(1)不能直接用手抓住喇叭喷筒外壁或金属连接管，防止手被冻伤。

(2)灭火时，当可燃液体呈流淌状燃烧时，使用者应将二氧化碳灭火器的喷管由近而远向火焰喷射，如果可燃液体在容器内燃烧时，使用者应将喇叭喷筒从容器的一侧上部向燃烧的容器中喷射，但不能将二氧化碳射流直接冲击可燃液面上，以防止将可燃液体冲出容器而扩大火势，造成灭火困难。

(3)在室外使用二氧化碳灭火器时，应选择在上风方向喷射，在室内窄小空间使用时，灭火后操作者应迅速离开，以防窒息。

# 模块二 消火栓的维护使用方法

消火栓是一种固定灭火供水设备，设置在固定的位置上，有明显的标志，内有水龙带和水枪。消火栓大致可以分为室内消火栓和室外消火栓两种。

## 项目一 室内消火栓的维护使用

室内消火栓是在建筑物内部使用的一种固定灭火供水设备。

**1 室内消火栓的维护管理**

1.1 定期检查消火栓箱门是否损坏，门是否开启灵活，水带架是否完好，箱体是否锈死。

1.2 检查消火栓和消防卷盘供水闸阀是否渗漏水，若渗漏水及时更换密封圈。

1.3 消火栓箱及箱内装配的部件外观无破损、涂层无脱落，箱门玻璃完好无缺。

1.4 定期进行放水检查，以确保火灾发生时能及时打开放水。

1.5 灭火后，要把水带洗净晾干，按盘卷或折叠方式放入箱内，再把水枪卡在枪夹内，关好箱门。

1.6 要定期检查卷盘、水枪、水带是否损坏，阀门、卷盘转动是否灵活，发现问题要及时检修。

1.7 对消火栓、供水阀门及消防卷盘等所有转动部位应定期加注润滑油。

**2 室内消火栓的使用**

2.1 发生火灾时，要辨清火灾发生地点，选定离火源最近的消防栓。

2.2 打开消防箱门。

2.3 从水箱中取出水带，并将水带接在消防箱内水箱阀门口上。

2.4 将水带全部展开，取出水枪，并将水枪接在消防水带上。

2.5 逆时针打开消防阀门至适当处。

2.6 左手握水枪头，右手拿水带，并将水枪顶在右腰部，将水枪头对准火源根部喷水。

2.7 待火灾消灭后，关闭阀门，从水带上取下水枪，将水带卷起，卷好的水带连同水枪一起置于水箱内，最后关上水箱门。

## 项目二 室外消火栓的维护使用

室外消火栓与城镇自来水管网连接，它既可以供消防车取水，也可以连接水带、水枪，直接出水灭火。消火栓主要由弯座、阀座、排水阀、法兰接管启闭杆、车体和接口等组成。

**1 室外消火栓的维护管理**

1.1 每月和重大节日之前，应对消火栓进行一次检查。

1.2 清除启闭杆端周围的杂物。

1.3 用专用砂布擦除出水口螺纹上的积锈，检查门盖内橡胶垫圈是否完好。

1.4 将消火栓钥匙套于杆头，检查是否合适，并转动启闭杆，加注润滑油。

1.5 打开消火栓，检查供水情况，要放净锈水后再关闭，并观察有无漏水现象，发现问题及时检修。

室外消火栓如图6－2－2－1所示。

图6－2－2－1 室外消火栓

**2 室外消火栓的使用方法**

2.1 发生火灾时，要辨清火灾发生地点，选定离火源最近的消火栓。

2.2 将水带接在消火栓阀门口上。

2.3 将水带全部展开，取出水枪，并将水枪接在消防水带上。

2.4 用消火栓钥匙扳头套在启闭杆上端的轴心头之后，按逆时针方向转动消火栓钥匙，阀门即可开启，水由出口流出。

2.5 左手握水枪头，右手拿水带，并将水枪顶在右腰部，将水枪头对准火源根部喷水。

2.6 待火灾消灭后，用消火栓钥匙扳头套在启闭杆上端的轴心头之后，按顺时针方向转动消火栓钥匙，阀门便关闭，从水带上取下水枪，将水带卷起，妥善放置。

# 附录一　6kV 线路保护标准化作业指导书

## 1　适用范围

本作业指导书适用于变电站 6～220kV 线路停电时线路保护装置的定期检验(全部或部分检验)作业。

## 2　引用文件

(1)DL/T587—2016《微机继电保护和安全自动装置技术规程》。

(2)GB/T 15145—2017《微机线路保护装置通用技术条件》。

(3)DL/T 587—2016《 微机继电保护装置运行管理规程》。

(4)Q/SH1025 0796—2011《PS6000 系列数字式微机保护装置检验规程》。

(5)《国家电网公司电力安全工作规程(试行)》(变电站和发电厂电气部分)　国家电网安监〔2005〕83 号。

## 3　检验前准备工作安排

3.1　检验前准备(表 1.1)。

表 1.1　检验前准备

| 序号 | 内容 | 标准 | 责任人 |
|---|---|---|---|
| 1 | 检验前 2 天，技术人员根据工作任务，分析设备现状，进行现场落实、明确检验项目，编制检验工作安全措施及检验工作作业指导书，熟悉图纸资料及上一次的定检报告 | 确定重点检验项目，及工艺流程 | |
| 2 | 检验前 2 天，班长和材料员检查并落实检验所需材料、工器具、劳动防护用品等是否齐全合格 | 工器具齐全完备 | |
| 3 | 检验前 2 天，班长根据工作需要和人员精神状态确定工作负责人和工作班成员，组织学习《安全工作规程》、施工安全措施、工作标准作业指导书 | 分工明确，安全措施齐全 | |

3.2　作业人员要求(表 1.2)。

表 1.2　作业人员要求

| 序号 | 内容 | 标准 | 责任人 |
|---|---|---|---|
| 1 | 现场作业人员身体健康、精神状态良好 | 精神状态良好 | |
| 2 | 工作人员应为专业从事继电保护检修及检验人员，能正确操作检验设备，了解被检装置有关技术标准要求，能正确分析检验结果 | 现场检验接线正确无误，检验结果准确 | |

续表

| 序号 | 内容 | 标准 | 责任人 |
|---|---|---|---|
| 3 | 熟悉现场安全作业要求，并经“安规”考试合格 | 工作中互相关心施工安全，及时纠正违反安全的行为，知道工作地点、工作任务，知道邻近带电部位 | |

3.3　检验工器具(表1.3)。

**表1.3　检验工器具**

| 序号 | 名称 | 型号及编号 | 单位 | 数量 |
|---|---|---|---|---|
| 1 | 继电保护微机试验仪及试验线 | | 台 | 2 |
| 2 | 电桥、摇表、万用表等 | | 台 | 1 |
| 3 | 电源轴(带触电保安器) | | 个 | 1 |
| 4 | 检验规程 | | 套 | 1 |
| 5 | 图纸、装置资料 | | 套 | 1 |
| 6 | 上一次报告 | | 份 | 1 |
| 7 | 定值单 | | 本 | 1 |
| 8 | 各种工具 | | 套 | 1 |

3.4　备品备件及材料(表1.4)。

**表1.4　备品备件及材料**

| 序号 | 名称 | 型号及编号 | 单位 | 数量 |
|---|---|---|---|---|
| 1 | 电源插件 | | 个 | 1 |
| 2 | 各类微机保护装置 | | 个 | 1 |
| 3 | 毛刷 | | 把 | 3 |
| 4 | 绝缘胶布 | | 盘 | 1 |
| 5 | 打号机 | | 个 | 1 |
| 6 | 记号笔 | | 支 | 3 |
| 7 | 记录本 | | 本 | 1 |

3.5　危险点分析(表1.5)。

**表1.5　危险点分析**

| 序号 | 内容 |
|---|---|
| 1 | 直流回路短路、接地 |
| 2 | 运行电压回路小母线带电，易发生电压反送事故或引起人员触电 |
| 3 | 拆动二次线，易发生遗漏及误恢复事故 |

续表

| 序号 | 内容 |
|---|---|
| 4 | 投退保护压板及改动定值不做记录，易造成误整定 |
| 5 | 带电插拔插件，易造成集成块损坏；频繁插拔插件，易造成插件插头松动 |
| 6 | 接、拆低压电源时人身触电 |
| 7 | 人员、物体越过围栏，易发生人员触电事故 |
| 8 | 保护传动配合不当，易造成人员伤害及设备事故 |
| 9 | 误碰相邻运行设备 |
| 10 | 室外端子箱电流回路、刀闸开入回路运行 |

3.6　安全措施(表 1.6)。

**表 1.6　安全措施**

| 序号 | 内容 |
|---|---|
| 1 | 工作中使用带绝缘手柄的工具。工作中严防直流接地或短路，不能用裸露的试验线或测试线，防止误碰金属导体部分 |
| 2 | 断开交流保险，挂警示牌 |
| 3 | 拆动二次线时要做好记录 |
| 4 | 开工前做好压板记录，工作结束时再一次核对压板和定值，不发生误整定 |
| 5 | 防止频繁插拔插件 |
| 6 | 接拆电源时至少有两人执行，必须在电源开关拉开的情况下进行。所使用电源必须装有漏电保护器。 |
| 7 | 现场设专人监护 |
| 8 | 传动时设专人通知和监护 |

3.7　人员分工(表 1.7)。

**表 1.7　人员分工**

| 序号 | 作业项目 | 负责人 | 作业人员 |
|---|---|---|---|
| 1 | 安全措施的执行和恢复 | | |
| 2 | 保护屏、控制屏清扫，二次线压接检查，机箱整体检查。保护装置检验 | | |
| 3 | 端子箱清扫，二次线压接检查。整体回路绝缘测试 | | |
| 4 | 整组试验 | | |
| 5 | CT 二次回路直流电阻测量 | | |

备注(记录人员变动情况)：

## 4 开工

作业流程见表1.8。

表1.8 作业流程

(一)保护屏及相关二次回路清扫、检查

| 序号 | 检验内容 | 注意事项 | √ |
|---|---|---|---|
| 1 | 保护屏清扫检查 | 防止走错间隔，工具用绝缘胶布包扎好，两人一起工作 | |
| 2 | 端子箱清扫检查 | | |
| 3 | 装置外观及接线清扫检查 | | |

(二)整体回路绝缘检查

| 序号 | 检验内容 | 注意事项 | √ |
|---|---|---|---|
| 1 | 交流电流、电压回路 | 用1000V绝缘表测量，要求大于1MΩ。全部检验时，进行直流回路绝缘检查。遥测时应通知有关人员暂时停止在回路上的一切工作，拆开回路接地点。测试后，应将各回路对地放电并恢复 | |
| 2 | 控制、保护、信号回路 | 全部检验时，进行直流回路绝缘检查。遥测时应通知有关人员暂时停止在回路上的一切工作，拆开回路接地点。测试后，应将各回路对地放电并恢复 | |

(三)各类线路保护装置、检验

| 序号 | 检验内容 | 注意事项 | √ |
|---|---|---|---|
| 1 | PSL-641、PSL690等系列 | 工作时电压不得短路，以防PT二次并列 | |
| 2 | 后台信号与实际对应位置的检验、传输 | | |
| 3 | 各类型保护功能传动 | | |

(四)微机保护装置检验

| 序号 | 检验内容 | 注意事项 | √ |
|---|---|---|---|
| 1 | 通电初步检验；正常合上直流电源，保护装置通电自检，软件运行，此时可通过面板指示灯及显示屏检查是否运行正常，各指示灯依次显示点亮正确 | (1)断开直流电允许插、拔插件。<br>(2)用具有交流电源的电子仪器(如示波器、频率计等)测量电路参数时，电子仪器测量端子与电源侧绝缘需好，仪器外壳应与保护装置在同一点接地。<br>(3)插、拔插件必须有措施，防止因人身静电损坏集成电路芯片。<br>(4)送保护直流前确认保护装置电源已关闭，防止损坏电源插件。<br>(5)开出传动前检查跳闸压板状态，防止误动检修开关或运行开关，开出后及时复归所驱动继电器 | |
| 2 | 面板键盘的检验；在装置运行正常情况下，检验键盘运行情况良好，光标指示正确 | | |
| 3 | 检验固化的程序；输入各类数据固化无误 | | |

续表

<table>
<tr><th colspan="4">(四)微机保护装置检验</th></tr>
<tr><th>序号</th><th>检验内容</th><th>注意事项</th><th>√</th></tr>
<tr><td>4</td><td>定值检验；三段式过流保护的整定校验。<br>1. 当任一相电流大于定值，经延时装置跳闸，当选择复合电压启动时；A 相电流经 Uab，Uca 或负序电压启动。<br>2. 当选择带方向时；Ia 与 Uab 组成 A 相方向元件，当电流相对电压相角为 $-30° \sim +90°$时为正方向。<br>3. 三段式零序过流保护(可带方向)。<br>当系统采用小电阻接地时经延时零序Ⅰ、Ⅱ跳闸，Ⅲ段可选跳闸或告警。<br>4. 过负荷超过定值时告警，PT 断线告警。<br>5. 后加速保护，遥控手动及重合闸动作时，如遇到永久故障开关将由分位变为合位后 3s 内如任一相大于定值电流加速跳闸。<br>6. 距离Ⅰ、Ⅱ、Ⅲ保护的试验，投入相应的软硬压板，分别模拟 A、B、C 单相接地短路及 AB、BC、CA 相间短路故障的保护阻抗值，使保护在 0.95 倍的定值情况下不动作、1.05 倍的定值下可靠动作</td><td rowspan="5">(1)断开直流电允许插、拔插件。<br>(2)用具有交流电源的电子仪器(如示波器、频率计等)测量电路参数时，电子仪器测量端子与电源侧绝缘需好，仪器外壳应与保护装置在同一点接地。<br>(3)插、拔插件必须有措施，防止因人身静电损坏集成电路芯片。<br>(4)送保护直流前确认保护装置电源已关闭，防止损坏电源插件。<br>(5)开出传动前检查跳闸压板状态，防止误动检修开关或运行开关，开出后及时复归所驱动继电器</td><td rowspan="5"></td></tr>
<tr><td>5</td><td>软压板检查。检查保护装置内压板投退情况</td></tr>
<tr><td>6</td><td>开关量输入回路检验；进入保护状态中的开关量状态子菜单依次进行开关量的输入与断开，同时监视显示屏上的变化是否正确</td></tr>
<tr><td>7</td><td>交流采样回路检验。在电流及电压二次回路中加入相应的电流，电压监视保护装置和后台电流，电压的数据是否正常</td></tr>
<tr><td>8</td><td>开出回路检验(装置传动)。一个保护元件由若干个出口整定项组成，其中保护元件出口整定项含有出口继电器对应的端子和信号灯。可由控制字完成，如出口 $4 \times 1$，$4 \times 13$ 等，检查各出口点是否正确</td></tr>
<tr><th colspan="4">(五)整组试验(可与二次回路传动同时进行)</th></tr>
<tr><th>序号</th><th>检验内容</th><th>注意事项</th><th>√</th></tr>
<tr><td>1</td><td>所有操作把手及压板的连线、名称、位置标号检查</td><td rowspan="5">(1)传动时设专人通知和监护。<br>(2)检查保护动作、报告、信号、录波器、中央信号、信息子站、监控系统及断路器动作情况。保证接入跳合闸线圈的接点带实际断路器传动一次，尽量减少断路器动作次数</td><td rowspan="5"></td></tr>
<tr><td>2</td><td>带实际断路器模拟故障</td></tr>
<tr><td>3</td><td>防跳回路传动</td></tr>
<tr><td>4</td><td>电压切换回路传动</td></tr>
<tr><td>5</td><td>其他回路传动(压力闭锁回路、开关信号、录波量、监控、信息子站、远动等)</td></tr>
</table>

续表

| | | |
|---|---|---|
| (六)CT回路盘上、盘下电阻测试 | | |
| (七)送电前检查 | | |
| 序号 | 内容 | √ |
| 1 | 现场工作结束前，工作负责人会同工作人员检查试验记录有无漏试项目，试验结论、数据是否完整正确 | |
| 2 | 复查临时接线是否全部拆除，拆下的线头是否全部接好，包括接地线 | |
| 3 | 检查保护装置是否在正常运行状态 | |
| 4 | 整定值是否与定值通知单相符 | |
| 5 | 检查措施是否恢复到开工前状态 | |
| (八)相量检查(交流回路变动后进行) | | |

## 5 检验工作小结(表1.9)。

表1.9 检验工作小结

| | | |
|---|---|---|
| 自验记录 | 记录改进和更换的零部件 | |
| | 存在问题及处理意见 | |
| 验收单位意见 | 检修班组验收总结评价 | |
| | 运行单位验收意见及签字 | |

# 附录二　6kV 及以上线路保护新装(更换)标准化作业指导书

## 1　适用范围

本作业指导书适用于变电站6kV 及以上线路停电时的线路保护新建、更换工作。

## 2　引用文件

(1)DL/T587—2016《微机继电保护和安全自动装置技术规程》。

(2)GB/T 15145—2017《微机线路保护装置通用技术条件》。

(3)DL/T 587—2016《 微机继电保护装置运行管理规程》。

(4)Q/SH1025 0796—2011《PS6000 系列数字式微机保护装置检验规程》。

(5)《国家电网公司电力安全工作规程(试行)》(变电站和发电厂电气部分)　国家电网安监〔2005〕83 号。

## 3　工期安排(表2.1)

表2.1　工期安排

| 序号 | 内容 | 负责班组 | 计划日期 |
|---|---|---|---|
| 1 | 二次回路拆除及旧屏拆除 | | 月　日 |
| 2 | 新屏安装、稳固 | | 月　日 |
| 3 | 电缆敷设及二次接线 | | 月　日 |
| 4 | 新保护屏检查及整组传动、通道试验 | | 月　日 |
| 5 | 送电及向量检查 | | 月　日 |

## 4　作业准备阶段

4.1　准备工作(表2.2)。

表2.2　准备工作

| √ | 序号 | 内容 | 标准 | 责任人 | 备注 |
|---|---|---|---|---|---|
| | 1 | 安装更换工作前15 天做好安装更换摸底工作，并提前2 个工作日提交相关停电申请 | 摸底工作包括更换前的二次图纸、实际接线、反措计划的执行情况、回路更改情况 | | |
| | 2 | 根据本次安装更换的项目，组织作业人员学习作业指导书，使全体作业人员熟悉作业内容、进度要求、作业标准、安全注意事项 | 要求所有工作人员都明确本次安装更换工作的作业内容、进度要求、作业标准及安全注意事项 | | |

续表

| √ | 序号 | 内容 | 标准 | 责任人 | 备注 |
|---|---|---|---|---|---|
| | 3 | 开工前两天，准备好施工所需仪器仪表、工器具、最新定值单、相关材料、相关图纸、本次需要改进的项目及相关技术资料 | 仪器仪表、工器具应试验合格，满足本次施工的要求；材料应齐全，图纸及资料应符合现场实际情况 | | |
| | 4 | 根据现场工作时间和工作内容落实工作票（第一种工作票应在开工前一天交值班员） | 工作票应填写正确，并按《电业安全工作规程》执行 | | |

4.2　作业人员要求(表2.3)。

**表2.3　作业人员要求**

| √ | 序号 | 内容 | 标准 | 责任人 | 备注 |
|---|---|---|---|---|---|
| | 1 | 现场作业人员应身体健康、精神状态良好 | 精神状态良好 | | |
| | 2 | 工作人员应为专业从事继电保护检修及检验人员，能正确操作检验设备，了解被检装置有关技术标准要求，能正确分析检验结果 | 现场检验接线正确无误，检验结果分析准确 | | |
| | 3 | 熟悉现场安全作业要求，并经“安规”考试合格 | 工作中互相关心施工安全，及时纠正违反安全的行为，知道工作地点、工作任务，知道邻近带电部位 | | |

4.3　主要工器具(表2.4)。

**表2.4　主要工器具**

| √ | 序号 | 名称 | 型号及编号 | 单位 | 数量 | 备注 |
|---|---|---|---|---|---|---|
| | 1 | 继电保护微机试验仪 | | 套 | | |
| | 2 | 电桥 | | 台 | | |
| | 3 | 摇表 | | 个 | | |
| | 4 | 卡钳表 | | 个 | | |
| | 5 | 指针万用表 | | 个 | | |
| | 6 | 数字万用表 | | 个 | | |
| | 7 | 打号机及色带 | | 个/米 | | |
| | 8 | 标签机及色带 | | 个/盘 | | |
| | 9 | 电烙铁、焊锡丝 | | 个/米 | | |
| | 10 | 电缆轴/插座/刀闸板 | | 个 | | |
| | 11 | 标牌机、电缆牌 | | 个/个 | | |
| | 12 | 绝缘人字梯 | 2m | 个 | | |
| | 13 | 通灯 | | 个 | 1 | |

4.4　备品备件及材料(表 2.5)。

**表 2.5　备品备件及材料**

| √ | 序号 | 名称 | 型号及编号 | 单位 | 数量 | 备注 |
|---|---|---|---|---|---|---|
| | 1 | 撬棍 | | 个 | | |
| | 2 | 防火堵料 | | 袋 | | |
| | 3 | 防锈漆、毛刷 | | 筒/个 | | |
| | 4 | 打印纸 | 带孔 | 张 | | |
| | 5 | 绝缘胶带 | | 盘 | | |
| | 6 | 尼龙扎带 | 120mm、150mm、200mm | 袋 | 各 1 | |
| | 7 | 热缩管 | #1、#2、#3、#5 | 只 | | |
| | 8 | 独股铜线 | 1.5$mm^2$、2.5$mm^2$ | 盘 | | |
| | 9 | 多股软铜线 | 4$mm^2$ | 盘 | | |
| | 10 | 相关图纸、资料、定值单 | | 份 | | |

4.5　危险点分析(表 2.6)。

**表 2.6　危险点分析**

| √ | 序号 | 内容 |
|---|---|---|
| | 1 | 误走错间隔 |
| | 2 | 试验电源接线不当，电源电压不当或造成人身触电 |
| | 3 | 现场安全技术措施及图纸如有错误，可能造成做安全技术措施时误跳运行设备，及保护动作行为不正常 |
| | 4 | 在旧屏退出及新屏就位时，易造成因震动影响相邻设备正常运行；移屏时易砸伤工作人员和邻近设备 |
| | 5 | 拆动二次接线，有可能造成二次交、直流电压回路短路、接地，联跳回路误跳运行设备 |
| | 6 | 高压设备区敷设电缆，误碰带电设备，造成人员触电及设备误动 |
| | 7 | 电缆敷设时易砸伤运行电缆或工作人员跌落电缆沟；易有小动物进入电缆层 |
| | 8 | 拆动二次回路接线时，易发生遗漏及误恢复事故 |
| | 9 | 漏拆联跳接线或漏取压板，易造成误跳，影响设备的正常运行 |
| | 10 | 带电插拔插件，易造成集成块损坏 |
| | 11 | 频繁插拔插件，易造成插件接插头松动 |
| | 12 | 保护传动配合不当，易造成人员受伤及设备事故 |
| | 13 | 电流互感器与其他运行设备共用，电流可能通入运行设备(母差等)，引起误跳运行设备；可能误拆运行设备电流回路接地点 |
| | 14 | 表计量程选择不当或用低内阻电压表测量联跳回路，易造成误跳运行设备 |
| | 15 | 交流电流回路恢复时易漏接原回路中其他串联设备；交流电压回路退出及接入时，易造成电压互感器二次回路短路或接地 |
| | 16 | 通道自环试验调试完后未恢复定值，造成装置误动 |
| | 17 | 母差失灵等保护接入和传动时，误跳运行开关 |

4.6 安全措施(表2.7)。

表2.7 安全措施

| √ | 序号 | 内容 |
|---|---|---|
| | 1 | 检查某线保护屏前后应有“在此工作”标示牌 |
| | 2 | 接取电源前应先用万用表确认电源电压等级和电源类型无误，在接取电源时由继电保护人员接取，并应设监护人 |
| | 3 | 做安全技术措施前应先检查实际接线与图纸是否一致，如发现不一致，应及时向专业技术人员汇报，经确认无误后及时修改图纸 |
| | 4 | 保证人员数量，统一指挥，加强协作，减少震动，防止保护屏倾倒 |
| | 5 | 工作中应使用绝缘工具并戴手套，严禁交、直流电压回路短路、接地，交流电流回路开路 |
| | 6 | 加强监护，保证电缆与带电设备安全距离 |
| | 7 | 敷设电缆时应防止砸伤运行电缆或工作人员跌落电缆沟，及时封堵 |
| | 8 | 工作时应认真核对回路接线，查清联跳回路电缆接线，如需拆头，应先拆电源侧并用绝缘胶布包好，并做好记录 |
| | 9 | 保护装置布置较密集，工作时应注意安全，防止走错间隔而误碰带电设备 |
| | 10 | 试验人员接触、更换集成芯片时，应采用人体防静电接地措施，以确保不会因人体静电而损坏芯片 |
| | 11 | 插拔插件前应先将直流电源断开，发现问题应查找原因，不要频繁插拔插件 |
| | 12 | 在传动断路器前，必须在断路器处有专人看护后，方可传动断路器 |
| | 13 | 严禁电流回路开路或失去接地点，防止引起人员伤亡及设备损坏；母差保护等运行回路应先于相应保护屏端子排将本线路间隔电流回路断开 |
| | 14 | 严禁表计量程选择不当或用低内阻电压表测量联跳回路，防止误跳运行设备 |
| | 15 | 按电流回路图检查电流回路接线是否完全；严禁交流电压回路短路、接地 |
| | 16 | 工作结束注意恢复通道自环试验控制字 |
| | 17 | 退出其他开关出口压板，防止误跳运行开关 |

4.7 人员分工(表2.8)。

表2.8 人员分工

| 序号 | 作业项目 | 负责人 | 作业人员 |
|---|---|---|---|
| 1 | 二次回路拆除及旧屏拆除 | | |
| 2 | 新屏安装、稳固 | | |
| 3 | 电缆敷设 | | |
| 4 | 二次接线 | | |
| 5 | 保护调试 | | |
| 6 | 整组传动 | | |
| 7 | 各类保护的接入(恢复)及带开关传动 | | |

续表

| 序号 | 作业项目 | 负责人 | 作业人员 |
|---|---|---|---|
| 8 | 通道试验 | | |
| 备注： | | | |

## 5　作业阶段

5.1　开工(表 2.9)。

**表 2.9　开工**

| √ | 序号 | 内容 | 作业人员签字 |
|---|---|---|---|
| | 1 | 工作票负责人会同工作票许可人检查工作票上所列安全措施是否正确完备，经现场核查无误后，与工作票许可人办理工作票许可手续 | |
| | 2 | 开工前工作负责人检查所有工作人员是否正确使用劳保用品，并由工作负责人带领进入作业现场在工作现场向所有工作人员详细交代作业任务、安全措施和安全注意事项、设备状态及人员分工，明确作业范围、进度要求等内容 | |

5.2　安全措施的执行及确认危险点(表 2.10)。

**表 2.10　安全措施的执行及确认危险点**

(一)检查运行人员所做的措施

| √ | 检查内容 |
|---|---|
| | 检查所有压板位置，并做好记录 |
| | 检查所有把手及开关位置，并做好记录 |

(二)继电保护安全措施的执行

| 回路 | 位置及措施内容 | 执行√ | 恢复√ | 位置及措施内容 | 执行√ | 恢复√ |
|---|---|---|---|---|---|---|
| 电流回路 | | | | | | |
| | | | | | | |
| 电压回路 | | | | | | |
| | | | | | | |
| 信号电源 | | | | | | |
| | | | | | | |
| 后台操作 | | | | | | |
| | | | | | | |

执行人员：　　　　　　　　　　　　　　恢复人员：

工作成员签字(工作人员对所派工作任务、质量要求明确、安全措施清楚后签名)：

相关班组联系人：　　　　　　　　　　　　监护到位人：

备注：

5.3　作业流程(表2.11)。

表2.11　作业流程

| 序号 | 作业内容及主要工艺 | 安全措施及注意事项 | 责任人签字 |
|---|---|---|---|
| 1 | 旧屏及二次回路拆除 | 将屏顶小母线跨接，从电缆两端退出与其他设备的连线(母差、失灵、远跳等)，并做好记录。用万用表测量屏上所有电缆均无电压后，将电缆退出，退屏时应防止保护屏突然倒向一侧，碰伤其他运行设备及工作人员 | |
| 2 | 新屏就位：屏底铜排应与电缆层铜网用$100mm^2$多股铜线相连 | 应小心移动，防止损伤屏内元件及划伤屏面，防止人员挤伤，防止震动影响其他设备正常运行 | |
| 3 | 电缆敷设：微机保护应使用屏蔽电缆。电缆在电缆层(沟)中应摆放整齐，避免交叉，电缆挂牌应悬挂一致 | 应防止砸伤运行电缆或工作人员跌落电缆沟，及时封堵，防止误碰带电设备 | |
| 4 | 二次回路接入及反措检查：<br>1. 二次接线应横平竖直，电缆屏蔽层应两端分别可靠接地；<br>端子编号应采用相对编号法加电缆编号；<br>每个接线端子上的接线应不超过两根；<br>各项反措应正确执行 | 接线时应防止电缆芯线受伤，接线后应仔细核对，防止直流回路短路、接地，防止电流回路开路、电压回路短路 | |
| 5 | 保护屏检查 | | |
| 5.1 | 压板检查：　压板应符合要求 | 防止直流回路短路、接地 | |
| 5.2 | 接线检查：<br>1. 保护装置硬件配置、标注及接线应符合图纸要求；<br>2. 装置各部件固定良好，无松动，外形端正无明显损坏及变形；<br>3. 各插件应插拔灵活。各插件和插座之间定位良好；<br>4. 装置的端子排应连接可靠，且标号清晰正确；<br>5. 切换开关、按钮、键盘等应操作灵活，手感良好 | 发现问题应查找原因，不要频繁插拔插件 | |
| 5.3 | 绝缘检查：交流电流回路对地；交流电压回路对地；直流回路对地；交直流回路之间；出口引出触点之间。<br>以上项目均用1000V绝缘表测量，要求大于1MΩ | 绝缘测试时应通知有关人员暂时停止在回路上的一切工作，断开直流电源，拆开回路接地点，拔出所有逻辑插件，以免造成人身或设备伤害。测试后，应将各回路对地放电并恢复 | |

续表

| 序号 | 作业内容及主要工艺 | 安全措施及注意事项 | 责任人签字 |
|---|---|---|---|
| 6 | 装置检验(各种装置检验可并行)包括保护装置、收发信机、操作电源、电压切换、光电隔离装置 | 1. 断开直流电后才允许插、拔插件。<br>2. 插、拔插件必须有措施，防止因人身静电损坏集成电路芯片。<br>3. 送保护直流前确认保护装置电源已关闭，防止损坏电源插件。<br>4. 开出传动前检查跳闸压板状态，防止误动检修开关或运行开关，开出后及时复归所驱动继电器 | |
| 7 | 电流互感器升流试验：电流相别和极性应正确；CT 回路盘上、盘下电阻测试 | 1. 若电流互感器二次绕组引下线变动或不能确定电流互感器极性时，应进行一次升流、测极性。<br>2. 应对其他设备的电流绕组做好安全措施，防止影响其他设备的正常运行。<br>3. 注意恢复 | |
| 8 | 交流电压回路试验：<br>1. 短接刀闸辅助接点，检查交流电压是否正确切换。<br>2. 对交流电压进行核相，各相电压幅值均应正确 | 交流电压应与辅继屏电压进行核相，防止交流电压回路短路、接地 | |
| 9 | 整组试验：<br>1. 模拟各种故障，检查保护装置的动作情况及各开关的动作情况。<br>2. 检查保护动作信号及中央信号是否和模拟故障一致。<br>要求：①保护装置动作正确，开关动作逻辑正确；②保护动作信号和中央信号一致 | 在传动断路器时，必须先通知相关人员，并在断路器处有专人看护后，方可传动断路器，以防开关动作伤人 | |
| 10 | 各项保护的接入(恢复)及开关传动 | 退出其他开关出口压板，防止误跳运行开关 | |
| 11 | 验收传动 | | |
| 12 | 送电前检查 | | |
| | 1. 现场工作结束前，工作负责人会同工作人员检查试验记录有无漏试项目，试验结论、数据是否完整正确 | | |
| | 2. 复查临时接线是否全部拆除，拆下的线头是否全部接好 | | |
| | 3. 检查保护装置是否在正常运行状态 | | |
| | 4. 整定值是否与定值通知单相符 | | |
| | 5. 检查出口压板对地电位是否正确 | | |
| | 6. 检查措施是否恢复到开工前状态 | | |

5.4 竣工(表2.12)。

表2.12 竣工

| √ | 序号 | 内容 | 责任人签字 |
|---|---|---|---|
| | 1 | 全部工作完毕，拆除所有试验接线(应先拆开电源侧) | |
| | 2 | 恢复安全措施，严格按现场安全技术措施中所做的安全技术措施恢复 | |
| | 3 | 全体工作班组人员清扫、整理现场，清点工具及回收材料；工作负责人周密检查施工现场，检查现场是否有遗留的工具、材料 | |
| | 4 | 工作负责人在检修记录上详细记录本次工作所修项目、发现的问题、试验结果和存在的问题等 | |
| | 5 | 向运行值班员交代注意事项；经值班员验收合格，并在验收记录卡上各方签字后，办理工作票终结手续 | |

## 6 安装(更换)工作小结(表2.13)

表2.13 安装(更换)工作小结

| 序号 | 试验总结 | |
|---|---|---|
| 1 | 安装结果 | |
| 2 | 存在问题及处理意见 | |

## 7 验收(表2.14)

表2.14 验收

| | | |
|---|---|---|
| 自验记录 | 记录改进和更换的零部件 | |
| | 存在问题及处理意见 | |
| 验收单位意见 | 检修班组验收总结评价 | |
| | 运行单位验收意见及签字 | |

## 8 作业指导书执行情况评估(表2.15)

表2.15 作业指导书执行情况评估

| | | | | | |
|---|---|---|---|---|---|
| 评价内容 | 符合性 | 优 | | 可操作项 | |
| | | 良 | | 不可操作项 | |
| | 可操作性 | 优 | | 修改项 | |
| | | 良 | | 遗漏项 | |
| 存在问题 | | | | | |
| 改进意见 | | | | | |

# 附录三　6kV电机、电容及35kV电容保护标准化作业指导书

## 1　适用范围

本作业指导书适用于变电站6kV及以上线路停电时电容器保护装置的定期检验(全部或部分检验)作业。

## 2　引用文件

(1)DL/T587—2016《微机继电保护和安全自动装置技术规程》。

(2)GB/T 15145—2017《微机线路保护装置通用技术条件》。

(3)DL/T 587—2016《微机继电保护装置运行管理规程》。

(4)Q/SH1025 0796—2011《PS6000系列数字式微机保护装置检验规程》。

(5)《国家电网公司电力安全工作规程(试行)》(变电站和发电厂电气部分)　国家电网安监〔2005〕83号。

## 3　检验前准备工作安排

3.1　检验前准备(表3.1)。

**表3.1　检验前准备**

| √ | 序号 | 内容 | 标准 | 责任人 |
|---|---|---|---|---|
| | 1 | 检验前2天，技术人员根据工作任务，分析设备现状，进行现场落实，明确检验项目，编制检验工作安全措施及检验工作作业指导书，熟悉图纸资料及上一次的定检报告 | 确定重点检验项目，及工艺流程 | |
| | 2 | 检验前2天，班长和材料员检查并落实检验所需材料、工器具、劳动防护用品等是否齐全合格 | 工器具齐全完备 | |
| | 3 | 检验前2天，班长根据工作需要和人员精神状态确定工作负责人和工作班成员，组织学习《安全工作规程》、施工安全措施、工作标准作业指导书 | 分工明确，安全措施齐全 | |

3.2　作业人员要求(表3.2)。

**表3.2　作业人员要求**

| √ | 序号 | 内容 | 标准 | 责任人 |
|---|---|---|---|---|
| | 1 | 现场作业人员应身体健康、精神状态良好 | 精神状态良好 | |
| | 2 | 工作人员应为专业从事继电保护检修及检验人员，能正确操作检验设备，了解被检装置有关技术标准要求，能正确分析检验结果 | 现场检验接线正确无误，检验结果分析准确 | |

续表

| √ | 序号 | 内容 | 标准 | 责任人 |
|---|---|---|---|---|
| | 3 | 熟悉现场安全作业要求，并经“安规”考试合格 | 工作中互相关心施工安全，及时纠正违反安全的行为，知道工作地点、工作任务，知道邻近带电部位 | |

3.3　检验工器具(表3.3)。

**表3.3　检验工器具**

| √ | 序号 | 名称 | 型号及编号 | 单位 | 数量 |
|---|---|---|---|---|---|
| | 1 | 继电保护微机试验仪及试验线 | | 台 | 2 |
| | 2 | 电桥、摇表、万用表等 | | 台 | 1 |
| | 3 | 电源轴(带触电保安器) | | 个 | 1 |
| | 4 | 检验规程 | | 套 | 1 |
| | 5 | 图纸、装置资料 | | 套 | 1 |
| | 6 | 上一次报告 | | 份 | 1 |
| | 7 | 定值单 | | 本 | 1 |
| | 8 | 各种工具 | | 套 | 1 |

3.4　备品备件及材料(表3.4)。

**表3.4　备品备件及材料**

| √ | 序号 | 名称 | 型号及编号 | 单位 | 数量 |
|---|---|---|---|---|---|
| | 1 | 电源插件 | | 个 | 1 |
| | 2 | 各类微机保护装置 | | 个 | 1 |
| | 3 | 毛刷 | | 把 | 3 |
| | 4 | 绝缘胶布 | | 盘 | 1 |
| | 5 | 打号机 | | 个 | 1 |
| | 6 | 记号笔 | | 支 | 3 |
| | 7 | 记录本 | | 本 | 1 |

3.5　危险点分析(表3.5)。

**表3.5　危险点分析**

| 序号 | 内容 |
|---|---|
| 1 | 直流回路短路、接地 |
| 2 | 运行电压回路小母线带电，易发生电压反送事故或引起人员触电 |
| 3 | 拆动二次线，易发生遗漏及误恢复事故 |
| 4 | 投退保护压板及改动定值不做记录，易造成误整定 |

续表

| 序号 | 内容 |
|---|---|
| 5 | 带电插拔插件，易造成集成块损坏；频繁插拔插件，易造成插件插头松动 |
| 6 | 接、拆低压电源时人身触电 |
| 7 | 人员、物体越过围栏，易发生人员触电事故 |
| 8 | 保护传动配合不当，易造成人员伤害及设备事故 |
| 9 | 误碰相邻运行设备 |
| 10 | 室外端子箱电流回路、刀闸开入回路运行 |

3.6　安全措施(表 3.6)。

**表 3.6　安全措施**

| 序号 | 内容 |
|---|---|
| 1 | 工作中使用带绝缘手柄的工具。工作中严防直流接地或短路，不能用裸露的试验线或测试线，防止误碰金属导体部分 |
| 2 | 断开交流保险，挂警示牌 |
| 3 | 拆动二次线时要做好记录 |
| 4 | 开工前做好压板记录，工作结束时再一次核对压板和定值，不发生误整定 |
| 5 | 防止频繁插拔插件 |
| 6 | 接拆电源时至少有两人执行，必须在电源开关拉开的情况下进行。所使用电源必须装有漏电保护器 |
| 7 | 现场设专人监护 |
| 8 | 传动时设专人通知和监护 |
| 9 | 用“运行设备、严禁触动”红布将相邻运行设备遮盖 |
| 10 | 室外端子箱电流、刀闸开入端子做明显标志 |

3.7　人员分工(表 3.7)。

**表 3.7　人员分工**

| 序号 | 作业项目 | 负责人 | 作业人员 |
|---|---|---|---|
| 1 | 安全措施的执行和恢复 | | |
| 2 | 保护屏、控制屏清扫，二次线压接检查，机箱整体检查。保护装置检验 | | |
| 3 | 端子箱清扫，二次线压接检查。整体回路绝缘测试 | | |
| 4 | 整组试验 | | |
| 5 | CT 二次回路直流电阻测量 | | |

备注(记录人员变动情况)：

## 4 工作流程(表3.8)

表3.8 工作流程

(一)保护屏及相关二次回路清扫、检查

| 序号 | 检验内容 | 注意事项 | √ |
|---|---|---|---|
| 1 | 保护屏清扫检查 | 防止走错间隔，工具用绝缘胶布包扎好，两人一起工作 | |
| 2 | 端子箱清扫检查 | | |
| 3 | 装置外观及接线清扫检查 | | |

(二)整体回路绝缘检查

| 序号 | 检验内容 | 注意事项 | √ |
|---|---|---|---|
| 1 | 交流电流、电压回路 | 用1000V绝缘表测量，要求大于1MΩ。全部检验时，进行直流回路绝缘检查。遥测时应通知有关人员暂时停止在回路上的一切工作，拆开回路接地点。测试后，应将各回路对地放电并恢复 | |
| 2 | 控制、保护、信号回路 | 全部检验时，进行直流回路绝缘检查。遥测时应通知有关人员暂时停止在回路上的一切工作，拆开回路接地点。测试后，应将各回路对地放电并恢复 | |

(三)各类保护装置、检验

| 序号 | 检验内容 | 注意事项 | √ |
|---|---|---|---|
| 1 | PSC、PSM装置 | 工作时电压不得短路，以防PT二次并列 | |
| 2 | 后台信号与实际对应位置的检验、传输 | | |
| 3 | 功能传动 | | |

(四)微机保护装置检验

| 序号 | 检验内容 | 注意事项 | √ |
|---|---|---|---|
| 1 | 通电初步检验；正常合上直流电源，保护装置通电自检，软件运行，此时可通过面板指示灯及显示屏检查是否运行正常，各指示灯依次显示点亮正确 | (1)断开直流电允许插、拔插件。<br>(2)用具有交流电源的电子仪器(如示波器、频率计等)测量电路参数时，电子仪器测量端子与电源侧绝缘必须良好，仪器外壳应与保护装置在同一点接地。<br>(3)插、拔插件必须有措施，防止因人身静电损坏集成电路芯片。<br>(4)送保护直流前确认保护装置电源已关闭，防止损坏电源插件。<br>(5)开出传动前检查跳闸压板状态，防止误动检修开关或运行开关，开出后及时复归所驱动继电器 | |
| 2 | 面板显示的检验；在装置运行正常情况下，检验键盘运行情况良好，光标指示正确 | | |
| 3 | 检验固化的程序；输入各类数据固化无误 | | |

续表

<table>
<tr><th>序号</th><th>检验内容</th><th>注意事项</th><th>√</th></tr>
<tr><td>4</td><td>定值检验;<br>1. 过流Ⅰ、Ⅱ段保护投入相应的保护软、硬压板及控制字，设置电流和时间定值，自选一相如 A 相输入测试电流按照保护的条件使保护动作，及装置和后台相应的报文。<br>2. 零序过流一段保护操作如上。<br>3. 不平衡保护。单相不平衡输入量大于不平衡定值。<br>4. 欠电压及过电压保护。欠电压三个线电压均低于或等于定值，过电压应大于电压定值。<br>5. 电机差动保护。在电机两侧 CT 回路进行试验，大于定值动作。<br>6. 电机过流保护。包括启动中电流保护、启动后电流保护及电流速断保护</td><td rowspan="5">(1)断开直流电允许插、拔插件。<br>(2)用具有交流电源的电子仪器(如示波器、频率计等)测量电路参数时，电子仪器测量端子与电源侧绝缘必须良好，仪器外壳应与保护装置在同一点接地。<br>(3)插、拔插件必须有措施，防止因人身静电损坏集成电路芯片。<br>(4)送保护直流前确认保护装置电源已关闭，防止损坏电源插件。<br>(5)开出传动前检查跳闸压板状态，防止误动检修开关或运行开关，开出后及时复归所驱动继电器</td><td rowspan="5"></td></tr>
<tr><td>5</td><td>软压板检查。检查保护装置内压板投退情况</td></tr>
<tr><td>6</td><td>开关量输入回路检验。进入保护状态中的开关量状态子菜单依次进行开关量的输入与断开，同时监视显示屏上的变化是否正确</td></tr>
<tr><td>7</td><td>交流采样回路检验。在电流及电压二次回路中加入相应的电流，电压监视保护装置和后台电流、电压的数据是否正常</td></tr>
<tr><td>8</td><td>开出回路检验(装置传动)。一个保护元件由若干个出口整定项组成，其中保护元件出口整定项含有出口继电器对应的端子和信号灯，可由控制字完成，如出口 4 × 1、4 × 13 等，检查各出口点是否正确</td></tr>
</table>

(五)整组试验(可与二次回路传动同时进行)

<table>
<tr><th>序号</th><th>检验内容</th><th>注意事项</th><th>√</th></tr>
<tr><td>1</td><td>所有操作把手及压板的连线、名称、位置标号检查</td><td rowspan="5">(1)传动时设专人通知和监护。<br>(2)检查保护动作、报告、信号、录波器、中央信号、信息子站、监控系统及断路器动作情况。保证接入跳合闸线圈的接点带实际断路器传动一次，尽量减少断路器动作次数</td><td rowspan="5"></td></tr>
<tr><td>2</td><td>带实际断路器模拟故障</td></tr>
<tr><td>3</td><td>防跳回路传动</td></tr>
<tr><td>4</td><td>电压切换回路传动</td></tr>
<tr><td>5</td><td>其他回路传动(压力闭锁回路、开关信号、录波量、监控、信息子站、远动等)</td></tr>
<tr><td colspan="3">(六)CT 回路盘上、盘下电阻测试</td><td></td></tr>
</table>

续表

| （七）送电前检查 | | |
|---|---|---|
| 序号 | 内容 | √ |
| 1 | 现场工作结束前，工作负责人会同工作人员检查实验记录有无漏试项目，试验结论、数据是否完整正确 | |
| 2 | 复查临时接线是否全部拆除，拆下的线头是否全部接好，包括接地线 | |
| 3 | 检查保护装置是否在正常运行状态 | |
| 4 | 整定值是否与定值通知单相符 | |
| 5 | 检查措施是否恢复到开工前状态 | |
| （八）相量检查（交流回路变动后进行） | | |

## 5　检验工作小结（表3.9）

表3.9　检验工作小结

| | | |
|---|---|---|
| 自验记录 | 记录改进和更换的零部件 | |
| | 存在问题及处理意见 | |
| 验收单位意见 | 检修班组验收总结评价 | |
| | 运行单位验收意见及签字 | |

# 附录四　主变压器保护定期检验标准化作业指导书

## 1　适用范围

本作业指导书适用于变电站35kV及以上主变停电时全部保护装置的定期检验(全部或部分检验)作业。

## 2　引用文件

(1)GB 14285—2016《继电保护和安全自动装置技术规程》。

(2)GB/T 15145—2017《微机线路保护装置通用技术条件》。

(3)DL/T 587—2016《微机继电保护装置运行管理规程》。

(4)Q/SH1025 0796—2011《PS600系列数字式微机保护继电保护装置检验规程》。

(5)《国家电网公司电力安全工作规程(试行)》(变电站和发电厂电气部分)　国家电网安监〔2005〕83号。

## 3　检验前准备工作安排

3.1　检验前准备(表4.1)。

**表4.1　检验前准备**

| √ | 序号 | 内容 | 标准 | 责任人 |
|---|---|---|---|---|
| | 1 | 检验前2天，技术人员根据工作任务，分析设备现状，明确检验项目，编制检验工作安全措施及检验工作作业指导书，熟悉图纸资料及上一次的定检报告 | 确定重点检验项目 | |
| | 2 | 检验前2天，班长和材料员检查并落实检验所需材料、工器具、劳动防护用品等是否齐全合格 | 工器具齐全完备 | |
| | 3 | 检验前2天，班长根据工作需要和人员精神状态确定工作负责人和工作班成员，组织学习《安全工作规程》、施工安全措施、工作标准作业指导书 | 分工明确安全措施齐全 | |

3.2　作业人员要求(表4.2)。

**表4.2　作业人员要求**

| √ | 序号 | 内容 | 标准 |
|---|---|---|---|
| | 1 | 现场作业人员应身体健康、精神状态良好 | 精神状态良好 |
| | 2 | 工作人员应为专业从事继电保护检修及检验人员，能正确操作检验设备，了解被检装置有关技术标准要求，能正确分析检验结果 | 现场检验接线正确无误，检验结果分析准确 |

续表

| √ | 序号 | 内容 | 标准 |
| --- | --- | --- | --- |
| | 3 | 熟悉现场安全作业要求，并经“安规”考试合格 | 工作中互相关心施工安全，及时纠正违反安全的行为，知道工作地点、工作任务，知道邻近带电部位 |

3.3 检验工器具(表4.3)。

**表4.3 检验工器具**

| √ | 序号 | 名称 | 型号及编号 | 单位 | 数量 |
| --- | --- | --- | --- | --- | --- |
| | 1 | 继电保护微机试验仪及试验线 | | 台 | 2 |
| | 2 | 电桥、摇表、万用表、等 | | 台 | 1 |
| | 3 | 电源轴(带触电保安器) | | 个 | 1 |
| | 4 | 检验规程 | | 套 | 1 |
| | 5 | 图纸、装置资料 | | 套 | 1 |
| | 6 | 上一次报告 | | 份 | 1 |
| | 7 | 定值单 | | 本 | 1 |
| | 8 | 各种工具 | | 套 | 1 |

3.4 备品备件及材料(表4.4)。

**表4.4 备品备件及材料**

| √ | 序号 | 名称 | 型号及编号 | 单位 | 数量 |
| --- | --- | --- | --- | --- | --- |
| | 1 | 电源插件 | | 个 | 1 |
| | 2 | 各类继电器 | | 个 | |
| | 3 | 毛刷 | | 把 | 3 |
| | 4 | 绝缘胶布 | | 盘 | 1 |
| | 5 | 打号机 | | 个 | 1 |
| | 6 | 记号笔 | | 支 | 3 |
| | 7 | 记录本 | | 本 | 1 |

3.5 危险点分析(表4.5)。

**表4.5 危险点分析**

| √ | 序号 | 内容 |
| --- | --- | --- |
| | 1 | 直流回路故障 |
| | 2 | 保护屏顶电压小母线带电，易发生电压反送事故或引起人员触电 |
| | 3 | 拆动二次线，易发生遗漏及误恢复事故 |

续表

| √ | 序号 | 内容 |
|---|---|---|
| | 4 | 投退保护压板及改动定值不做记录，易造成误整定 |
| | 5 | 带电插拔插件，易造成集成块损坏；频繁插拔插件，易造成插件插头松动 |
| | 6 | 接、拆低压电源时人身触电 |
| | 7 | 人员、物体越过围栏，易发生人员触电事故 |
| | 8 | 攀爬变压器时，高空作业易造成高摔等人身伤亡事故 |
| | 9 | 保护传动配合不当，易造成人员伤害及设备事故 |
| | 10 | 主变保护跳高压侧母联压板未断开，主变保护可能误跳 |
| | 11 | 主变保护跳压板未断开，主变保护可能误跳旁路 |
| | 12 | 主变保护跳中压侧母联压板未断开，主变保护可能误跳 |
| | 13 | 主变保护跳低压侧母联压板未断开，主变保护可能误跳 |
| | 14 | 主变过负荷联切压板未断开，联切装置误动 |
| | 15 | 误向运行设备通电流 |

3.6　安全措施(表 4.6)。

**表 4.6　安全措施**

| √ | 序号 | 内容 |
|---|---|---|
| | 1 | 工作中使用带绝缘手柄的工具。工作中严防直流接地或短路，不能用裸露的试验线或测试线，防止误碰金属导体部分 |
| | 2 | 断开交流保险 |
| | 3 | 拆动二次线时要做好记录 |
| | 4 | 开工前做好压板记录，工作结束时再一次核对压板和定值，不发生误整定 |
| | 5 | 防止频繁插拔插件 |
| | 6 | 接拆电源时至少有两人执行，必须在电源开关拉开的情况下进行。所使用电源必须装有漏电保护器 |
| | 7 | 现场设专人监护 |
| | 8 | 使用好安全带，并做好现场监护 |
| | 9 | 传动时设专人通知和监护 |
| | 10 | 检查主变保护跳高压侧母联 201 压板须断开 |
| | 11 | 检查主变保护跳旁路压板须断开 |
| | 12 | 检查主变保护跳中压侧母联 101 压板须断开 |
| | 13 | 检查主变保护跳低压侧母联 301(001)压板须断开 |
| | 14 | 检查过负荷联切压板须断开 |
| | 15 | 检查并处理本 CT 回路所串联的大负荷联切、备自投、低周、非全相、失灵等保护及安全自动装置的回路。高压侧为桥接线方式，在桥开关 CT 回路工作时，防止造成运行回路短路接地，或向运行回路误通电流 |

3.7　人员分工(表4.7)。

表4.7　人员分工

| 序号 | 作业项目 | 负责人 | 作业人员 |
|---|---|---|---|
| 1 | 安全措施的执行和恢复 | | |
| 2 | 保护屏清扫，二次线压接检查，机箱整体检查 | | |
| 3 | 端子箱清扫，二次线压接检查 | | |
| 4 | 保护装置绝缘测试 | | |
| 5 | 保护装置、电压切并列装置检验、网络传输及接口、 | | |
| 6 | 二次回路直流交流绝缘电阻检测 | | |
| 7 | 整组试验 | | |
| 8 | CT 二次回路直流电阻测量 | | |

备注(记录人员变动情况)：

## 4　工作流程(表4.8)

表4.8　工作流程

(一)保护屏及相关二次回路清扫、检查

| 序号 | 检验内容 | 注意事项 | √ |
|---|---|---|---|
| 1 | 保护屏清扫检查 | 防止走错间隔，工具用绝缘胶布包扎好，两人一起工作 | |
| 2 | 端子箱清扫检查 | | |
| 3 | 装置外观及接线清扫检查 | | |

(二)整体回路绝缘检查

| 序号 | 检验内容 | 注意事项 | √ |
|---|---|---|---|
| 1 | 交流(电流、电压)回路 | 用1000V 绝缘表测量，要求大于1MΩ。全部检验时，进行直流回路绝缘检查。遥测时应通知有关人员暂时停止在回路上的一切工作，拆开回路接地点。测试后，应将各回路对地放电并恢复 | |
| 2 | 控制、保护、信号回路 | 全部检验时，进行直流回路绝缘检查。遥测时应通知有关人员暂时停止在回路上的一切工作，拆开回路接地点。测试后，应将各回路对地放电并恢复 | |

(三)操作箱、电压切换箱的继电器检验

| 序号 | 检验内容 | 注意事项 | √ |
|---|---|---|---|
| 1 | 可拆卸的单体继电器的机械调整和检验 | 工作时电压小母线至切换箱的电压保险应在断开位置，以防 PT 二次并列。测试继电器前应明确继电器极性，防止损坏继电器 | |
| 2 | 不可拆卸继电器的检验 | | |
| 3 | 功能传动 | | |

续表

（四）微机保护装置及非电量装置检验（与其他保护装置的检验可并行）

| 序号 | 检验内容 | 注意事项 | √ |
|---|---|---|---|
| 1 | 通电初步检验。正常合上直流电源，保护装置通电自检，软件运行，此时可通过面板指示灯及显示屏检查是否运行正常，各指示灯依次显示点亮正确 | | |
| 2 | 面板键盘的检验。在装置运行正常情况下，检验键盘运行情况良好，光标指示正确 | | |
| 3 | 检验固化的程序。输入各类数据固化无误 | | |
| 4 | 定值检验：<br>1. 差动保护。按定值单输入差动定值，投入相应的装置软、硬压板及对应的控制字，分别在主变各侧 A、B、C 各相上加入试验电流，装置保护动作红灯点亮，显示屏发出保护动作信息为差动保护动作。<br>2. 差动速断。输入差动速断定值，投入相应的软、硬压板和控制字，分别在主变各侧 A、B、C 每相上加入试验电流，装置保护动作红灯点亮，显示屏发出保护动作信息为差动速断保护动作。<br>3. 主变各侧的后备电流保护试验。<br>4. 主变非电量保护。主瓦斯，有载瓦斯、压力释放、温度 | （1）断开直流电后才允许插、拔插件。<br>（2）打印机在通电状态下，不能强行转动走纸旋钮，走纸可通过打印机按键操作或停电后进行。<br>（3）用具有交流电源的电子仪器（如示波器、频率计等）测量电路参数时，电子仪器测量端子与电源侧绝缘必须良好，仪器外壳应与保护装置在同一点接地。<br>（4）插、拔插件必须有措施，防止因人身静电损坏集成电路芯片。<br>（5）送保护直流前确认保护装置电源已关闭，防止损坏电源插件。<br>（6）开出传动前检查跳闸压板状态，防止误动检修开关或运行开关，开出后及时复归所驱动继电器 | |
| 5 | 软压板检查。检查保护装置内压板投退情况 | | |
| 6 | 开关量输入回路检验。进入保护状态中的开关量状态子菜单依次进行开关量的输入与断开，同时监视显示屏上的变化是否正确 | | |
| 7 | 交流采样回路检验。在电流及电压二次回路中加入相应的电流、电压监视保护装置和后台电流、电压的数据是否正常 | | |
| 8 | 开出回路检验（装置传动）。一个保护元件由若干个出口整定项组成，其中保护元件出口整定项含有出口继电器对应的端子和信号灯，可由控制字完成，如出口 4×1，4×13 等，检查各出口点是否正确 | | |

续表

（五）整组试验（可与二次回路传动同时进行）

| 序号 | 检验内容 | 注意事项 | √ |
|---|---|---|---|
| 1 | 所有操作把手及压板的连线、名称、位置标号检查 | （1）检查压板位置，防跳运行设备。<br>（2）检查保护动作、报告、信号、后台系统（录波器、信息子站、监控系统及断路器）动作情况。保证接入跳合闸线圈的接点带实际断路器传动一次，尽量减少断路器动作次数。<br>（3）两组跳闸回路要分别传动。<br>（4）检查压力闭锁回路、开关信号、其他信号、录波量等。<br>（5）瓦斯应按探针传动（传动完毕应检查探针返回）及压力释放、油温等传动 | |
| 2 | 带实际断路器模拟故障 | | |
| 3 | 防跳回路传动 | | |
| 4 | 电压切换回路传动 | | |
| 5 | 非电量回路传动 | | |
| 6 | 微机监控站的监控信号传动 | | |
| 7 | 其他回路传动 | | |

（六）CT回路盘上、盘下电阻测试

（七）送电前检查

| 序号 | 内容 | √ |
|---|---|---|
| 1 | 现场工作结束前，工作负责人会同工作人员检查试验记录有无漏试项目，试验结论、数据是否完整正确 | |
| 2 | 复查临时接线是否全部拆除，拆下的线头是否全部接好，包括接地线 | |
| 3 | 检查保护装置是否在正常运行状态 | |
| 4 | 整定值是否与定值通知单相符 | |
| 5 | 检查出口压板对地电位是否正确 | |
| 6 | 检查措施是否恢复到开工前状态 | |

（八）相量检查（交流回路变动后进行）

## 5　检验工作小结（表4.9）

表4.9　检验工作小结

| | | |
|---|---|---|
| 自验记录 | 记录改进和更换的零部件 | |
| | 存在问题及处理意见 | |
| 验收单位意见 | 检修班组验收总结评价 | |
| | 运行单位验收意见及签字 | |

# 附录五　主变保护新安装(更换)标准化作业指导书

## 1　适用范围

本作业指导书适用于变电站主变停电时主变保护的新安装、更换工作。

## 2　引用文件

(1)GB 14285—2016《继电保护和安全自动装置技术规程》。

(2)GB/T 15145—2017《微机线路保护装置通用技术条件》。

(3)DL/T 587—2016《 微机继电保护装置运行管理规程》。

(4)Q/SH1025 0796—2011《PS600 系列数字式微机保护继电保护装置检验规程》。

(5)《国家电网公司电力安全工作规程(试行)》(变电站和发电厂电气部分)　国家电网安监〔2005〕83 号。

## 3　工期安排(表 5.1)

表 5.1　工期安排

| 序号 | 内容 | 负责班组 | 计划日期 |
|---|---|---|---|
| 1 | 二次回路拆除及旧屏拆除 | | 月　日 |
| 2 | 新屏安装、稳固 | | 月　日 |
| 3 | 电缆敷设及二次接线 | | 月　日 |
| 4 | 新保护屏检查及整组传动 | | 月　日 |
| 5 | 送电及向量检查(含旁路转带) | | 月　日 |

## 4　作业准备

4.1　作业准备阶段(表 5.2)。

表 5.2　作业准备阶段

| √ | 序号 | 内容 | 标准 | 责任人 | 备注 |
|---|---|---|---|---|---|
| | 1 | 安装更换工作前 15 天做好安装更换摸底工作，并提前 2 个工作日提交相关停电申请 | 摸底工作包括更换前的二次图纸、实际接线、反措计划的执行情况、回路更改情况 | | |
| | 2 | 根据本次安装更换的项目，组织作业人员学习作业指导书，使全体作业人员熟悉作业内容、进度要求、作业标准、安全注意事项 | 要求所有工作人员都明确本次安装更换工作的作业内容、进度要求、作业标准及安全注意事项 | | |
| | 3 | 开工前两天，准备好施工所需仪器仪表、工器具、最新定值单、相关材料、相关图纸、本次需要改进的项目及相关技术资料 | 仪器仪表、工器具应试验合格，满足本次施工的要求；材料应齐全，图纸及资料应符合现场实际情况 | | |

续表

| √ | 序号 | 内容 | 标准 | 责任人 | 备注 |
|---|---|---|---|---|---|
| | 4 | 根据现场工作时间和工作内容落实工作票（第一种工作票应在开工前一天交值班员） | 工作票应填写正确，并按《电业安全工作规程》执行 | | |

4.2　作业人员要求(表5.3)。

**表5.3　作业人员要求**

| 序号 | 内容 | 标准 | 责任人 |
|---|---|---|---|
| 1 | 现场作业人员应身体健康、精神状态良好 | 精神状态良好 | |
| 2 | 工作人员应为专业从事继电保护检修及检验人员，能正确操作检验设备，了解被检装置有关技术标准要求，能正确分析检验结果 | 现场检验接线正确无误，检验结果分析准确 | |
| 3 | 熟悉现场安全作业要求，并经“安规”考试合格 | 工作中互相关心施工安全，及时纠正违反安全的行为，知道工作地点、工作任务，知道邻近带电部位 | |

4.3　主要工器具(表5.4)。

**表5.4　主要工器具**

| 序号 | 名称 | 型号及编号 | 单位 | 数量 |
|---|---|---|---|---|
| 1 | 继电保护微机试验仪 | | 套 | |
| 2 | 电桥 | | 台 | |
| 3 | 摇表 | | 个 | |
| 4 | 卡钳表 | | 个 | |
| 5 | 指针万用表 | | 个 | |
| 6 | 安全带 | | 条 | |
| 7 | 数字万用表 | | 个 | |
| 8 | 打号机及色带 | | 个/米 | |
| 9 | 标签机及色带 | | 个/盘 | |
| 10 | 电烙铁、焊锡丝 | | 个/米 | |

4.4　备品备件及材料(表5.5)。

**表5.5　备品备件及材料**

| 序号 | 名称 | 型号及编号 | 单位 | 数量 |
|---|---|---|---|---|
| 1 | 塑料带 | | 盘 | 5 |
| 2 | 撬棍 | | 个 | |
| 3 | 防火堵料 | | 袋 | |
| 4 | 防锈漆、毛刷 | | 筒/个 | |
| 5 | 打印纸 | 带孔 | 张 | |
| 6 | 绝缘胶带 | | 盘 | |

续表

| 序号 | 名称 | 型号及编号 | 单位 | 数量 |
| --- | --- | --- | --- | --- |
| 7 | 尼龙扎带 | 120mm、150mm、200mm | 袋 | 各1 |
| 8 | 独股铜线 | 1.5$mm^2$、2.5$mm^2$ | 盘 | |
| 9 | 多股软铜线 | 4$mm^2$ | 盘 | |

4.5　危险点分析(表5.6)。

**表5.6　危险点分析**

| 序号 | 内容 |
| --- | --- |
| 1 | 误走错间隔 |
| 2 | 试验电源接线不当、电源电压不当会造成人身触电 |
| 3 | 现场安全技术措施及图纸如有错误，可能造成做安全技术措施时误跳运行设备及保护动作行为不正常 |
| 4 | 在旧屏退出及新屏就位时，易造成因震动影响相邻设备正常运行；移屏时易砸伤工作人员和邻近设备 |
| 5 | 拆动二次接线，有可能造成二次交、直流电压回路短路、接地，联跳回路误跳运行设备 |
| 6 | 电缆敷设时易砸伤运行电缆或工作人员跌落电缆沟，易有小动物进入电缆层 |
| 7 | 拆动二次回路接线时，易发生遗漏及误恢复事故 |
| 8 | 漏拆联跳接线或漏取压板，易造成误跳运行设备 |
| 9 | 保护室内使用无线通信设备，易造成保护不正确动作 |
| 10 | 带电插拔插件，易造成集成块损坏 |
| 11 | 频繁插拔插件，易造成插件接插头松动 |
| 12 | 保护传动配合不当，易造成人员受伤及设备事故 |
| 13 | 误向运行设备通电流 |
| 14 | 表计量程选择不当或用低内阻电压表测量联跳回路，易造成误跳运行设备 |
| 15 | 交流电流回路恢复时易漏接原回路中其他串联设备；交流电压回路退出及接入时，易造成电压互感器二次回路短路或接地 |
| 16 | 攀爬变压器时，高空作业易造成高摔等人身伤亡事故 |
| 17 | 在拆除主变保护启动失灵、联切、各侧母联旁路、闭锁备自投及小电源跳闸二次电缆时，误跳运行开关， |

4.6　安全措施(表5.7)。

**表5.7　安全措施**

| 序号 | 内容 |
| --- | --- |
| 1 | 检查主变保护屏前后应有“在此工作”标示牌 |
| 2 | 接取电源前应先用万用表确认电源电压等级和电源类型无误，在接取电源时由继电保护人员接取，并应设监护人 |
| 3 | 做安全技术措施前应先检查实际接线与图纸是否一致，如发现不一致，应及时向专业技术人员汇报，经确认无误后及时修改图纸 |
| 4 | 保证人员数量，统一指挥，加强协作，减少震动，防止保护屏倾倒 |
| 5 | 工作中应使用绝缘工具并戴手套，严禁交、直流电压回路短路、接地，交流电流回路开路 |

续表

| 序号 | 内容 |
|---|---|
| 6 | 敷设电缆时应防止砸伤运行电缆或工作人员跌落电缆沟，及时封堵 |
| 7 | 工作时应认真核对回路接线，查清联跳回路电缆接线，如需拆头，应先拆电源侧并用绝缘胶布包好，并做好记录 |
| 8 | 保护装置布置较密集，工作时应注意安全，防止走错间隔而误碰带电设备 |
| 9 | 在保护室内严禁使用无线通信设备 |
| 10 | 试验人员接触、更换集成芯片时，应采用人体防静电接地措施，以确保不会因人体静电而损坏芯片 |
| 11 | 插拔插件前应先将直流电源断开，发现问题应查找原因，不要频繁插拔插件 |
| 12 | 在传动断路器前，必须在断路器处有专人看护后，方可传动断路器 |
| 13 | 检查并处理本CT回路所串联的大负荷联切、备自投、低周、非全相、失灵等保护及安全自动装置的回路。高压侧为桥接线方式，在桥开关CT回路工作时，要防止造成运行回路短路接地，或向运行回路误通电流 |
| 14 | 严禁表计量程选择不当或用低内阻电压表测量联跳回路，防止误跳运行设备 |
| 15 | 按电流回路图检查电流回路接线是否完全；严禁交流电压回路短路、接地 |
| 16 | 使用好安全带，并做好现场监护 |
| 17 | 各对应压板应在断位，然后认真核对回路接线，查清联跳回路电缆接线，拆头时，应先拆电源侧并用绝缘胶布包好，并做好记录 |

4.7　人员分工(表5.8)。

**表5.8　人员分工**

| 序号 | 作业项目 | 负责人 |
|---|---|---|
| 1 | 二次回路拆除及旧屏拆除 | |
| 2 | 新屏安装、稳固 | |
| 3 | 电缆敷设 | |
| 4 | 二次接线 | |
| 5 | 保护调试 | |
| 6 | 整组传动 | |
| 7 | 带开关传动及联跳回路接入 | |

## 5　作业阶段

5.1　开工(表5.9)。

**表5.9　开工**

| 序号 | 内容 |
|---|---|
| 1 | 工作票负责人会同工作票许可人检查工作票上所列安全措施是否正确完备，经现场核查无误后，与工作票许可人办理工作票许可手续 |
| 2 | 工作负责人带领工作班成员进入作业现场并在工作现场向所有工作人员详细交代作业任务、安全措施和安全注意事项、设备状态及人员分工，明确作业范围、进度要求等 |

5.2　作业流程(表5.10)。

表5.10　作业流程

| 序号 | 作业内容及主要工艺 | 安全措施及注意事项 | 责任人签字 |
|---|---|---|---|
| 1 | 旧屏及二次回路拆除 | 将屏顶小母线跨接，从电缆两端退出与其他设备的连线(母差、失灵、远跳等)，并做好记录。用万用表测量屏上所有电缆均无电压后，将电缆退出，退屏时应防止保护屏突然倒向一侧，碰伤其他运行设备及工作人员 | |
| 2 | 新屏就位：屏底铜排应与电缆层铜网用 $100mm^2$ 多股铜线相连 | 应小心移动，防止损伤屏内元件及划伤屏面，防止人员挤伤，防止震动影响其他设备正常运行 | |
| 3 | 电缆敷设：微机保护应使用屏蔽电缆。电缆在电缆层(沟)中应摆放整齐，避免交叉，电缆挂牌应悬挂一致 | 应防止砸伤运行电缆或工作人员跌落电缆沟，及时封堵，防止误碰带电设备 | |
| 4 | 二次回路接入及反措检查：<br>1. 二次接线应横平竖直，电缆屏蔽层应两端分别可靠接地；<br>2. 端子编号应采用相对编号法加电缆编号；<br>3. 每个接线端子上的接线应不超过两根；<br>4. 各项反措应正确执行 | 接线时应防止电缆芯线受伤，接线后应仔细核对，防止直流回路短路、接地，防止电流回路开路，电压回路短路 | |
| 5 | 瓦斯电缆检查：<br>检查瓦斯继电器电缆是否已采用独立敷设至保护屏方式，接地是否满足要求，瓦斯继电器及电缆入口处是否采取防雨措施、正电与跳闸是否分开 | | |
| 6 保护屏检查 | | | |
| 6.1 | 压板检查：压板应符合反措要求 | 防止直流回路短路、接地 | |
| 6.2 | 接线检查：<br>1. 保护装置硬件配置，标注及接线应符合图纸要求；<br>2. 装置各部件固定良好，无松动，外形端正无明显损坏及变形；<br>3. 各插件应插拔灵活。各插件和插座之间定位良好，插入深度合适；<br>4. 装置的端子排应连接可靠，且标号清晰正确；<br>5. 切换开关、按钮、键盘等应操作灵活，手感良好 | 发现问题应查找原因，不要频繁插拔插件 | |
| 6.3 | 1. 交流(电流、电压)回路；<br>2. 本体非电量保护回路；<br>3. 控制、保护、信号回路。<br>以上项目均用1000V绝缘表测量，要求大于1MΩ | 绝缘测试时应通知有关人员暂时停止在回路上的一切工作，断开直流电源，拆开回路接地点，拔出所有逻辑插件，以免造成人身或设备伤害。测试后，应将各回路对地放电并恢复 | |

续表

| 序号 | 作业内容及主要工艺 | 安全措施及注意事项 | 责任人签字 |
|---|---|---|---|
| 7 | 装置检验(各种装置检验可并行),包括保护装置(非电量装置)、操作箱、切换箱 | 1. 断开直流电后才允许插、拔插件;<br>2. 插、拔插件必须有措施,防止因人身静电损坏集成电路芯片;<br>3. 送保护直流前确认保护装置电源已关闭,防止损坏电源插件;<br>4. 开出传动前检查跳闸压板状态,防止误动检修开关或运行开关,开出后及时复归 | |
| 8 | 电流互感器升流试验:电流相别和极性应正确 | 1. 若电流互感器二次绕组引下线变动或不能确定电流互感器极性时,应进行一次升流、测极性;<br>2. 应对其他设备的电流绕组做好安全措施,防止影响其他设备的正常运行;<br>3. 注意恢复 | |
| 9 | 整组试验:<br>1. 所有操作把手及压板的连线、名称、位置标号检查;<br>2. 带实际断路器模拟故障;<br>3. 防跳回路传动;<br>4. 电压切换回路传动;<br>5. 非电量回路传动;<br>6. 微机监控站的监控信号传动;<br>7. 其他回路传动 | 1. 在传动断路器时,必须先通知相关人员,并在断路器处有专人看护后,方可传动断路器,以防开关动作伤人;<br>2. 检查保护动作、报告、后台信号、监控系统及断路器动作情况;<br>3. 检查压力闭锁回路、开关信号、其他信号、录波量等;<br>4. 瓦斯应按探针传动(传动完毕应检查探针返回)、压力释放、油温等传动 | |
| 10 | CT 回路盘上、盘下电阻测试 | | |
| 11 | 交流电压回路试验:<br>1. 短接刀闸辅助接点,检查交流电压是否正确切换;<br>2. 对交流电压进行核相,各相电压幅值均应正确 | 交流电压应与辅继屏电压进行核相,防止交流电压回路短路、接地 | |
| 12 | 主变保护及联跳回路(恢复) | 特别注意恢复至各运行开关的跳线及交流电压等回路,要退出其他开关出口压板,用万用表确认无误后,方可恢复 | |
| 13 | 送电前检查 | | |
| | 1. 现场工作结束前,工作负责人会同工作人员检查试验记录有无漏试项目,试验结论、数据是否完整正确 | | |
| | 2. 复查临时接线是否全部拆除,拆下的线头是否全部接好 | | |
| | 3. 检查保护装置是否在正常运行状态 | | |
| | 4. 整定值是否与定值通知单相符 | | |
| | 5. 检查出口压板对地电位是否正确 | | |
| | 6. 检查措施是否恢复到开工前状态 | | |

## 6　检验工作小结(表5.11)

表5.11　检验工作小结

| | | |
|---|---|---|
| 自验记录 | 记录改进和更换的零部件 | |
| | 存在问题及处理意见 | |
| 验收单位意见 | 检修班组验收总结评价 | |
| | 运行单位验收意见及签字 | |

# 附录六　油气生产板块技能操作岗位员工（继电保护工）学习地图

单位：× ×供电部门　　　　　　　　　　　　　　　　　　基层单位：× ×× ×供电基层部门

岗位：继电保护工

| 职位层级 | 工作职责 | 能力要求 | 学习导航 | 课件包序列 |
| --- | --- | --- | --- | --- |
| 1 初级工 | 1.1 负责设备检修的一般作业工作 | 1.1.1 具备定值单输入能力 | 1.1.1.1　继电保护保护装置相关知识 | 3－3－1 |
| | | 1.1.2　具备识读电气接线图的能力 | 1.1.2.1　变电站(所)电气接线图识图 | 2－1－1 |
| | | 1.1.3　具备识读二次回路的能力 | 1.1.3.1　变电站(所)控制回路识图 | 2－1－4 |
| | | | 1.1.3.2　变电站(所)信号回路识图 | 2－1－6 |
| | | 1.1.4　具备电烙铁焊接的能力 | 1.1.4.1　电烙铁的使用 | 1－1－9 |
| | | 1.1.5　具备二次线接线的能力 | 1.1.5.1　电工工具的使用 | 1－1－1 |
| | | 1.1.6　具备测量直流电阻值的能力 | 1.1.6.1　电桥的使用 | 1－2－5 |
| | | 1.1.7　具备测量绝缘电阻的能力 | 1.1.7.1　兆欧表的使用 | 1－2－6 |
| | | 1.1.8　具备鉴定互感器极性的能力 | 1.1.8.1　互感器极性测试装置的使用 | 4－1－2 |
| | | 1.1.9　具备鉴定互感器变比的能力 | 1.1.9.1　互感器变比测试装置的使用 | 4－1－2 |

续表

| 职位层级 | 工作职责 | 能力要求 | 学习导航 | 课件包序列 |
|---|---|---|---|---|
| 1 初级工 | 1.1 负责设备检修的一般作业工作 | 1.1.10 具备使用万用表测量设备的能力 | 1.1.10.1 万用表测量电压 | 1-2-1 |
| | | | 1.1.10.2 万用表测量电流 | 1-2-1 |
| | | | 1.1.10.3 万用表测量电阻 | 1-2-1 |
| | | 1.1.11 具备紧急救护的能力 | 1.1.11.1 触电急救 | |
| | | | 1.1.11.2 创伤急救 | |
| | | | 1.1.11.3 高处坠落急救 | |
| | | | 1.1.11.4 中暑急救 | |
| | | 1.1.12 具备使用安全工器具的能力 | 1.1.12.1 灭火器的使用 | 6-1-1 |
| | | | 1.1.12.2 安全带的使用 | |
| | | | 1.1.12.3 绝缘梯的使用 | |
| | 1.2 负责变电站二次设备更换工作 | 1.2.1 具备更换二次接线的能力 | 1.2.1.1 更换二次接线 | 5-3-1 |
| | | 1.2.2 具备更换端子排的能力 | 1.2.2.1 更换端子排 | 5-3-2 |
| | | 1.2.3 具备更换保护装置的能力 | 1.2.3.1 更换保护装置 | 5-3-3 |
| | | 1.2.4 具备更换集线器的能力 | 1.2.4.1 更换集线器 | 5-3-4 |
| 2 中级工 | 2.1 负责二次设备小型检修工作 | 2.1.1 具备变电站二次回路分析能力 | 2.1.1.1 直流电路 | 2-1-1 |
| | | | 2.1.1.2 正弦交流电路 | 2-1-2 |
| | | | 2.1.1.3 线路方向过电流保护原理图 | 2-1-7 |
| | | | 2.1.1.4 定时限过电流保护原理图 | 2-1-8 |
| | | | 2.1.1.5 线路三段式电流保护原理图 | 2-1-9 |
| | | | 2.1.1.6 线路三段式零序电流保护原理图 | 2-1-10 |
| | | | 2.1.1.7 变压器瓦斯保护原理图 | 2-1-11 |
| | | | 2.1.1.8 双绕组变压器纵差保护单线原理图 | 2-1-12 |
| | | | 2.1.1.9 三绕组变压器差动保护原理图 | 2-1-13 |

续表

| 职位层级 | 工作职责 | 能力要求 | 学习导航 | 课件包序列 |
|---|---|---|---|---|
| 2 中级工 | 2.1 负责二次设备小型检修工作 | 2.1.1 具备变电站二次回路分析能力 | 2.1.1.10 变压器复合电压保护原理图 | 2-1-14 |
| | | | 2.1.1.11 变压器过零序电流保护原理图 | 2-1-15 |
| | | | 2.1.1.12 变压器接地保护原理图 | 2-1-16 |
| | | | 2.1.1.13 重合闸后加速保护原理图 | 2-1-17 |
| | | 2.1.2 具备使用继电保护试验仪器的能力 | 2.1.2.1 全自动互感器测试仪的使用 | 4-1-1 |
| | | | 2.1.2.2 继电保护测试仪的使用 | 4-1-5 |
| 3 高级工 | 3.1 负责变电站后台机的维护工作 | 3.1.1 具备修改变电站后台参数的能力 | 3.1.1.1 变电站后台的装机 | 3-1-1 |
| | | | 3.1.1.2 修改变电站后台站内新建数据库 | 3-1-2 |
| | | | 3.1.1.3 修改变电站后台画面编辑器的使用 | 3-1-3 |
| | | | 3.1.1.4 后台报表的制作 | 3-1-4 |
| | | | 3.1.1.5 后台与前置机的通信连接 | 3-1-5 |
| | 3.2 负责二次设备的故障处理及维护工作 | 3.2.1 具备处理变电站设备常见故障的能力 | 3.2.1.1 处理变电站直流接地 | 5-1-1 |
| | | | 3.2.1.2 处理直流系统异常运行 | 5-1-2 |
| | | | 3.2.1.3 处理控制回路断线 | 5-2-1 |
| | | | 3.2.1.4 分析控制回路断线原因并处理 | 5-2-2 |
| | | | 3.2.1.5 断路器拒合 | 5-2-2 |
| | 3.3 负责馈线保护试验工作 | 3.3.1 具备线路保护试验的能力 | 3.3.1.1 线路保护试验 | 4-2-1 |
| 4 技师 | 4.1 负责变电站后台系统的建立工作 | 4.1.1 具备制作后台操作系统的能力 | 4.1.1.1 建立后台数据库 | 3-1-2 |
| | | | 4.1.1.2 制作后台画面 | 3-1-3 |
| | | | 4.1.1.3 建立后台通信库 | 3-2-3 |
| | | | 4.1.1.5 计算后台遥测量参数 | 3-1-2 |

续表

| 职位层级 | 工作职责 | 能力要求 | 学习导航 | 课件包序列 |
|---|---|---|---|---|
| 4 技师 | 4.2　负责变电站复合性试验工作 | 4.2.1　具备进行复合性试验的能力 | 4.2.1.1　距离保护试验 | 4-2-3 |
| | | | 4.2.1.2　零序保护试验 | 4-2-3 |
| | | | 4.2.1.3　接地保护试验 | 4-2-3 |
| | | | 4.2.1.4　变压器高、中、低后备保护 | 4-2-2 |
| | | | 4.2.1.5　变压器差动保护试验 | 4-2-2 |
| | | | 4.2.1.6　变压器非电量保护试验 | 4-2-2 |
| | 4.3　负责电脑操作培训工作 | 4.3.1　具备培训电脑操作的能力 | 4.3.1.1　利用网络查询收集资料、信息 | |
| | | | 4.3.1.2　在 Word 文档中插入表格、图片等 | |
| | | | 4.3.1.3　用 Excel 制作表格及数据录入 | |
| | | | 4.3.1.4　幻灯片的制作 | |
| 5 高级技师 | 5.1　负责变电站设备设计的工作 | 5.1.1　具备设计安装变电站二次设备的能力 | 5.1.1.1　设计安装各类保护装置 | |
| | | | 5.1.1.2 设计安装集线器 | |
| | | | 5.1.1.3 设计铺设控制电缆 | |
| | 5.2　负责新建、改造变电站验收工作 | 5.2.1　具备编制验收方案的能力 | 5.2.1.1　变电站二次设备验收标准 | |
| | | 5.2.2　掌握各类二次设备运行状态参数 | 5.2.2.1　变电站二次设备验收过程与方法 | |
| | 5.3　负责变电站检修规程编制工作 | 5.3.1　具备编制变电检修规程的能力 | 5.3.1.1 变电站检修现场技术规程 | |

# 参考文献

[1]丁毓山，金开宇．继电保护工．北京：中国水利水电出版社，2003.
[2]陈化刚．电力设备预防性试验方法及诊断技术．北京：中国水利水电出版社，2009.
[3]国家电网公司人力资源部．继电保护及自动装置．中国电力出版社，2010.
[4]陈金玉．继电保护(供用电工人职业技能培训教材)．中国电力出版社，2006.
[5]焦彦军．电力系统仿真与继电保护实验指导书．中国电力出版社，2014.